湛庐CHEERS

与最聪明的人共同进化

HERE COMES EVERYBODY

概率思维预测未来

[美] 威廉·庞德斯通　著
William Poundstone

周　涛
杨小寒
徐书涵
译

THE DOOMSDAY CALCULATION

中国纺织出版社有限公司

你了解关于预测的知识吗?

扫码鉴别正版图书
获取您的专属福利

扫码获取全部测试题及答案,
测一测你了解概率思维与
预测的知识吗

- 缺少信息这件事本身也可以透露很多信息。这是真的吗?( )

  A. 真

  B. 假

- 绝大多数科学观察都不是一次性事件,而是可以重复多次的事件。这是真的吗?( )

  A. 真

  B. 假

- 天气预报说有 70% 的概率会下雨,如果没有下雨,天气预报就不可信了吗?( )

  A. 是

  B. 否

扫描左侧二维码查看本书更多测试题

献给

阿瑟・圣奥宾

To

Arthur Saint-Aubin

所谓时间，就是被孩子们精心摆弄的一场游戏。

——赫拉克利特（Heraclitus）

古希腊哲学家

他惊奇地发现，猫的眼睛所在的毛皮上正好有两个洞。

——格奥尔格·克里斯托夫·利希滕贝格（Georg Christoph Lichtenberg）

18 世纪德国思想家、讽刺作家

预测是一朵带刺的玫瑰

从几千年前的巫祝[①]开始，人类就开始预测未来。只不过那个时候的预测，往往是基于极其朴素的世界运行原理：例如以“水为万物生长和运动之源”为核心的泰勒斯假说和以“对立、协同、转换”为核心的阴阳学说；又或者一些重大事件之间的偶发联系，例如某一次日食后出现了持续数月的大旱。至于本书的重头戏——关于末日的预测，在宗教与科学“相爱相杀”的人类历史演进中，从来就没有缺席过。然而，以现代科学的标准看，除了少量极其罕见的严肃讨论外（本书将介绍几乎所有有价值的讨论），这类“预测”不过是人类的卑微理性在无常的自然和缥缈的未来面前无畏的挣扎罢了。

基于预测所使用的理论和方法的坚实程度以及相应的对于预测结果正确性的信念，我们可以大致把预测分为三类。一个极端是基于严格理论的预测结果，例如基于量子力学理论，预测某粒子在某时间段内出现在某区域内的概率。这种预测可以用来检验相应的物理理论是否正确。另一个极端是对未

① 古代称事鬼神者为巫，祭主赞词者为祝，后连用以指掌管占卜祭祀的人。——编者注

来的定性预言，这些预言往往来自未来学家和科幻作家，例如法国小说家儒勒·凡尔纳（Jules Verne）在《从地球到月球》中对人类登月和在《海底两万里》中对海底潜艇的预言，世界著名未来学家阿尔文·托夫勒（Alvin Toffler）在《第三次浪潮》中对互联网科技时代的预言，以及法国预言家诺查丹玛斯（Nostradamus）在《诸世纪》中对世界末日的预言，等等。这类预言更像是猜测而非预测，往往只能给出定性的判断，而不能给出定量的精确度。有时，预言模糊到可以有不同的解释方法，以至于连定性的判断都做不到，例如我们对李淳风和袁天罡所著的《推背图》的解读[①]。而我所感兴趣的预测，是介于两种极端之间的第三类：既没有一套坚实的理论作为支撑，也不是漫无边际的未来学说，而是基于手头已经掌握的一些数据，利用概率统计、数据挖掘或者机器学习的方法，对未知的数据或者未来的发展进行的可量化的预测。

对于自然科学和努力向自然科学靠近的社会科学来说，“解释—预测—干预”（或称“解释—预测—控制”）是我们回答科学问题的三部曲，其任务分别是：（1）提出理论模型，解释已经观察到的现象；（2）预测未被观察到的数据或现象（可能是缺失的数据，也可能是未来才会发生的事件）；（3）通过对真实系统进行具体的干预以达到提前预设的目标。针对一个现象“看起来正确”的解释，并不能说明相应的理论或机制就是正确的，而仅仅是指出了一种正确的可能性。事实上，这种解释的可信度往往都是比较低的。

很多社会科学研究都是典型的“事后诸葛亮”，当一个事件发生之后，总能提出一些经过修修补补的理论模型，对已经发生的事件给出定性正确甚至定

① 李淳风与袁天罡是唐初著名预言家，《推背图》这本书号称是中国预言界的“第一奇书”，这部奇书从唐朝开始，一直推算出此后中国两千多年的国运兴衰，不得不令人为之惊叹。——编者注

量精确的解释。自然科学亦是如此，通过添加越来越多的本轮和均轮[①]，打了补丁的托勒密的地心说“苟延残喘”了 1500 多年。经济学界有一句谚语，大意是“能预测经济危机的理论一个也没有，能解释经济危机的理论却俯拾皆是”，从这个意义上来讲，预测一般要难于解释，正确预测对于理论正确性的背书力度也要强于解释。当然，这里的更难主要是指预测尚未发生的事，而不是缺失的数据，预测后者通常要更容易一些。正确的预测也可能翻车，比如地心说也可以成功预测很多天象，只是随着测量精度的提升以及对预测精度要求的相应提高，错误的理论终究会破绽百出。与解释和预测相比，成功的干预可以极大地增强我们对理论正确性和适用性的信心，因为在不知道或者弄错了因果关系的前提下，恰好出现我们期望的干预结果的可能性是很小的。

尽管对于理论正确性的背书力度是干预超过预测、预测超过解释，但我认为预测在科学研究，特别是社会科学研究中处于最重要的位置，因为社会科学的研究对象具有极大的不完备性和不确定性。影响社会发展的因素数不胜数，任何理论都不可能将它们全盘纳入，而单个因素也是不独立且不稳定的，会受外部环境和其他因素的影响。因此，在一个封闭的环境中，通过设计可控的重复实验，观察干预的结果，从而对社会理论进行定量验证，是不太可能实现或者成本极高，而这恰恰是物理科学和其他自然科学得以螺旋式前进的基本方法[1]。在这个前提下，预测尚未观察或尚未发生的数据或事件，就成了检验理论正确性最有效的手段。

另外，从更广泛的意义上讲，干预中必然包含预测，因为我们需要提前预测干预的结果，并且和真实的实验结果做对比。由于干预工作的绝大部分工作量往往都集中在实验设计和实施，所以我们往往忘记干预之前总是需要做预测

① 天文学的托勒密系统用来解释太阳、月球和行星在视运动中的速度和方向变化的几何模型。——编者注

的。一种可能的做法是，在干预实验之前没有理论和预测，而需要根据干预实验的结果“重新发现”合适的理论，这种因果倒置的研究方法是极度危险的，因为理论模型会根据干预实验的结果进行各种调整，从而变成一个过拟合①的理论。以上林林总总，导致了社会科学领域的理论模型和实验结果高度不可信[2]。只有当一套理论解释还能够持续地、高精度地对尚未发生的事件进行预测时，我们才能真正信服[3-4]。

得益于可获取数据量的暴涨和计算能力的飞升，预测在现代社会学、经济学、管理学乃至政治学中似乎已经开始并即将扮演统治性的重要地位[5-6]！这些预测涉及我们可以想到和难以想到的方方面面：从一个人的民族、信仰、政治态度、性别取向[7]，到一个人是否罹患抑郁症[8]；从社交网络未来的演化[9]，到生物网络中未知的链接[10]；从恐怖袭击最可能发生的时间和空间[11]，到各个国家和地区政治大选的最终结果[12]……在本书中，各位读者还可以看到更多更奇妙的“可供预测的对象”，而在阅读这本书之前，大家恐怕都不会想到这些对象也可以用科学的方式进行预测。

然而，预测绝不仅仅是一朵盛开的玫瑰，而是一朵带刺的玫瑰。即便排除因为实验人员有意识或者无意识驱动预测结果向有利于理论的方向滑动而带来的问题、错误地使用数据和方法，以及错误地理解和应用预测的结果，都有可能带来灾难性的后果[13-14]。下面我选择三个较为重要的批判性论题，供各位读者讨论。

第一，预测中存在自证陷阱和自否偏差。预测都是在某种前提或环境下做出来的，而预测本身有可能改变这种环境。所以，我们看到的正确或者错误，有可能都是预测本身带来的，而和预测结果没有关系[15]。首先，很多预测具有

① 过拟合是指为了得到一致假设而使假设变得过度严格。——编者注

自证的特性。例如，基金委员会召集资深专家或者利用机器学习的方法，试图预测未来学者能够在哪些研究方向中做出颠覆性或系统性的贡献。这就是一个典型的自证场景。因为无论是专家意见、机器学习还是随机乱说，只要基金委员会处在正常的逻辑下，必然会大幅提高对这些“重要方向”的支持力度，那么学者更可能在这些方向做出更多贡献，而这又反过来证明了预测的正确性。其次，很多预测具有自否的特性。比如，我们通过对治安事件时空模式的分析，预测出了接下来一段时间最容易出现街头犯罪的场所，于是公安部门在相应的时间和地点增加了巡逻的警力，结果街头犯罪量大幅降低。请问，这个预测本身是正确的还是错误的呢？又比如我们自动监测慢性肾病患者的用药和饮食习惯，发现有一个患者经常不按时按量服药并且不忌口，根据大量病历样本，我们预测他 2 年之后会转为尿毒症。患者震惊于这个警告，然后改变了自己的习惯，尽最大可能配合医嘱，结果 5 年过去了，病情也没有进一步发展。请问，这个预测本身是正确的还是错误的呢？

第二，数据偏差会降低预测结果的适用度。如果用于预测的数据不能很好地表示该理论或模型所应用或针对的目标群体，就会出现数据的表示偏差，这是最常见的数据偏差之一。例如，想通过分析微博的语言来看整个中国民众的情绪状况和幸福水平，就可能会出现表示偏差，因为微博用户全体或随机抽样会对年轻人“表示过度”而对老年人“表示不足”。因此，从微博数据中得到的中国民众幸福水平，以及通过进一步文本分析获取的中国民众诉求，可能无法准确反映老年人的情况。也就是说，用被某来源数据训练出来的模型，有可能对于该来源中表示不足的群体并不适用或者效果较差。如果把模型和结论用到其他来源的数据集中，则需要更加小心，因为一般而言都会存在表示偏差。例如 ImageNet[①] 中来自中国和印度的照片只占 1% 和 2%，因此直接用 ImageNet 训练出来的分类器在分类物品和人的时候，如果这个图片来自中国

① ImageNet 是一个用于视觉对象识别软件研究的大型可视化数据库。——编者注

或印度，其精确度就显著低于平均水平[16]。

第三，预测可能会加剧偏见和歧视。即便数据本身是真实的，如果数据中存在大量的负面内容，基于这些数据的预测结果就可能学会甚至放大与这些负面内容相关的偏见。例如，基于谷歌新闻、维基百科等超大规模历史语料库数据的预训练模型（该模型的结果已经被广泛应用于自然语言处理的各种分析和预测工作中）所得到的单词的向量表示中，已经沉淀了严重的性别和伦理方面的刻板印象，比如词语“护士”和女性高度相关，词语“工程师”和男性高度相关，词语“同性恋”与疾病、耻辱高度相关[17]。我们现在努力消除的一些偏见可能在历史语料库中很常见，如果不加分辨地应用，聪明的预测算法可能很快就学会了这些偏见。

哪怕直接应用真实的数据，也可能导致加剧歧视的结果。在职场中性别歧视非常严重，例如某互联网求职简历数据显示，在同等学历条件和行业背景下，女性要多工作 5 ～ 10 年才能获得和男性相当的薪水[18]。使用这类数据进行职位推荐（本质上是预测你适合什么样的职位，然后把这个职位推荐给你），结果必然自带歧视。例如，谷歌广告系统的人工智能算法在推送职位招聘信息的时候，同等教育背景和工作经历下的男性要比女性以高得多的频率收到高收入职位的招聘信息[19]。如果我们有一组人力资源数据，数据中显示，每十个前 1% 高年薪的高端职位中只有一位女性，于是“性别为女性”这个特征值在获得高端职位匹配预测中将是一个负面的因素，算法的结果自然也将避免给女性推送高端职位信息。在没有基于大数据预测和推荐服务的情况下，男性和女性获得高端职位信息的数量可能相差不大，这种情况下女性真正获聘高端职位的可能性也远低于男性。如今，计算机的自动服务在源头上就让女性获得信息的机会更少，所以可以预测，女性获得高端职位的比例将进一步降低，而这又再次降低新数据中女性获得高端职位的比例，从而让算法更少向女性推荐高端职位。这种恶性循环，会进一步加剧原本就存在的性别歧视和不公。

译者序

预测是一朵带刺的玫瑰

我们正在进入一个“一切皆可预测”的时代，但诸位手头的这本《概率思维预测未来》，本质上不是讲预测的，而是讲概率论的，因此，我的序言起到的是抛砖引玉的作用。我只是借着写序的地方，表达一些关于预测有好有坏的看法。

目 录

第二部分
用概率思维理解生命、思想和宇宙

人类将生存多久

1977 年，戴安娜在一个花园派对上遇见了威尔士亲王查尔斯，他们很快坠入了爱河并于 1981 年 7 月在圣保罗大教堂举行了盛大的婚礼。

美国画家马克·坦西（Mark Tansey）在他 1986 年的画作《阿喀琉斯与乌龟》（*Achilles and the Tortoise*）（见图 0-1）中加入了戴安娜王妃的形象。在画作中，她正在种植铁杉，而她身后那棵参天大树就象征着那株幼苗成年后的样子。很多戴安娜王妃种树的照片留传在世，她还为了纪念牛顿种下一棵苹果树。

1993 年，戴安娜王妃引起了美国天体物理学家理查德·戈特（J. Richard Gott）的注意。戈特提出了一个可以预测未来的数学公式。他想用名人的婚姻测试，于是选择了当时被杂志评为最出名夫妻的戴安娜与查尔斯。戈特的公式预测这桩皇室婚姻有 90% 的概率会在 1 年 4 个月内结束。[1] 而在当时，皇室离婚是不可想象的。

1995 年 12 月，英国女王伊丽莎白二世被八卦小报报道的关于这对夫妻的婚外情激怒，于是她写信建议戴安娜与查尔斯离婚。1996 年 8 月 28 日，戴安娜与查尔斯正式离婚。仅一年后的 1997 年 8 月 31 日，戴安娜在巴黎与她的新恋人、电影制片人多迪·法耶兹（Dodi Fayed）共享晚宴。离开餐厅后，他们双双丧命于醉酒司机与狗仔队的夺命飙车中。

Mark Tansey, *Achilles and the Tortoise*, 1986. © Mark Tansey

图 0-1 《阿喀琉斯与乌龟》

坦西的画作中还包含了至少 4 位名人。在戴安娜左手方向拿着香槟酒瓶的是数学家米切尔·费根鲍姆（Mitchell Feigenbaum），而香槟的泡泡恰好是混沌理论（Chaos theory）的缩影。[2] 费根鲍姆是创建该理论的先驱，他证明了很多现象从根本上来说都是无法预测的。1996 年，他为华尔街所谓的“火箭科学家”创立了一个用贝叶斯概率为金融衍生品定价的公司，名为 Numerix。

站在费根鲍姆左手边的那位在画面里并不起眼，但却是大名鼎鼎的爱因斯坦。快速上升的火箭与缓慢生长的铁杉暗指爱因斯坦关于火车与光速“赛跑”的想象实验，他用这个想象实验提出了相对论。站在爱因斯坦前面的是数学家贝努瓦·曼德尔布罗特（Benoit Mandelbrot）①，他创立了分形几何学。铁杉树和火箭喷流都是分形、复杂的结构，它们的局部与整体具有相似性。

芝诺［埃利亚的］（Zeno）是古希腊哲学家，他的形象特征是从古代半身像中获取的，画作中的他夹着香烟。芝诺提出了阿喀琉斯与乌龟赛跑的悖论：敏捷的阿喀琉斯与动作缓慢的乌龟进行比赛，乌龟要求提前出发，每当阿喀琉斯赶到乌龟刚才所在的位置时，乌龟已经又往前了一点，所以阿喀琉斯还差一截才能赶上乌龟。芝诺认为，阿喀琉斯永远都不可能超过乌龟。对于芝诺的追随者来说，这个悖论证明了我们对于空间、时间和现实有着深刻的误解。

本书讲述的则是关于末日论证的故事，末日论证是一个令人难以置信的想法。它是由戈特和其他学者提出的用来预测人类将生存多久的数学方法。对多数人来说，这件事乍一听十分荒诞，但是我们之后会发现，这并不是不假思索就可以摒弃的想法。在接下来的章节中，我将针对这个有争议的想法提出支持和反对的例子，并尝试评价它们。同时，我也会跟大家说明用在末日论证里的推理逻辑有很多潜在的应用。这个论证可以让明智的人反思我们脆弱的存在，我们的希望所在，还有我们对后代的义务，然后去重新审视现有证据的本质，以及人类在宇宙中的位置。

---

① 贝努瓦·曼德尔布罗特，分形之父，生于波兰华沙，拥有美、法双国籍的数学家。——译者注

The ——————

Doomsday Calculation

第一部分

预测未来的概率思维

末日即将来临，抑或没有？在接下来的几章中，我们将会探讨末日论证，它虽然只是一行简单的推理，却能直接引导我们得出“人类所剩时间不多”的结论。我们会遇见灾难预言家及批评他们的人，也将探讨一些话题，如百老汇音乐剧的上演情况，旅鼠的数量问题，以及“睡美人”的谜题。我们会发现，至少其中一些计算末日的方法是值得认真对待的，然后我们将基于这些计算来预测人类的未来。

The ——

Doomsday

Calculation

第 1 章

如何预测未来

在传统的统计思维中，没有发生过的事情是不能通过概率统计的，没有数据的人必须保持沉默。而贝叶斯定理，则是一个用来赋予末日概率的工具。

6 岁的海伦和她 9 岁的姐姐弗朗西斯，还有她们 9 岁的表亲埃拉都没有看见投向游戏屋的原子弹。1958 年 3 月 11 日是春光明媚的一天，她们当时正在距离游戏屋 180 多米的树林里。这枚鸡蛋状的原子弹带有减摇鳍装置，就像是投向长崎的绰号为“胖子”的原子弹的双胞胎。原子弹摧毁了海伦和弗朗西斯的爸爸为女儿们建造的游戏屋，留下了一个 23 米长、9 米深的弹坑。

原子弹的威力将大量的泥土炸向空中，泥土又如地狱的雨点般砸了下来，伤到了 3 个女孩，以及海伦和弗朗西斯的父母沃尔特和艾菲，还有他们的儿子小沃尔特。所幸无人遇难，只有几只鸡死了。海伦一家住在一个叫作火星崖（Mars Bluff）的小镇。到今天，已经过去了 60 多年，这个弹坑依旧存在。

阿尔伯特・马丹斯基（Albert Madansky）是芝加哥大学一名年轻的统计学博士，被兰德公司雇用。兰德公司是一家位于美国圣塔莫尼卡的效力于五角大楼的智库，该公司希望马丹斯基可以攻克一个说起来容易回答起来却很难的问题：一颗核弹误炸的可能性有多大？[1]

在马丹斯基就职于兰德公司一年后，火星崖事件发生了，并成为最热门的话题。马丹斯基了解到一些内幕信息：作为应对核武器演习的一部分，一架 B-47 同温层喷射机离开了位于佐治亚州的猎人空军基地。刚起飞不久，驾驶舱就亮起了红色的危险指示灯，提示原子弹没有被正确安置。副驾驶员布鲁斯·库尔卡（Bruce Kulka）用自己值勤的左轮手枪底部敲了敲红色指示灯，然后灯就不闪了。但不久后，指示灯又开始闪烁。库尔卡就到炸弹仓修复这个问题。他伸手绕到炸弹的后侧，想套上锁，却碰到了按键。炸弹的安置装置松开，炸弹冲破了弹仓，极速下坠了 4500 多米。裂变弹含有包裹着铀或钚的化学爆炸物（这枚原子弹的爆炸物是 TNT）。这次误炸没有造成难以名状的灾难完全是因为这个原子弹没有裂变原料[①]。但是，地面撞击还是引爆了 TNT，造成了大规模的常规爆炸。

像火星崖这样的误炸事件已经在一段时间内发生好几次了，马丹斯基因此获准查看了 1950—1958 年发生的 16 个高度机密的“戏剧性事件”。

兰德公司的担心还不只这个。万一一枚遗失的炸弹被平民捡到了呢？万一一名愤怒或精神状态不稳定的官员未经批准就擅自发射了一枚原子弹呢？不过因为这样的事件从未发生过，因此没有办法进行统计分析。

在传统的统计思维中，没有发生过的事情是不能通过概率统计的，没有数据的人必须保持沉默。马丹斯基在芝加哥师从莱纳德·“吉米”·狂人（Leonard “Jimmie” Savage）。“狂人”原本姓奥加舍维兹（Ogashevitz），但是人们普遍

① 根据作者的描述，该裂变弹应该采用的是内爆式结构。也就是将高爆速的烈性炸药制成球形装置，将小于临界质量的核裂变原料置于炸药中心。炸药各点同时起爆，产生强大的向心聚焦压缩波，又称内爆波，使外围核裂变材料的密度迅猛增加，大幅超过临界点，引发下一步裂变的过程。——译者注

认为“狂人”更适合他。对自认为没他聪明的人，“狂人”非常尖锐和挑剔，在他看来，这几乎包含了所有数学和经济学领域的学者。“狂人”最喜欢的挑战传统的观念就是贝叶斯定理（Bayes’s theorem）——以一个名不见经传的18世纪英国牧师命名的一个名不见经传的公式。马丹斯基意识到贝叶斯定理正是兰德公司所需要的：一个用来赋予末日概率的工具。

2000年，兰德公司解密了一份1938年的报告，该报告由马丹斯基和他的同事弗雷德·查尔斯·艾克勒（Fred Charles Iklé）、杰拉德·J. 阿伦森（Gerald J. Aronson）撰写。报告中提到，美国原子弹军火库迅速膨胀，意外事件发生的概率将成倍增长。在冷战最如火如荼的时候，战略空军司令部随时都有约270架B-52轰炸机在空中待命，准备在总统的一声令下后发射核武器攻击。

兰德公司在报告中警示：“哪怕一次操作的失误概率非常小，比如百万分之一，如果这个操作要在未来的5年内进行1万次，那失误出现的概率就会变得非常大。”[2] 报告的作者推算，当越来越多的炸弹被运送到越来越远的距离时，近几年内将几乎不可避免地发生重大灾难。

这份报告也概述了一些预防措施，对策从平淡无奇到奇异疯狂，应有尽有。比如，可以将炸弹的布防开关通电，这样任何碰到炸弹的人都会轻微触电，那么意外碰到错误按钮的概率也会减小。为了应对像《奇爱博士》（*Dr. Strangelove*）电影里的情景，如一名精神错乱的男子不小心发动了第三次世界大战，报告里也提出应该对所有参与此工作的人员进行心理状况筛查。报告中提出的最实际的预防措施是在炸弹上安装复合锁，设置两个工作人员同时操作才能投放炸弹的指令。

兰德公司需要向柯蒂斯·勒梅（Curtis LeMay）将军报告他们的结果。勒梅将军是一位战争英雄，他曾怒称美国过于注重政治正确，而不敢使用核武器。还好，在听取报告之后，勒梅将军立刻认识到了核武器安全问题的严重性，这也让马丹斯基松了口气。于是，勒梅将军下令执行炸弹上锁的命令并安排两个工作人员同时布防。

有谚语说，人不可能在同一个地方跌倒两次。然而，1961 年 1 月 24 日，北卡罗来纳州又一次从核弹爆炸中侥幸脱险。勒梅将军的一架 B-52 轰炸机发生了燃油泄漏，它在北卡罗来纳州的戈尔兹伯勒市（Goldsboro）附近的半空断裂。当尾部分离的时候，两枚炸弹从弹仓脱落然后一头扎向地面。3 名士兵因此丧生，另外 5 名士兵使用降落伞安全着陆。

如果这两枚炸弹真的爆炸了，那就完蛋了，因为这架 B-52 轰炸机装载的可是氢弹！任何一枚氢弹起爆带来的放射性尘埃都会殃及费城。[3] 其中一枚炸弹被发现的时候是悬挂在一棵树上，降落伞已打开，炸弹差那么一点就要“亲吻”地面了。它的“布防 / 安全”按钮停在“安全”上。另一枚炸弹的降落伞没有成功打开。这枚炸弹裂开了，碎片落进了有足够积水量的沼泽地，减轻了冲击，避免了常规的爆炸。

炸弹处理专家杰克·雷维尔（Jack ReVelle）中尉被传唤来寻找这枚炸弹的碎片。雷维尔说：“士兵跑来告诉我：‘我们找到了布防 / 安全按钮。’然后我说：‘太好了！’而他说：‘不，不太好，因为它指着布防。’这件事我死也不会忘。”[4]

签署浮士德式的魔鬼条约，你就是那个待售的产品

英格兰唐桥井的托马斯·贝叶斯（Thomas Bayes）于 1761 年 4 月 17 日去世，他生前最伟大的成果从未发表也无人问津，它们被扔掉了，原因不详。另一位名叫理查德·普莱斯（Richard Price）的同样喜好数学的牧师在贝叶斯死后发现了他的手稿，并且意识到它的重要性。普莱斯算是贝叶斯赫赫有名的朋

友中的一员，贝叶斯的朋友有美国革命家托马斯·潘恩（Thomas Paine）、托马斯·杰斐逊（Thomas Jefferson）、本杰明·富兰克林（Bejamin Franklin），还有一个女权主义者玛丽·沃斯通克拉夫特（Mary Wollstonecraft），她也是科幻小说《弗兰肯斯坦》（*Frankenstein*）的作者玛丽·雪莱（Mary Shelley）的母亲。

普莱斯把贝叶斯的一篇文稿寄给英国最高科学学术机构英国皇家学会："这篇文稿是我在逝去的朋友贝叶斯先生的遗作中发现的，我认为它具有很高的学术价值。"

文稿讲述的就是我们现在所谓的贝叶斯定理。贝叶斯提出了启蒙运动世界观里最根本的问题：要如何调整信仰来回应新发现的证据呢？用现在的话来说，你首先要有一个先验概率。先验概率是基于已经知道的所有东西来估计某件事情发生的可能性。然后，通过一个简单的公式，这个先验概率会基于新的数据被向上或向下调整。

普莱斯赞扬了贝叶斯的独创性，但同时也给予了以下忠告：不花费大量的精力就不能完成其中的某些计算。

在一定程度上，贝叶斯定理被忽视的原因就是这个：重复计算对人来说过于冗杂，但是 20 世纪出现的计算机改变了这一切。如今，贝叶斯定理被保险公司、军事机构和科技行业广泛采用。[5] 毫不夸张地说，现在硅谷众多财富的背后都有贝叶斯定理的支撑，虽然它曾被遗忘多时。

"如果你不为产品花钱，那你就是等着被出售的产品。"这是数字经济的箴言。谷歌、eta（前身为 Facebook）、Instagram、Twitter、YouTube，全都是使人入迷又上瘾的应用程序，你可以免费使用它们，但你要签署浮士德式的魔鬼条约——使用这些免费服务的时候，我们都允许服务提供方获取所谓的个人信息，而这些信息都因为贝叶斯定理而变得价值不菲。把这些数据整合起来即为大数据，商人可以预测你会买什么，你愿意付多少钱，以及你会为谁投票。你的每一次点击，每一次滑动，每一条新的动态或每一次卫星定位都会更新后台的预测。这也是很多科技公司的秘密武器。

然而，这个励志的成功故事却指向更多令我们担忧的离奇事件。近年来，人们发现贝叶斯定理可以用来揭示很多有关“存在”的深奥秘密，包括人类的未来在内。

时间的秘密算法，没有什么能够长久

我遇见一位来自古国的旅人
他说：有两条巨大的石腿
半掩于沙漠之间
近旁的沙土中，有一张破碎的石脸
抿着嘴，蹙着眉，面孔依旧威严
想那雕刻者，必定深谙其人情感
那神态还留在石头上
而斯人已逝，化作尘烟
看那石座上刻着字句：
“我是万王之王，奥兹曼迪亚斯
功业盖物，强者折服”
此外，荡然无物
废墟四周，唯余黄沙莽莽
寂寞荒凉，伸展四方。[1]

① 杨绛先生译文。——译者注

这是英国浪漫主义诗人雪莱的十四行诗《奥兹曼迪亚斯》（*Ozymandias*）。他通过这首诗表达了“荣耀转瞬即逝，没有什么是永恒的”这一主题。这首诗也许是受到了贝叶斯的启发，毕竟从某种意义上来讲，雪莱与贝叶斯也有着特殊的关系。这位著名诗人的妻子，也就是《弗兰肯斯坦》的作者玛丽·雪莱，是女权运动先驱玛丽·沃斯通克拉夫特的女儿。而沃斯通克拉夫特正是贝叶斯精神遗产的推广者普莱斯的好友。

1969 年夏天，理查德·戈特以一趟欧洲旅行作为他哈佛大学的毕业旅行。旅途中，他参观了曾见证冷战最激烈交锋的纪念碑——柏林墙。站在柏林墙的阴影中，他沉思良久，思索它的过去和未来：有一天它会成为废墟吗？

外交家、历史学家、专栏作家、电视主播、间谍小说家激烈地争论这一议题，他们的意见相左。即将去研究天体物理的戈特给这个问题带来了全新的视角。为了评估柏林墙还能屹立多久，他引入了一个简单而精妙的办法，在脑子里完成了相关的数学计算，并把他的预测结果告诉了朋友查克·艾伦（Chuck Allen）。戈特预测柏林墙至少在未来的 2 年 8 个月中不会倒塌，但也不会屹立超过 24 年。[6]

此后，戈特回到了美国。1990—1992 年，柏林墙被拆除。这正是戈特游览欧洲之后的第 21 年至第 23 年间，完全符合他的预测。

戈特称他的秘密算法为“Δt 论证”（Delta t Argument），其中 Δt 的意思是时间上的变化。这个算法也被称为哥白尼原理（Copernican principle），以波兰伟大的天文学家哥白尼命名。当时哥白尼大胆地假想地球不是宇宙的中心，而只是一颗绕着太阳转的星球。这种想法导致一个更简化、更符合观测数据的太阳系模型的发现。

对于天文学家来说，哥白尼的思想是历久弥新的礼物。从 16 世纪以来，人们一次又一次地确认，在世间万物中，人类既不是中心，也没有占据任何特殊位置。太阳是一颗在普通星系中的普通恒星。它并不在这个星系的中心，而是位于它的边缘。而我们所属的星系在它所属的星团中也并不特殊，我们所属的星团在宇宙中亦很普通。甚至目前人类科学可观测到的宇宙，也被认为只是多重宇宙中一个微不足道的芥子。所以说，宇宙地图上的“你在这里”的标注指向的是一个再普通不过的地方。

哥白尼原理通常适用于观察者的空间位置信息，而“Δt 论证”则让它可以被运用在时间维度上。戈特最初的假设是，他参观柏林墙的时间并不是历史中特殊的时间点。有了这一前提，在缺乏冷战相关地缘政治学的背景下，戈特依旧预测出柏林墙的倒塌时间。他在 1969 年的预测是，柏林墙在他参观后至少屹立 2 年 8 个月，并在 24 年内倒塌，这样的概率为 50%。

1993 年，戈特在很有声望的《自然》杂志上发表了他的计算方法。时至今日，人们对他的方法还有着广泛的争论。很多人坚称戈特的方法不可能有效，并且引用了各式各样高深的论据来反驳他。一些人从戈特的文章中察觉到了一些倦怠的学术文化征兆。美国著名土木工程学教授乔治·索尔斯（George F. Sowers）指出：“在量子力学的时代，我们常常会单纯因为某个结论奇妙且令人震惊就去拥护它。虽然我们的神经麻木了，但是现在的世界还没有乱到我们可以随意推测世界末日的境地。”[7]

然而，也有很多人尝试过戈特的方法并且得到了证实。有一群英国的数学家运用戈特的方法预测了保守党的执政时长。正如他们所料，保守党在 3 年半之后被赶下了台。

爱情统计学，我们的爱情还能持续多久

戈特是个有趣的人，我见到他的时候，他穿了一件荧光绿的夹克，戴了一顶褐色的浅顶软呢帽。他天生是个讲故事的人，言语间充满幽默，还保留着肯塔基州的鼻音，即便身处常春藤大学多年也未被同化。文章在《自然》杂志上发表了几年之后，他以科学界预言家的身份成为一个小有名气的人。1997 年，戈特邀请《新科学家》(*New Scientist*) 的读者来预测他们自己当前恋情的持续时间。这些计算方法对于本书今天的读者仍然有效。

现在，在你当前恋情的随机时间点，你阅读着下面这些文字。这个时间点基本不可能是特意选中的。毕竟，这不是一部告诉你如何追求另一半的作品，也不是一本教你如何选择离婚律师的指南。它可能在你生命中的任何一个时间点被你读到。这也符合一点都不浪漫的哥白尼假设：此刻没有什么特别的。

很可能，你现在既不处于恋情的开始，也不处于恋情的末尾，而是在恋情期间。如果符合这种情况，那么根据你过去的恋情时长我们可以粗略地知道你未来的恋情还会持续多长时间。

你也许觉得这不过是常识。假设你和恋人是 5 天前才在一起的，那如果你们 5 天后就分手，你应该也不会太惊讶。至少，你不会在这个时间就考虑把他 / 她的名字文在身上，或者和他 / 她一起在海边买一栋别墅。这些对你来说都太早了。你可能会觉得这样的预测很神奇，或是令人沮丧，或者都有一点。其实这都不重要，真正的问题是：这些预测能有多准确呢？

戈特发现解决这个问题并不需要高深的数学，你只需要理解下面这个示意图（见图 1-1），用一张餐巾纸就能画下它。

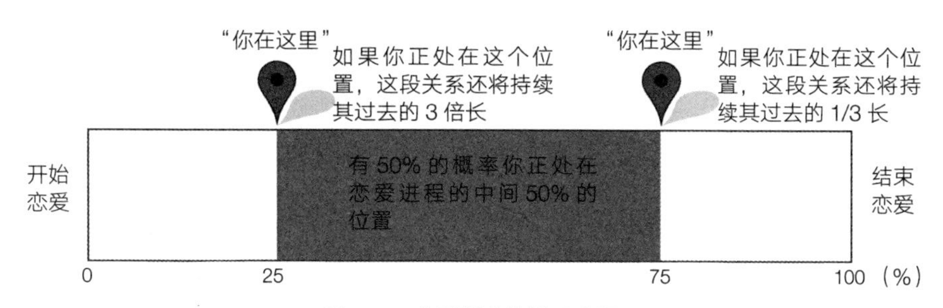

图 1-1　恋爱概率统计示意图

画一个条形图来表示你这段恋爱的总时长，你可以把它想象成一部电影的滑动进度条。这段关系的起始点在最左边，终结点在最右边。因为没人知道你的恋情将持续多久，我们不能用小时、天或者年来作为这个进度条的单位，而是用百分比来表示。也就是说，你的恋情从 0 开始，到 100% 结束，无论这段感情在绝对时间里到底持续了多久。那么，现在这个时间点应该处于 0 ～ 100%，但我们不知道具体在哪里。

还能跟上吗？

我已经把这个条形图的一半涂上了阴影。我涂的是中间的一半，即 25% ～ 75% 的部分。现在这个时间点被一个地图图标标示了出来（"你在这里"）。我们假设你可能处于这个条形图的任意一个时刻，而且你在每个时刻的概率是均等的。也就是说，你可能在阴影部分，也可能在空白部分。由于阴影部分的占比是 50%，所以我们可以说你有 50% 的可能处于阴影部分。

我已经在图上标注了两个样本时刻，它们是阴影部分的边界。左边的标注是在 25% 的地方。虽然这并不意味着你现在就在 25% 处，但为了论证方便，我们假设你的感情进度正处于这一位置。假设你的这段感情已经走过了 25%，你未来就还有 75% 的时间，也就是过去的 3 倍长。

右边的标注是在 75% 的位置。假如你的感情刚好正处于这一阶段，那么你这段感情的未来时长（剩下的 25%）将只有你过去的（已经历的 75%）1/3。

因为这两个标注限定了条形图的中间部分，有一半的可能性你的恋情处于这个区间内。换句话说，有 50% 的概率你未来的恋情时长不会超过你过去恋情时长的 3 倍，也不会低于你过去恋情时长的 1/3。戈特正是用这样的方法预测了柏林墙的倒塌时间。

你也可能做出类似上面这样的预测。在《自然》杂志上，戈特采取了 95% 的置信水平，这是一个广泛运用在科学和统计上的度量。要想在科学类期刊上发表论文，作者通常需要证明其研究结果有 95% 以上的可能不是由偶然的采样误差导致的。不用成为科学家，你应该也能明白 95% 已经可以看作很有把握了。毕竟，没人说得准此刻你的另一半是不是灵魂伴侣，也没人能对天气预报打包票，更别说预测下届选举结果了。

以 95% 的置信水平为例，我画了另一个示意图（见图 1-2），给中间 95% 的部分涂上了阴影。这一次，阴影面积就是从 2.5% 起到 97.5% 结束。如果你在左端的标记处，你的感情时间就刚刚过去了 2.5%，未来还有 97.5% 的时间。也就是说，你这段感情未来的持续时间将是你们过去感情时间的 39 倍（即 97.5% 除以 2.5%）。

假如你在右端的标记处，你们感情未来的时间仅仅是过去的 1/39。所以，在 95% 的置信水平上，通过哥白尼算法进行估计，你们感情未来的持续时间将在过去持续时间的 1/39 至 39 倍之间。

比如，1 个月前你和恋人在一起，那就有 95% 的可能你们的恋情还会持续超过 1/39 个月，但不会多于 39 个月。也就是说，你们还有 18 个小时到 3

年左右的时间。所以，看电影的时候可以放心把手机调成静音，因为你不会因此而错过分手短信。当然，你也应该有个心理准备，很可能 5 年之后你的恋人就不是现在身边的这个人了——这就是戈特的“爱情统计学”。

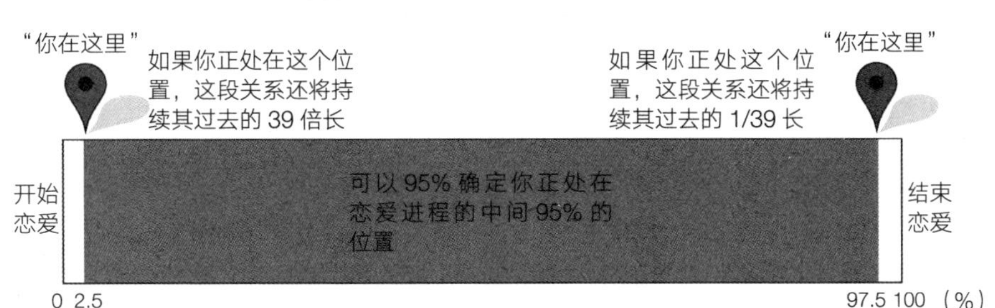

图 1-2　恋爱概率统计示意图

有多少百老汇音乐剧即将下映

多年来，戈特和其他人声称哥白尼原理在他们那里实现了广泛的应用。虽然华尔街有句行话说，过去的表现并不代表未来的结果，但还是有不少人费尽千辛万苦从过去的股票信息中推测未来的股票走势。

公司生存状况的统计数据，以及它们在《财富》500 强榜单或标准普尔 500 指数等排名的持续上榜时长，都符合哥白尼效应。人们可以根据一个公司已经存在榜单上的时长估计它未来能存在榜单上的时长。

哥白尼原理与困扰股民的幸存者偏差有一定的联系。在任何给定的时间，指数基金或投资组合都倾向于以近期表现良好的股票来加权，但是从长远来看，它们的表现很可能不尽如人意。所以说，投资者总是在试图抓牢黄金，即便它将在手中化为灰烬。

百老汇音乐剧用的是一种特殊的商业模式。就像投资企业一样，只要音乐剧能赚钱，投资者就愿意继续投资。不同的是，百老汇的大部分音乐剧就像蜉蝣一样，寿命极短，可能只有几周。戈特发现他可以利用百老汇的这种特性来验证他的方法是否有效。他的文章发表在《自然》杂志上的那天，他选取了当时正在纽约百老汇上演的 44 部剧作，包括《猫》（*Cats*）① 这样的热门音乐剧和一些很快就被人遗忘的作品。4 年之后，44 部剧作中的 36 部都退出舞台了，它们的结束时间也都符合戈特在 95% 置信水平上预测出来的时间。

一个报告显示，79% 的百老汇剧目都是失败的，它们在未收回成本之前就不再演出了。[8] 尽管破产的剧目不需要交税，但是投资人肯定不会因为少交税专门投资不被看好的剧目。也就是说，很多投资人还是高估了剧目可能的上演时间。戈特的预测没有考虑剧作家、明星、演出班子或者剧评信息，也没有考虑演出的门票销量、名人效应、宣传广告，或人们的支付意愿，他只不过是利用了剧目上演时长，就做出了比很多全面了解这些信息的人更好的预测。《纽约客》（*New Yorker*）的编辑对戈特和他的计算方法赞叹不已，于是委托了美国著名科普作家蒂莫西·费里斯（Timothy Ferris）为其撰写个人专稿。这篇于 1999 年发表的文章标题为《如何预测一切》。[9]

一个研究生全神贯注般地凝视着一堵墙，突然顿悟，预测一切真的就这么简单吗？

---

① 安德鲁·劳埃德·韦伯（Andrew Lloyd Webber）的代表作之一，该剧改编自 T. S. 艾略特（T. S. Eliot）为儿童写的诗。——译者注

你未来需要继续等待的时间和你已经等待的时间一样长

戈特的计算方法看起来像是从空空的魔术帽里变出了种类众多而又富有戏剧性的预测。但是，你不可能不依赖任何信息就做出预测。实际上，这个哥白尼原理运用了一种特殊的信息。

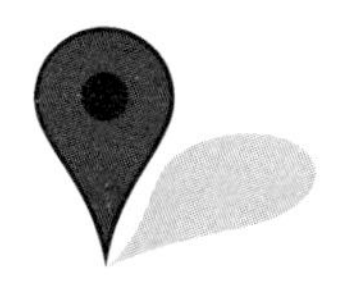

比如，上面的谷歌地图图钉就蕴藏了一种信息。这个上下颠倒的水滴是詹斯·艾尔斯特鲁普·拉斯穆森（Jens Eilstrup Rasmussen）在 2005 年设计的，该设计迅速风靡全球，并在现代艺术博物馆的展品中赢得一席之地。拉斯穆森的图标体现了数字媒介超越传统印刷品的力量。毕竟，在世界上所有的纸质路线图和地图里，你永远找不到最重要的信息：你的位置和去向。

使用数字地图的人永远也不会迷路，因为 GPS 定位系统让数字地图有了额外的功能，它知道使用者的具体位置。这就是自我定位信息，也称索引信息。这些花哨的名称指的是我们生活中视作理所当然的定位。“索引”指代用食指指向某个人或某样东西，并说“你就在这里”[①]。

自我定位的信息并不一定是空间上的信息，也可以是时间上的，这也很有用。否则我们为什么要造出时钟呢？戈特的哥白尼原理就是利用了个体在时间

① 为了让读者更易理解索引（indexical）的意思，作者运用了 index 的双重含义，说索引就是用食指（index finger）去指（index）。——译者注

的位置来进行预测的。

通过自我定位信息预测未来并不是什么新鲜事。1964 年，传记作家兼评论家阿尔伯特·戈德曼（Albert Goldman）就提出了“林迪效应”。这个效应的发现者是每天聚集在纽约一家名为林迪的熟食餐厅的顾客，他们是一群自以为无所不知的抽雪茄的光头。而该效应讲的是，喜剧演员的演艺寿命与他 / 她在电视节目中的曝光时间成正比。[10] 很多出现在《今夜秀》(*Tonight Show*) 的喜剧演员很快就被遗忘了，但是放心吧，杰里·赛恩菲尔德（Jerry Seinfeld）① 不会那么快消失。

数学家曼德尔布罗特在研究了林迪效应之后写过相关文章，称这个效应广泛适用于很多领域，不只是演艺圈。这也是戈特的看法。

在我听说哥白尼原理之前，我也推算过一个半玩笑性质的定律，来计算我需要等待多久才能跟人工客服说上话。我的定律是这样的：你未来需要继续等待的时间和你已经等待的时间差不多一样长。只有在最开始的几秒，你可以期待很快能跟客服说上话。当你已经等待了好几分钟，你就很可能继续等待更长的时间。

哥白尼估算并不只适用于持续的时间。假如你在转换电视频道时看见正在播放的电影《洛奇 4》(*Rocky IV*)。你猜他们一共制作了几部《洛奇》系列电影？如果这时你碰巧看见的是第 4 部，那么“8 部”就是一个合适的猜测。

使用这种预测方法有一些注意事项。戈特是这样说的：你不可能用预测新

---

① 杰里·赛恩菲尔德是美国著名喜剧演员，他曾在情景喜剧《赛恩菲尔德》中扮演虚构的自己。该剧在 20 世纪 80 年代后期很受观众喜爱。——译者注

人什么时候离婚来取悦婚礼来宾。不仅因为这样做唐突冒昧，而且将哥白尼原理用在这种情景下也是完全行不通的。使用哥白尼原理的前提是：现在是某件事进程中的一个随机的时间点。当然，我们没法进入时间穿梭机，然后把模式设为“随机”。在实际生活中，这个前提条件的含义是你不知道自己所处的时间点是这个事件进程中的什么位置。婚礼就不是这样的随机时刻，因为它是在庆祝一个结合的开始。所有人都希望婚礼是一段婚姻的起始，而不是一段婚姻的随机时刻。

另外就是要注意寿命的因素。比如，在弗兰克夫妇的 50 周年结婚纪念日上，有人祝福他们再甜蜜 50 年。这就是一个玩笑，而不是一个合理的预测。我们可以推测这对夫妇会长期在一起，但这并不能盖过我们有关人类寿命的知识。

The Doomsday Calculation

第 2 章

斯芬克斯之谜，关于概率的智力冒险

末日论证变成了当代思想的枢纽。很少有这样的哲学辩论能够时不时地带给我们当头棒喝般的淋漓感受。它不仅联结了科学、技术和文化中的热门话题，也为解决有关生命、思维和整个宇宙的关键问题提供了潜在帮助。末日论证就是现今的斯芬克斯之谜，我们也是为了生死而战。

现在，我必须说明戈特是如何计算末日的。这样，大家才能理解为什么人类很可能比我们预想得要更早退出历史舞台。

愤世嫉俗的人也许会说，这有什么好新奇的？毕竟让人郁闷的消息在如今的新闻中屡见不鲜。不过，戈特是从另一个完全不同的角度得出结论的。他的预测完全基于数学计算，并没有考虑那些常见的末日因素，比如战争、恐怖主义、环境灾难、失控的科技以及其他对于人类的威胁。

戈特 1993 年发表在《自然》杂志上的那篇文章提出了现在很多人都有所耳闻的“末日论证”。这个论证有两个版本：一种是运用我们在人类历史中的时间点进行计算；另一种则是由天体物理学家布兰登·卡特（Brandon Carter）和哲学家约翰·莱斯利（John Leslie）提出的，通过我们在人类总人口中的出生次序来进行计算。不论哪种版本，末日论证都预测了一个人类灭亡的日期。

考古学家说，第一个解剖学意义上的现代人类出现在大约 20 万年前。[1] 目前出土的遗迹中，那个年代的头骨大小和形状与我们现代人类的基本一致。假设现在是人类历史中的一个随机点，而现在距离第一个现代人类的出现已经过去了 20 万年，那么我们可以非常粗略地估计，人类的未来也还会有 20 万年。如果从 95% 的置信水平上来看，戈特预计人类至少会存活 5100 年，但不会超过 780 万年。[2]

生物学家认为哺乳动物平均物种的存活时间为一两百万年[3]，与戈特估计的人类存活时间相符。也就是说，戈特的估计也不算是很令人沮丧。甚至，换个角度来说，戈特的预测表明人类在 5100 年后就灭绝的可能性只有 2.5%，听起来情况还是挺乐观的。

然而，另一种论调则从更精确的角度来看待末日论证。这种观点认为，当前这个时代不是人类历史中的随机一点。证明这个观点的最佳方法就是借用以下世界人口数量随时间变化的演化图（见图 2-1）。

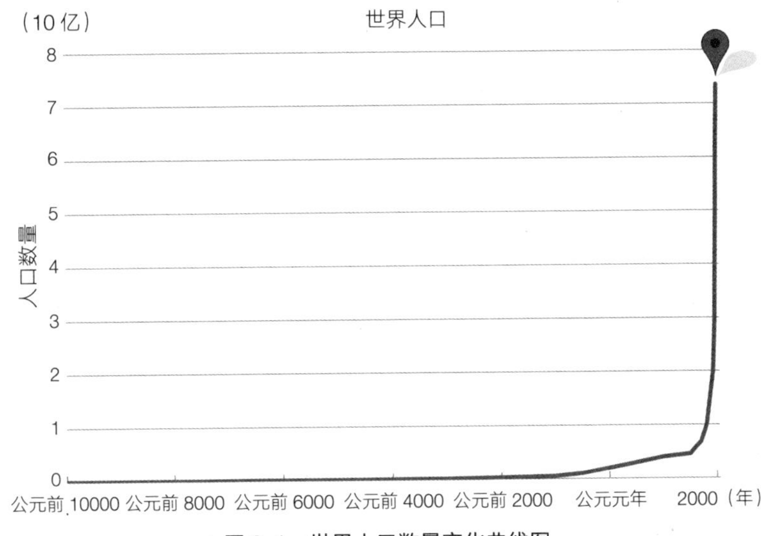

图 2-1　世界人口数量变化曲线图

这个图像是一个“曲棍球棒曲线”：随着农业、工业和科技的发展，人口爆发式地增长，呈现出空前的繁荣景象。每一个你知道的人，从古希腊诗人荷马到当代流行歌手泰勒·斯威夫特（Taylor Swift），都是在人类历史最近 1.5% 的时间内出生的。图上的地点指针标示着我们现在所在的位置。显然，这不是一个没什么特殊性的“典型位置”。

“让我们看看旅鼠吧，”约翰·莱斯利说道，“旅鼠一般会生活在哪种情况下呢？是在只有几只旅鼠的时候，还是在旅鼠种群数量急剧增加的时候呢？”[4] 旅鼠是一种生活在北极附近的啮齿类动物，它们的种群数量在不同的生命周期中变化很大。传说，当旅鼠的数量到达一定级别时，它们就会变得烦躁不安，然后从悬崖跳入海中自杀。

我们确实是生活在人口大爆发的时期，而卡特和莱斯利的方法可以解决这一问题，让末日论证重新有效。他们采用的假设叫作“自抽样假设”（self-sampling assumption）。假如我们去买彩票，买到的票号是 64 号。这让我们大概能够推测出一共分发了多少张彩票。假设彩票的号码都是连续的，那么至少有 64 张彩票。而且可以推测出，几乎不可能有几百万张彩票，否则我们也不太可能抽到这么小的数字。

在“自抽样假设”中你会把自己看作群体中的一个随机样本。然后，你就可以用你对自己的了解（比如你的彩票号码）来得出一些关于群体的结论（比如一共分发了多少张彩票）。在卡特和莱斯利的末日论证中，他们用的则是每个人的出生顺序。

假设有这样一张名单，上面写着过去、现在已出生和将来要出生的所有人的名字，并根据大家的出生日期排序。理论上，这个名单应该是这样的：

1. 亚当

2. 夏娃

……

X. 我

……

Z.（未来）最后一个出生的人类

我的出生排位是 X。那我是在名单的顶上，还是中间部分，抑或是末尾呢？这份名单到底有多长呢？我不知道这些问题的确切答案。我唯一知道的是，我没有理由认为自己处在这份名单的一个非常特殊的位置。当然，这又是哥白尼假设，只不过现在是从历史中的时间点变成了名单上的排名位置。换句话说，我们现在用的不过是“出生顺序时钟”上的“时间”，而不是人们通常所想的时间。

戈特引用了一个估值：目前的累计人口数量大约是 700 亿，包含了至今为止所有存活过的人类。这个数据可能比你预估的更切合实际。因为与当今的人口相比，史前人类的数量是很少的。所以，无论你用什么标准区分海德堡人[①]和智人（Homo sapiens）（把哪些海德堡人算作人类），也无论你是否把人类和尼安德特人的混种纳入人类的大家庭中，这些早期人类的数量都不会对总人口数有太大贡献。

由于几乎所有的人类都聚集在人口数量图的最右侧，我们可以利用现有的资料和文献来估计近千年来的人口数量。我的出生顺序大致是 700 亿左右[5]，也就是 X。那么，最后一个出生的人类排名 Z 是多少呢？在 95% 的置信水平

① 古人类学家将其独立归于一属，属于智人物种，大约生活在距今 85 万至 10 万年前，被视为尼安德特人和现代人的共同祖先。《人类起源的故事》就对尼安德特人的历史作了详细介绍。该书的中文简体字版已由湛庐引进，由浙江人民出版社于 2019 年出版。——编者注

上，Z 可能是在 X 的 1/39 到 39 倍之间。也就是说，戈特估计未来的人口数量将在 18 亿至 2.7 万亿之间。

现在，我们就只需要把未来的人口数转换成持续时间。多少年之后最后一个人类会出生呢？这取决于出生率。在戈特文章发表的时候，每年出生的人口大致是 1.5 亿。如果保持这个出生率不变，12 年之后就会再出生 18 亿人。而达到 2.7 万亿的上限，只需要 1.8 万年。

用这样的方法计算，预计末日会在从今往后的 12 年至 1.8 万年之间到来[6]，这是一个令人担忧的预测，尤其是它的下限。

不过，从 1993 年开始，世界人口的出生率就开始下降了（降低到了每年出生 1.3 亿人左右）。同时，更新的对人口累计数量的估计也比戈特预计的人口数量多（差不多增加到了 1000 亿人）。也就是说，上述的预测结果变成了 20 年至 3 万年之间。所以，现在也不能排除世界末日会在这个时代到来的可能性。

不过，我们应该用“未来的”出生率进行预测，而这一点是未知的。一种可能是人口数会持续呈指数级增长，这可能是在人类殖民其他星球之后，或是人类通过科技手段可以大幅度提高地球目前的人口承载量的时候。在这种情况下，我们会更快到达 Z 值。也就是说，这会加快而非推迟世界末日的到来。

另一种看起来更乐观的假设是出生率会持续下降。但是，想要推迟末日降临，就需要出生人口数量的锐减。而这很难通过积极的手段实现，最现实的也许就是发生一次全球性灾难，导致世界上只剩下少数的幸存者。如果每年的出生率下降 100 倍，人类的灭绝时间可能被推后 100 倍。但是，这就是用一个近乎末日的景象，来推迟最终的世界末日。这可算不上什么胜利，反而是得不偿失的。

贝叶斯的魔力 8 号球

现在是 2015 年 8 月 7 日的清晨，你正坐在林迪餐厅，阅读着关于前一天首演的音乐剧的评论。其中一则是这样写的：

> 我并不愿意让人们倾家荡产去购买一张热门百老汇演出的门票。但是，由托马斯·凯尔（Thomas Kail）执导、林-曼努埃尔·米兰达（Lin-Manuel Miranda）主演的《汉密尔顿》（*Hamilton*）① 值得你这么做，至少对于那些想要证明美国的音乐剧不仅存活了下来而且得以发展的人，这部剧会让他们看到美国音乐剧在未来几年脱胎换骨、蓬勃兴起的希望。[7]
>
> ——本·布兰特利（Ben Brantley），《纽约时报》记者

戈特的预测有一定的局限性。一个有影响力的剧评家的热烈赞扬让人们有理由相信该剧会持续上演很长一段时间，尽管可能这部剧才刚刚被搬上舞台。或许，我们对自己也有同样的知觉。智人战胜猛犸象、疟疾和原子弹而幸存了下来，还没有什么能够杀死我们。我们不是一般的物种，现在也不是一个寻常的时代——所以，管他呢！

换句话说，我们可能坚信人类将存在很长时间。这种信念是一种先验概率。当然，人们对于世界末日应该什么时候到来有着各种各样的观点。一些邪教徒和悲观主义者认为末日就在眼前，而一些乐观主义者认为人类还将存活数

① 《汉密尔顿》讲述的是美国开国元勋之一亚历山大·汉密尔顿的故事。不同于传统的音乐剧，该剧融入了大量不同类型的音乐，如嘻哈、R&B、流行乐及灵魂音乐。2015 年上演之后，该剧几乎场场爆满。2016 年，它荣获托尼奖 16 项提名，最终斩获 11 个奖项。——译者注

十亿年。也有对诺查丹玛斯[①]预言深信不疑的巫师声称能够预测世界末日的确切时间，精确到几时几分（并且可以比任何数学方法都更准确地预测你的爱情生活）。

在1993年的文章中，戈特并没有提到先验概率。但是，这个概念在卡特和莱斯利提出的第三个版本的末日论证中是十分关键的。他们利用贝叶斯定理来修正先验概率，从而能够更好地反映从出生顺序中获得的新信息。[8]

但是，这第三个版本末日预测并不能延缓末日的到来。就算对于理性的乐观主义者而言，贝叶斯派的末日论证都可以改变他们对末日的看法，让他们相信最终发生灾难的概率非常高。卡特把他的末日论证形容成放大镜，因为它预测的概率比人们一般想象的要大。末日灾难比在反光镜中看见的更近[②]。

我将给出一个简化版的模型，在该模型中，只有两种情况："末日将近"和"末日尚远"。"末日将近"的意思是人类将在500年内灭绝，而"末日尚远"则指人类还将存活超过500年。同时，"末日尚远"的情形中最终累计人类数量将是"末日将近"情形中的累计人口数量的1000倍。

在这个示例中，假设我一开始认为"末日将近"的先验概率是10%，那

① 诺查丹玛斯（Nostradamus），犹太裔法国预言家，他在1555年出版了预言集《百诗集》。有人通过研究该诗集读到了关于不少历史事件的预测，包括法国大革命及希特勒的崛起。——译者注

② "反光镜里的物体比看起来更近"是美国、加拿大、印度等国家要求贴在汽车反光镜上的安全提示。其原理是，为了视野更广阔，反光镜采用的是凸面镜，因而镜像显示物体比实际要小。由于较小的物体看起来距离更远，反光镜常常误导我们对实际距离的判断。——译者注

么贝叶斯定理就能让其后验概率增大到 99%[①]。[9] 如果我更乐观一点，认为“末日将近”的概率只有 1%，但利用贝叶斯定理计算之后的概率也会提升到 91%。就算是一个极其乐观的人，他认为“末日将近”的先验概率只有 0.1%，经过贝叶斯定理的矫正，“末日将近”的后验概率也会被提高到 50%。

如果贝叶斯派的末日论证是正确的，那么在各种对未来的理性预测中，即无论认为“末日将近”的先验概率是多少，“人类末日将近”都不是一句空谈。自从英国经济学家马尔萨斯提出他的人口理论以来，没有一个与人口相关的预测引起过如此激烈的争论。人类是否能解决内部分歧，消除战争和恐怖主义，拯救环境并继续探索银河系？贝叶斯的魔力 8 号球[②]说：“基本不可能。”

斯芬克斯之谜，我们为生死而战

娱乐业已经把世界末日的概念变成摇钱树，以此为灵感创作了很多有关末日的影视作品，而在这些作品童话般的结局中，主人公总是在千钧一发的最后关头力挽狂澜，拯救世界。末日题材多种多样，有的是关于核战争的，有的是小行星撞击地球，有的是恶棍毁灭地球，也有僵尸掠夺大战，还有机器人反制人类，以及外星人入侵等。在当代社会文化中，我们抱持的一种观念是：物种，就像每个个体一样，终有灭亡的一天。勿忘你终有一死[③]。后会有期，宝贝！[④]

---

① 99% 是一个用贝叶斯公式算出来的近似值。该计算公式为 $p/[p+(1-p)\times(soon/late)]$。其中 p 是指“末日将近”的先验概率即 10%，*soon/late* 是“末日将近”情况的累计人类数量比上“末日尚远”情况下的累计人类数量，即 1/1000。代入计算，结果约等于 99%。——译者注

② 魔力 8 号球是美国的一种占卜玩具。玩家可以在心中默问一个是非类问题，然后旋转球体，获得答案。——译者注

③ 原文是拉丁语 Memento mori。——译者注

④ 原文是西班牙语 Hasta la vista, baby，这是电影《终结者》中的经典台词。——译者注

末日论证是另一种类型的不详预兆，因为这个预言对人类灭亡的原因保持着令人恼怒的沉默。在不太遥远的过去，任何一个感觉到末日来临的人都会认为核战争是毁灭人类的原因。如今，威胁人类的因素越来越多，人工智能与核弹的威力不相上下，都让人难以安眠。

讽刺的是，暗暗涌动着悲观情绪的硅谷，正是全球受益于贝叶斯理论最多的宝地。人们对人工智能所持的矛盾心理很多都源自哲学家尼克·波斯特洛姆（Nick Bostrom）的研究，他现在是牛津大学的教授。在攻读博士时期，他就围绕着末日论证和自抽样假设的谜团展开研究。他提倡将自抽样运用于解决各类科学问题，并取得了颇具影响力的研究成果。现今，波斯特洛姆非常关注人工智能带来的风险，因为他认为将人的价值编码到机器中所面临的挑战比通常认为的更艰巨。人工智能有一天可能会变得无所不能。人类走错一步，可能就万劫不复。

有不少的智力探险与世界末日有关，本书旨在追溯这些值得被书写却鲜为人知的故事。通过将贝叶斯理论应用到自抽样技术中，我们能够解开宇宙的谜题。地球上出现生命是偶然还是必然？为什么我们没有发现外星人的踪迹？我们的世界是真实的还是模拟出来的？我们的宇宙就是我们所能观察到的这样吗？

难怪在短短几年内，末日论证变成了当代思想的枢纽。很少有这样的哲学辩论能够时不时地带给我们当头棒喝般的淋漓感受。它不仅联结了科学、技术和文化中的热门话题，也为解决有关生命、思维和整个宇宙的关键问题提供了潜在帮助。末日论证就是现今的斯芬克斯之谜[①]，我们也是为了生死而战。

① 在希腊神话中，斯芬克斯是狮身人面的怪兽。在忒拜城的悬崖上，它会给过路人出谜语，如果路人答错，就会被杀死。——译者注

The Doomsday Calculation

第 3 章

神奇的贝叶斯定理，做怀疑一切的人

绝大多数科学观察都不是只会发生一次的神奇事件，而是可以根据意愿多次重复的事件。合格的科学家就应该是个怀疑一切的人。

"我这辈子都没见过如此糟糕的一群人。"[1] 1745 年，伊丽莎白·蒙塔古（Elizabeth Montagu）这样评价生活在肯特郡唐桥井温泉小镇上的人。这个小镇吸引着欧洲各地说着多国语言的贵族，以及想要趋炎附势的人。蒙塔古是一个来自伦敦的才女，也是一位贵族。后来，她对唐桥井的评价变得中肯了一些，认为这里"聚集着性格各异的人，使唐桥井成为大千世界中一个小小的缩影"。[2]

今天，唐桥井也被称为简·奥斯汀村（Jane Austen country）。奥斯汀的爸爸乔治·奥斯汀（George Austen）牧师曾在这里度过童年。当奥斯汀家族家道中落之后，他们又想搬回这个小镇。后来，有了奥斯汀家族的这层关系，唐桥井的经济发展迅速。由于在奥斯汀的小说中被多次提起，这个小镇已经变成了书迷的朝圣地和电影的翻拍胜地。

唐桥井也和英国作家 E. M. 福斯特（E. M. Forster）有着千丝万缕的联系。长篇小说《看得见风景的房间》（*A Room with a View*）的女主角露西叹气道："我已经习惯唐桥井了，在这里我们都无可救药地落后于时代。”在福斯特那个年代，这个衰败的度假胜地就已经被视作英国僵化的保守主义象征。从 20 世纪 40 年代开始，人们幽默地以“唐桥井的讨厌鬼”为笔名给编辑写信，呈上自己“古板守旧”的评论。

尽管如此，唐桥井依旧是当今世界上最具颠覆性观点的一个诞生地。作为这个小镇曾经的牧师，贝叶斯没有留下什么痕迹。贝叶斯家族几代之前在谢菲尔德做餐具生意发家。[3] 贝叶斯在爱丁堡大学学习神学和逻辑学。在伦敦住了几年后，他于 1733 年到 1734 年间搬到唐桥井并成为锡安山教会的牧师。贝叶斯是长老会的非国教教徒，不同意英国教会以及《公祷书》的倡导，但在如今的长老会成员看来，他反对的立场其实并不明确。

贝叶斯并不是因为他布道讲得好而闻名，事实上，他名不见经传，连一幅画像都没有。然而，他和伦敦的科学家圈子有着紧密的联系。第二代斯坦厄普伯爵是一名业余数学家，在唐桥井附近有一幢乡间宅邸，也就是他将贝叶斯引荐进了英国皇家学会。[4] 斯坦厄普伯爵十分欣赏贝叶斯所著的一篇文章，文章里贝叶斯为牛顿微积分辩护，反对贝克莱主教（Bishop Berkeley）对牛顿的批评。这是贝叶斯一生中发表的两篇论文之一，另一篇哲学论文名为《神的仁慈，或者试证神圣旨意及神的治理最终使被造获得幸福》（Divine Benevolence, or an Attempt to Prove That the Principal End of the Divine Providence and Government Is the Happiness of His Creatures）。

启蒙运动中的伟大思想都在摈弃教堂的教义。英国哲学家大卫·休谟在他的著作《人类理解研究》（*An Enquiry Concerning Human Understanding*）中质疑基督教神迹的真实性，点燃了一场 18 世纪的文化大战。《圣经》中说，耶稣可以在水上行走，可以将水变成酒，可以使鱼和面包数量倍增，可以使拉撒路①复活，还可以复活自己。休谟大胆地提出，法院所用到的证据与证明神迹所用的证据应该是同一套标准。因而休谟更偏向于苏格兰裁定的结论，即这些神迹“未能被证明”。

关于神迹，比较麻烦的一点是它们只发生过一次，也不会为了那些看不到证据绝不罢休的人②而重复发生。你必须亲临现场——而大概率你并不会在那儿。休谟认为，我们应当考虑事件本身固有的可能性，也应当考虑其证词的可信度：“永远没有证词充足到可以证明一个神迹，除非‘此证词是虚假的’这件事本身比它想要去证明的东西更加不可思议”。[5]

数学家和牧师的双重身份将贝叶斯推到了宗教文化大战的前沿阵地。他本来也有理由去琢磨“相信神迹”与启蒙运动的思想是否一致，或者如何达成一致。人们推测休谟对神迹的批判激发了贝叶斯在概率论上的学术成就。[6]但是，在贝叶斯最具影响力的阐述自己学说观点的论文《机会的学说概论》（*An Essay Towards Solving a Problem in the Doctrine of Chances*）中，他却既没提到休谟，也没提到神迹。我们也不知道这篇论文是什么时候撰写的。这是在贝叶斯死后，理查德·普莱斯将他写于18世纪40年代末期的手稿整理出版的。

贝叶斯的哲学

概率论起源于赌场。吉罗拉莫·卡尔达诺（Gerolamo Cardano）是文艺复

---

① 拉撒路是耶稣的朋友，在《新约·约翰福音》第11章中记载，他病死后埋葬在一个洞穴中，4天之后耶稣吩咐他从坟墓中出来，他奇迹般地复活了。——译者注

② 原文用词为“Doubting Thomases”，源自《圣经》中的多马，他直到看见和触摸到基督耶稣的伤口才相信耶稣已复活。后来，人们常用这个短语形容多疑的、有证据才相信的人。——译者注

兴的终极代表。他是一名哲学家、数学家、物理学家、天文学家、占星家、发明家、化学家、生物学家、内科医生。同时，卡尔达诺赌瘾极大，他承认自己连续 25 年每天都会赌博。他写了一篇有关概率论的短文，尝试去了解这些年有多少钱从他指缝中溜走。赌徒们已经知道扑克、骰子和轮盘的游戏规则了，他们需要知道的是概率：怎样计算抽到两张 A、掷两枚骰子得到 7，或是反复转到红色轮盘的可能性。卡尔达诺与他的法国继承者皮埃尔·德·费马（Pierre de Fermat）和布莱士·帕斯卡（Blaise Pascal）早在贝叶斯之前就提供了这些问题的解决方法。

贝叶斯主要研究了这些问题的反面：逆向概率（Inverse Probability），也称作原因概率。假如我们已经知道了结果（已经拿到手上的这副牌），我们能否反推出一些导致这个结果的原因（荷官是否作弊了）呢？这对于任何一个认真的赌徒来说都是个迫切的问题。

如果这个荷官为了不发到 A 而要花招，那这将影响到我会抽中什么牌。贝叶斯定理为此类问题的推理提供了数学框架。从一个先验概率开始，比如从一副无偏差的扑克牌里抽出一张 A 的概率是 1/13。每发一张牌，我都可以将这个概率向上或向下调整，它不但反映出这副牌不断改变的构成，也体现了在和荷官一来一回的交手中，我对对方了解的深入。这一系列调整产生的后验概率，是在新证据的基础上更新先验概率之后得到的。

如果发现自己抽到 A 的次数一直少于从一副无偏差扑克牌中应该抽到 A 的次数，那我可以推测它的成因：我面前是一个作弊的荷官或是这副扑克牌缺了 A。这个推测绝不是 100% 确定的，譬如也有可能是我一直非常倒霉。但是，荷官作弊的可能性会随着我一直“倒霉”而增加。虽然我们生活在一个什么都不确定的世界上，但是一个理智的赌徒应该果断放弃那个可能被荷官操纵的赌局。

贝叶斯的《机会的学说概论》被公认是一篇提出了极佳概念却写得一塌糊涂的数学论文。他的阐述被认为是有漏洞的，论证不够清晰且没有真正解决问题——贝叶斯在该文中大量使用晦涩难懂的类比，理解这些类比，比理解它们想要阐明的观点还难。普莱斯的序言给论文加上了贝叶斯本人没能提供的导向性陈述。普莱斯形容这篇论文是一个警示，帮助信徒们信靠他们的终极目标上帝："这篇文章的目的是解释我们凭什么相信这个世界是某种智慧和超自然力量的产物，以此来证实从最根本原因得出的神存在的论点。"[7]

普莱斯的观点如今也被称为设计论证[①]。简单来说就是，由于我们已知宇宙像是一台精心打造的时钟，那么我们就可以反过来推论存在一个神圣的钟表匠设计了这台时钟。

不过，贝叶斯的论文纯粹就是一篇数学论文。他的论点从许多方面来说都算是基本常识。下面我们将介绍一些简短精要的贝叶斯哲学。

第一点，"非凡的观点需要非凡的证明"，用这句当代怀疑主义的箴言当作贝叶斯思想的介绍再合适不过了。以休谟举的例子来说，《圣经》里说，耶稣是木匠的儿子，他在很小的时候就用智慧折服了众人。他曾在一座山上对众人布道，也曾在被本丢·彼拉多（Pontius Pilate）下令把他钉在十字架上之前和他的信徒一起吃晚饭。《新约全书》是以上这些言论唯一的来源，大家普遍认为它是真的，但《新约全书》里的神迹却不被非基督徒承认。为什么呢？有一种说法是《新约全书》里四福音书的作者都不可靠。如果真的是这样的话，那《圣经》里的每一件事都很可疑啰？[8]

① 设计论证是由古希腊哲学家苏格拉底提出的证明上帝存在的一种理论，属于后验性的证明方式。该论证认为宇宙万物井然有序并非偶然，所以必定有一个设计者。——译者注

这倒不一定。不过，神迹确实是非凡的一种说法，所以需要更严谨的证明。根据我们对世间其他事物的了解，我们会认为神迹这种只发生一次的事件的先验概率非常低。《圣经》手稿里的证据（通常以传记、传说和寓言的方式呈现）并不足以让这个概率上升多少。但是像“耶稣是木匠的儿子”这样的细节会让整个事情听起来更像是真的，以至于连非基督徒都对《圣经》故事将信将疑了。

贝叶斯和普莱斯都是有信仰的人。普莱斯在他的评述中写道，贝叶斯定理并没有否认神的存在，这就给启蒙运动中的基督徒留下了继续相信神迹的理由。[9] 如果能证明神迹发生的人越来越多，那么慢慢地人们就会对神迹的存在确信不疑。

这就是人们对贝叶斯定理最不满的地方，它把可能性究竟是多少留给使用它的人自行判断。的确，贝叶斯定理是有这个问题，但所有用在我们这些凡人身上的规则、法律和信条不都有这个问题吗？

第二点，其实，缺少信息这件事本身也可以透露很多信息。在阿瑟·柯南道尔（Arthur Conan Doyle）的短篇故事《银斑驹》（*The Adventure of Silver Blaze*）里，福尔摩斯正在调查一起驯马师谋杀案，他发现没有一位目击证人说他们听到了这个马厩看门狗的吠声。如果凶手是陌生人的话，狗是一定会叫的。因此，福尔摩斯推断凶手是看门狗和死者都熟悉的人。

柯南道尔也认同贝叶斯这个颠覆性的想法，即没有证据（看门狗没有叫）和有一个确定性的证据一样可以揭露真相。贝叶斯定理认为，问题的关键是概率的比率。一只狗很可能不会冲着熟悉的人叫，但不可能不冲着陌生人叫。因此，我们会选择相信作案者是一个熟人。

第三点，“当你听到蹄声的时候，应该是马来了，而不是斑马来了”。[10] 在所有条件一样的情况下，我们一般会选择更常见的解释。

再举一个例子，“三年级的时候，我获得了一个足球奖杯”，以下哪种情况更可能是真的？

- 因为我是整个三年级学生里足球踢得最好的，所以我获得了奖杯。
- 这是一个参与奖（所有参加了足球比赛的小朋友都会得到，以示鼓励）。

在第二种情况下我肯定会得到这个奖杯，它不是什么以一敌百的巨大胜利。因此，我们觉得第二种情况更合情合理。就像约翰·莱斯利说的：“一件事情可以被视为普通事件时，不要把它看成是多么特别的。”[11] 我们不应该轻易将现实归因于侥幸、偶然或神奇的巧合。

10 还是 1000，瓮里究竟有多少个球

春田镇的集市里有一个需要技巧和运气的游戏。现在，有两口一模一样且无标签的瓮，一个里面装着 10 个球，另一个则有 1000 个。两口瓮里的球上都标注着连续的数字——从 1 到 10 或者从 1 到 1000。参与者选一口瓮，工作人员从里面随机抽取一个球，并向参与者展示上面的数字。接下来，参与者需要猜他选的那口瓮里一共有多少个球以赢得丘比娃娃。

霍默·辛普森① 决定花 1 美元参与这个游戏。他选择了左边那一口瓮。

① 霍默·辛普森（Homer Simpson），美国知名动画人物，动画情景喜剧《辛普森一家》中的主角，以头脑简单、脾气暴躁著称。——编者注

工作人员从左边的瓮里随机选了一个球，上面的数字是 7。“好了伙计，这口瓮里一共有多少个球呢？”

“1000 个！”辛普森猜道。[12]

傻傻的辛普森没有用到贝叶斯定理。在没有看到球上的数字之前，我们没有任何理由相信某一口瓮里有 1000 个球的可能性更大，抽到的瓮的可能性应该是 1 比 1。当随机抽取了一个球之后，辛普森就应该可以用上新的信息了。如果抽到了一个像 7 这样比较小的数字，我们会认为这口瓮里只装着 10 个球的可能性大幅提高了。

假如左边的瓮里只有 10 个球的话，那抽到数字 7 的可能性是 1/10。如果有 1000 个球的话，抽到数字 7 的可能性就是千分之一。说实话，从任何一口瓮里抽到数字 7 的可能性都不大，但是既然现在已经知道数字 7 被抽中了，我们凭常识会觉得这口瓮总共应该有 10 个球。常识也会让我们觉得这口瓮里有 10 个球的概率和有 1000 个球的概率比是 1000∶10，也就是 100∶1。其实，如果用贝叶斯定理来计算的话，我们就会得到这个结果。

下面，我将给出贝叶斯定理的简单说明。你应该听说过假阳性和假阴性吧。医疗测试既可以诊断出我们真正所患的疾病（称为真阳性），也可能会把我们误诊为患了某种疾病（假阳性）。这些术语可以帮助我们准确又简洁地表述贝叶斯定理。我们用某件事情出现真阳性的概率除以这件事情出现的全部阳性（包括真阳性和假阳性）的概率来计算已知实验结果的条件下这件事会发生的概率。

如果你想看更直观的公式的话，请看下方：

$$P(H|E) = P(H\&E)/P(E)$$

$P(H \mid E)$ 就是我们想要求得的概率。这个概率 P 代表“已知关于某个假设 H（如这口瓮有 10 个球）的一些证据 E（如抽取到一个数字很小的球），这个假设 H 成立的可能性”。在贝叶斯定理下，我们用“这个假设成立且已知证据支持这个假设（真阳性）”的概率除以 $P(E)$，即得到这个证据（无论是真阳性还是假阳性）的全部概率，来计算 $P(H \mid E)$。

将春田镇集市里的游戏套进贝叶斯公式，检验这口瓮里是否只有 10 个球。假如我们拿到数字很小的球，即拿到 1 ～ 10，这就是一个阳性结果，它很可能会让我们觉得这口瓮里只有 10 个球。如果这个结果真的是我们从一个只有 10 个球的瓮里抽到的，我们就叫它真阳性。而真阳性出现的概率是 50%。

这是因为我们有 50% 的概率选择从装有 10 个球的瓮里抽取球。当你选择了有 10 个球的瓮之后，你抽取的球上的数字一定不会超过 10，那么结果就一定是真阳性的（当然，如果你选择的是装有 1000 个球的瓮，无论你抽到什么数字，结果都不会是真阳性）。

得到所有阳性结果的概率是得到真阳性结果的概率和得到假阳性结果的概率之和。要想得到一个假阳性结果，那就得同时选择有 1000 个球的瓮并且抽到了 10 以内的数字。从 1000 个球的瓮里抽中 10 以内数的概率只有 1%。所以，得到假阳性结果的概率就是 50% 乘以 1%，即 0.5%。

总结一下，贝叶斯定理告诉我们，已知从一口瓮里抽取了一个 10 以内数字的球，这口瓮共有 10 个球的概率是 50%/（50%+0.5%），也就是 100/101，或者说比 99% 多一点。也就是说，左边的瓮中只装了 10 个球和装了 1000 个球的可能性之比是 100：1，因此辛普森应该很确定左边那口瓮只装了 10 个球！

这些计算不需要多高深的数学知识，它们只是一些运算常识。辛普森的错误回答源于他认为抽到数字 7 不是什么有用的信息。假如他抽到的是 11 或 11 以上的数字，那么他就可以非常坚定地推测这口瓮里有 1000 个球了。正因为两口瓮里都有写着数字 7 的球，所以抽到“7”意味着证据不足，不过任何理性的参与者都不会忽略这个 7 带来的隐藏信息。

尼克·波斯特洛姆曾说：“理性信仰不仅会受到一系列演绎规则的限制，还会受到概率推论的限制。”[13]

合格的科学家，怀疑一切的人

贝叶斯的论文《机会的学说概论》吸引了一名非常有影响力的读者，他就是皮埃尔·西蒙·拉普拉斯（Pierre Simon de Laplace）。拉普拉斯是一位法国贵族，同时也是数学家、物理学家、天文学家和无神论者。他将贝叶斯不堪卒读的论文改编成一篇严谨的数学论文。因此，很多人觉得拉普拉斯才是贝叶斯学派真正的创始人，而贝叶斯只不过是有个头衔罢了。[14]

很多人都读拉普拉斯的文章，不过这也改变不了它很复杂的事实，即便拉普拉斯对原因概率充满热情与抱负。在某些简单的情形中，贝叶斯定理的结果即使不用数学计算也是显而易见的，但在其他的情形中，贝叶斯定理的主观性就让是非对错变得非常难以界定。很多时候，贝叶斯定理的计算非常复杂，很难在纸面上完成。任何尝试亲自计算不断更新的概率的人，往往耗尽了耐心也得不到什么更深入的见解。

接下来的几个世纪，概率论和统计学开始另辟蹊径。我们认为绝大多数科学观察都不是只会发生一次的神奇事件，而是可以根据意愿多次重复的事件。合格的科学家就应该是个怀疑一切的人，除非亲眼看到，否则绝不相信。无论是在英国的伦敦、印度的勒克瑙还是秘鲁的利马，我们用同样的方式做同一个实验就应该得到同样的结果。如果结论不一样的话，那我们就该警惕了。

如果一个证据是道听途说来的，那我们就不用那么在意了。每个人应该都有这样一个邻居、同事或者朋友的朋友，他们吃着昂贵的保健品，遵循着独特的养生之法，迷信一些传世秘方。然而如果想要知道某一种疗法是否有效，我们需要做到随机化，即可以完成双盲测试。如果这个疗法的确有效，那么这种疗法的效果应该比安慰剂的效果更好，而且效果之间的差距应该大于统计误差。

可重复性和随机实验是现代思想重要的里程碑之一。现代统计学大多把重心放在设计实验、寻找样本人口和分析数据上，这也导致贝叶斯概率长期被边缘化。直到 20 世纪可以计算贝叶斯概率的机器出现，这一现象才得以扭转。

没有人知道贝叶斯想用他的理论来做什么。他自己可能永远都想不到他的理论如今在各种不同的领域发挥着功效。人们甚至用贝叶斯定理打击纳粹势力、对抗垃圾邮件。

盟军在谋划诺曼底登陆时需要知道德国军队装甲 V 型坦克的制造量。当时同盟国俘获了一些德国坦克，并且知道德国人在编排序号方面一丝不苟。坦克的变速箱、引擎和底盘上都有序号。被俘获的坦克可以被看作从所有坦克中随机抽取的样本，军队的统计学家就可以凭借这些随机样本来估算坦克的制造量。当时，他们估算的结果是每月制造 270 辆，比谍报中的制造量要少很多。战争结束后，公开文件显示当时的德国坦克月制造量为 276 辆，和统计学家的估计只差一个零头。

而今，还有一种所谓的“贝叶斯垃圾邮件过滤器”，其运行原理是运用持续更新的词汇列表来过滤垃圾邮件。这个列表由经常出现在垃圾邮件中的词语构成，其中比较典型的词汇有：免费、赢钱、治疗脱发、伟哥、揭露好友的丑闻、在家工作、帮你追女孩、你是赢家，等等。出现了这些词不代表这条信息就是垃圾信息，就好比你正在读的这一段话就囊括了所有这些词汇，但这段话并不是一条垃圾信息。但是，出现了一个或多个类似这样的词汇的信息往往比没有出现这些词汇的信息更有可能是垃圾信息。贝叶斯垃圾邮件过滤器的原理就是计算出每条信息是“垃圾”的概率。当这个概率大于某个值的时候，过滤器就会将它标记为垃圾信息。虽然这个过滤器不是万无一失的，但如果打开垃圾邮件箱，你会发现它比你想象的更聪明一些。

The Doomsday Calculation

第 4 章

暗黑推算史，哥白尼原理的启示

末日论证预言了一种可能性，而非必然。

“一天早上我拿起《纽约时报》，”理查德·戈特说，“翻到一则故事，说的是帕特农神庙已被地震摧毁。我对自己说，帕特农神庙已有数千年的历史，而我现在只有 20 岁。我这辈子碰上这种事情的概率是多少呢？”[1]

当时还在哈佛上大学的戈特认定这个概率非常小。事实也是如此，这则故事只是他们校园幽默杂志《哈佛讽刺》（*Harvard Lampoon*）的恶作剧。这些捣蛋鬼把学生们订阅的《纽约时报》首页替换成了他们用谣言自制的头版头条。

戈特就是通过这种联想将自己的生命长度与希腊遗迹的历史做类比，由此催生了他在柏林墙下的顿悟。

卡特灾难，观察者的选择效应

戈特不是唯一一个这样思考的人。1973 年 9 月，人们在波兰的克拉科夫（Kraków）举办了一次座谈会，以纪念哥白尼 500 周年诞辰。这位天文学家的声誉空前高涨，不仅因为他曾告诉我们地球绕着太阳运动，而且哥白尼原理还抱持着“人类的优势地位并不特殊”的观点，而这一点在某种程度上使哥白尼比天文学家第谷和开普勒更重要。

正如很多开创者一样，哥白尼是被现代人赋予了想象的人物。他从来没有阐明过哥白尼原理，而且这个原则在他的时代很可能也没有任何意义。他不过是想弄清楚太阳系是如何运行的。直到 20 世纪中叶，人们将哥白尼的日心说与后来的非中心宇宙假设之间做了个明确的类比，才使得哥白尼原理变得普遍起来。物理学家赫尔曼·邦迪（Hermann Bondi）在他 1952 年的著作中首次使用了“哥白尼宇宙学原理”（Copernican Cosmological Principle）这一说法。[2] 在戈特 1969 年参观柏林墙时，对天体物理学家来说，将哥白尼这个波兰天文学家的名字与一种科学方法的隐喻用法相关联是再自然不过的了。

不过在克拉科夫举办的哥白尼诞辰纪念会上，有一场演讲与众不同。这位演讲者试图摒弃而不是赞扬这样的“哥白尼隐喻”，他就是出生于澳大利亚当时年仅 31 岁的布兰登·卡特。卡特是剑桥大学的讲师，致力于探索黑洞的物理原理，这是新近才受到人们关注的话题。卡特认为人们对哥白尼隐喻的理解太机械了。他是这样说的：“哥白尼给我们上了正确的一课，那就是我们绝不能无端地假设自己在宇宙中占据着特殊的中心地位。但是，现在人们有一种强烈的趋势（并非都是潜意识的行为）让这一理论演化为一种教条，而这个教条非常可疑，它认为我们在任何情况下都不特殊。”[3]

卡特温和地提议说，有的时候人类确实是特殊的。既然我们是世界的观察者，那么我们的环境肯定有一定的特殊性，才能允许像我们这样的观察者存在。

这就是观察选择效应（observation selection effect）的一个例子。很自然地，我们会假设被我们观察到的人、物体和事件可以代表我们无法观察到的——这也是民意调查的前提。民意调查认为，少数随机选出的人可以代表整个国家的意见。但是，有许多手段都可以使民意调查产生偏差，并使观察结果因选择效应而失真。

英国物理学家阿瑟·爱丁顿（Arthur Eddington）在其1939年出版的《物理学的哲学》（*The Philosophy of Physical Science*）一书中给出了一个经典的例子。想要知道池塘中最小的鱼的尺寸，你可能会用一张网随机网出100条鱼，然后仔细地进行测量。这时你发现，这100条鱼中，最小的鱼长15厘米。根据上述观察结果，你很容易得出一个结论，即小于15厘米的鱼是稀有或不存在的。但事实上，爱丁顿写道，这个网只能收集比15厘米长的鱼，因为所有更小的鱼都穿过网孔逃走了。[4]

卡特写道："每当有人希望通过观测少量的样本而得出一般性结论时，至关重要的是要考虑样本是否存在偏差，以及可能导致偏差的原因。"[5]卡特提出，人类作为有智慧的观察者，这本身就造成了偏差，用爱丁顿的比喻来说，我们的世界是一个网，它限制了我们在空间和时间上的位置。

因此，我们不应太轻易地假设地球是一颗普通的星球。毕竟，只有在一颗出现了智慧生命的星球上才能讨论这些问题！

物理学家经常指出，以我们的生存环境来看，我们观察到的宇宙的某些属性似乎不太适合智慧生命的起源和演化。不过，这也可以被理解为选择效应。

卡特称此理论为"人择原理"（anthropic principle）。他试图用人择原理来平衡哥白尼原理。从那时起，卡特的理论就成为现代物理学中争议不断的概念之一。可以说，大多数物理学家认为人择原理是成立的，但它不一定有用。有些人会对这个理论嗤之以鼻，他们认为这不过是有噱头的陈词滥调，被媒体过度关注。一位评论家毫不留情地写道：“不严谨的语言系统和被迷惑的思想体系是人择观念蓬勃发展的沃土。”[6] 在演讲中使用“人择”一词的物理学家，很可能遭到观众的嘘声。[7] 人们对人择原理的态度鲜明，要么爱，要么恨；你可能认为它很深刻，也可能把它当作轻率的俏皮话。你选择了哪一边，你就在哪一边的阵营里。

人们对于人择原理莫衷一是，因为大家以不同的方式解读它。卡特本人就提供了两个版本。尽管“弱人择原理”（weak anthropic principle）显得微不足道，但它却更为重要。它是指一个简单的选择效应——作为观察者，我们只能在与观察者相容的宇宙的一部分中找到自己。

卡特还提出了一个“强人择原理”（strong anthropic principle），即作为观察者，我们发现自己存在于这样一个宇宙中，它的运行规律允许观察者存在。尽管这个原理也是不言而喻的，但它更接近形而上学。卡特写道：“与弱人择原理相比，它不是我愿意以同样的信念捍卫的东西”。[8]

后来，更多的人进一步提出了别的人择原理释义。其中，最热心的两位支持者——约翰·巴罗（John Barrow）① 和弗兰克·蒂普勒（Frank Tipler）② 提出了“最终人择原理”（Final Anthropic Principle，简称 FAP）：智能信息处理必须存在于宇宙中。而且，一旦智能信息处理存在，它就不会消亡。[9] 然而，马丁·加德纳（Martin Gardner）在《纽约书评》上讽刺说，FAP 应该

---

① 约翰·巴罗，英国宇宙学家、理论物理学家和数学家。其著作《宇宙的起源》中文简体字版已由湛庐引进，由天津科学技术出版社于 2020 年出版。——编者注

② 弗兰克·蒂普勒，数学物理学家和宇宙学家，任职于杜兰大学的数学系和物理系。——译者注

被称为“完全荒谬的人择原理”（completely ridiculous anthropic principle，简称 CRAP）。[10]

1983 年，卡特发现了人择原理的另一种应用：预测人类的未来。同年，他在英国皇家学院的一次演讲中提出了我们现在所说的末日论证。他认为这是“人择原理的一种最实际的重要应用，而且不涉及任何值得怀疑的技术假设，在人择原理的其他应用里它却是无法避免的”。[11]

然而，卡特并未完全接受自己数学模型所预测的残酷结果，其他人也是这样。[12] 人择原理不过是引起了激烈的辩论，末日论证却是遭到了全盘否定。实际上，卡特的纸质演讲记录中关于末日论证的部分都被删除了。而且，他也不发表有关末日论证的文章，只在比较包容的研讨会上讨论这个问题。因此，末日论证一开始是个学术圈的秘密，它几乎只是在地下传播的隐秘学说，只有一小部分人知道它，也被称为“卡特灾难”。

为什么宇宙存在，而不是万物虚无

牛津大学毕业的约翰·莱斯利在著名广告公司麦肯－埃里克森（McCann-Erickson）的伦敦办公室任职，负责广告文案。他在这份工作中耗费了一些时间，意识到自己想要进行更深入的思考，而广告业并不要求这点，他辞了职并前往加拿大安大略省的圭尔夫大学（University of Guelph）学习哲学。

莱斯利是一名活跃的户外运动爱好者。他热爱攀岩、皮划艇和火山探险。同时，他也喜欢下围棋和象棋。他创建了一款名为《世界大师》（*Worldmaster*）的桌游，于 1989 年上市。此款桌游就像《战国风云》（*Risk*）与《拼字游戏》（*Scrabble*）的结合，玩家通过拼写单词来征服国家。莱斯利还发明了人质棋，这是一种国际象棋的变体，被人们广泛研究。在这个游戏中，被吃掉的棋子是人质，它们可以与其他棋子交换并且返回棋局。

莱斯利已从教师的职位退休，他和妻子一起住在加拿大不列颠哥伦比亚省维多利亚市一个绿意盎然的地方。他操着一口清脆的英式英语，讲话时习惯带着顽皮的腔调。在职业生涯中，莱斯利长期的研究重点是一个终极问题：为什么会有这一切（为什么宇宙存在而不是一片混沌）？科学记者吉姆·霍尔特（Jim Holt）将莱斯利评为研究这个难以捉摸的问题的“世界级专家”。同时，莱斯利还以“末日问题专家”出名。1987年9月，他与物理学家蒂普勒的会谈，激起了他对这一主题的兴趣。[13]

为了纪念牛顿的《自然哲学的数学原理》（*Principia*）发表300周年，在罗马的的甘多尔福堡（Castèl Gandolfo）召开了一场科学家和神学家的共同会议。莱斯利回忆道：“蒂普勒是我在那里遇到的一个很特别的朋友。”[14]蒂普勒出生于亚拉巴马州，曾在麻省理工学院和马里兰大学学习。他在宇宙学上的成就一直被他对各种狂野想法的热情所掩盖。他以“欧米伽点”①的假设而闻名。该假设说的是：我们指数级增长的计算能力将最终使我们无所不知、无所不能、无所不在，从而获得过去只有上帝才具备的各种属性。

正如许多批评家说的，蒂普勒属于“稀有品种”，虽然被授予了终身教职，但他着实是个怪人。作为杜兰大学的教授，他教授欧米伽点理论和物理学导论。蒂普勒也曾对达尔文主义和全球变暖的证据表示怀疑。因此，当迈克尔·舍默（Michael Shermer）撰写《为什么人们会相信怪事》（*Why People Believe Weired Things*）一书时，他把整整一章的笔墨都献给了蒂普勒。

---

①“欧米伽点”一词最初是由法国基督教神学家皮埃尔·泰亚尔·德·夏尔丹创造的，指的是宇宙中的一切都注定要朝着同一终点而变化。在希腊字母中，欧米伽是最后一个字母，象征着结束。——译者注

卡特的末日论引发了蒂普勒的奇思妙想。考虑到卡特的保留意见，蒂普勒可能是第一个完全接受末日论的人。蒂普勒认真且富有活力，有点像一个真正相信产品的推销员。在罗马会议上，他对莱斯利描述了末日论证。这位哲学家"在最初两分钟的思考后，确信它的重要性，认为它一定是错的"。[15] 接着，莱斯利也变成了相信末日论证的一小群人之一。

莱斯利与卡特通信，卡特提出了一个不寻常的要求，他让莱斯利将这个理论命名为"卡特—莱斯利末日论证"，这不仅是分享荣誉之举，也是想帮莱斯利分担绝不会缺席的骂名。[16]

关于末日论证的讨论

卡特鼓励莱斯利发表关于末日论证的文章，他说自己将与莱斯利"在同一个战壕里浴血奋战"。[17] 终于，在 1989 年 5 月，有关末日论证的文章两次出现在了学术期刊上。莱斯利在《加拿大核学会通报》（*Canadian Nuclear Society*）上发表了《世界末日的威胁》（Risking the World's End）一文，他在该文中简短地描述了卡特的想法。同月，弦理论的先驱、丹麦物理学家霍尔格·贝克·尼尔森（Holger Bech Nielsen）在《波兰物理学报》（*Acta Physica Polonica*）上发表的物理学论文《随机动力学及费米子代数与精细结构常数之间的关系》（Random Dynamics and Relations Between the Number of Fermion Generations and the Fine Stucture Constant）中也阐述了这一思想。这篇文章记录的是尼尔森一年前在波兰扎科帕内的 4 场讲座，而末日论证是其中第三场讲座下半场的内容。

尼尔森用英语（和数学）写就了该文，也在文中提到了"末日"一词[18]，并提供了波兰语的同义词："我的观点是，这个计算过程导致我们舍弃了其他可能的情景，只剩下两种情况：要不就是以灭顶之灾结束的世界末日（Ostatni

Dizien），要不则是人口大规模地减少，以至于永远不会再上升到现在的数量，也就是另一种世界末日。估算数据表明，这个‘世界末日’一定会在……最多不超过几百年后到来。”[19]

Ostatni Dizien 在波兰语中是“最后一天”的意思。尼尔森的文章是暴风雨前的第一声雷鸣。“我很感激 N. 布林（N. Brene）从我的演讲初稿中提炼出这些笔记，”尼尔森写道，“但是，他不想对第三场讲座的内容承担任何责任。”[20]

尽管尼尔森是丹麦著名的科学家，但这篇探讨末日论证的文章并没有引起太多关注。毕竟，这些讨论深藏在技术含量很高的论文中，普通人很少接触到这类论文。而且，尽管科学世界全球化发展很快，但是文章作者的国籍和文化背景仍然是决定其影响力的重要因素。1989 年在《加拿大核学会通报》和《波兰物理学报》中进行的讨论不可能会有广泛的读者。

之后，莱斯利也在《哲学季刊》（*Philosophical Quarterly*）（1990 年）和《思想》（*Mind*）（1992 年）中发表了关于末日论证的文章。1993 年，戈特则在《自然》杂志上发表了《哥白尼原理对我们未来前景的启示》（Implications of the Copernican Principle for Our Future Prospects）。世界各地的科学家都在阅读《自然》杂志，寻找新闻热点的科学栏目记者也是如此。通过这些备受瞩目的出版物，针对末日论证的讨论开始了。

哥白尼原理的启示

1990 年夏天，戈特给他的大学朋友查克·艾伦打电话[21]：“你还记得我对柏林墙的预测吗？快打开电视看看！”[22]那时，美国全国广播公司（NBC）的主播汤姆·布罗考（Tom Brokaw）正在柏林直播：柏林墙被推倒了。

“我想，也许我应该把这件事写下来。”戈特说。[23]

戈特并没有太在意发表顺序的事（他并不知道莱斯利和尼尔森已经发表了文章），他更担心自己的想法无法写成文章顺利发表。在科学史上，很多时候某个人直到去世，文章也没有机会发表或公布，所以，常常要花费数年或几个世纪才能让他的发现为世人所知，贝叶斯定理就是这样一个例子。不过，戈特想到的则是希罗的引擎。在公元一世纪时，古希腊数学家亚历山大里亚的希罗（Hero of Alexandria）就发明了一种简单的蒸汽机。然而，直到1700年后，类似的发明才被广泛应用。而且，也正是蒸汽机这样由螺母和螺栓构成的工程推动了热力学的建立。

戈特就他的时间变化理论撰写了一篇论文，并雄心勃勃地将其提交给《自然》杂志。《自然》杂志的编辑把它发给审稿人，审稿人中就有布兰登·卡特。戈特通过卡特了解了莱斯利和尼尔森的文章。不过，戈特在几个新的方向上提出了自己的见解。他在仅6页的文章中不仅论述了人类的未来，还探讨了太空旅行以及寻找外星生命。一开头，戈特是这样写的：

> 你在宇宙中所处时空位置的特殊性仅仅基于你是智慧的观察者这一事实。换句话说，你在所有的智慧观察者中所处的位置不是特殊的，而是被随机选择的。所以，当你知道自己是智慧观察者时，你应该认为自己是从所有智慧的观察者（包括所有过去、现在和未来的观察者）的集合中随机挑选的。[24]

以上论证现在被称为“自抽样假设”或“人类随机性假设”（human randomness assumption）。[25] 戈特用它来估计人类这一物种的存活时长。“令人懊恼的是，在估计世界末日何时到来的时候，我们无法肯定地排除很小的值，但却可以排除很高的值（诸如我们可能希望的数十亿年），”[26] 戈特写道，“我使用的方法非常保守，如果结果看似夸张，那仅仅是因为事实就是夸张的……本文仅站在‘你是随机的智慧观察者’的假设基础上……由于缺乏有关其他智慧生物存活时间的实际数据，该假设可以说是我们能做到的最好的假设了。”[27]

哥白尼对教会的教义提出质疑，他反对把地球看作上帝创造的中心。戈特则对另一个说法提出质疑，而这一说法是我们这个靠技术统治的世俗世界的信条：人类的前途很长，可能会涉足太空并在其他星球上定居。戈特估计，人类在银河系中其他行星上定居的概率仅为十亿分之一。[28] 哥白尼和伽利略反抗宗教裁判所，戈特则攻击《星际迷航》给人们带来的福音。

约翰斯·霍普金斯大学的生物统计学家史蒂文·古德曼（Steven N. Goodman）抱怨称：“可以形象地描述那些从事枯燥乏味统计工作的可怜人承受的折磨，即世界是由普通的谎言、糟糕的谎言和统计数据组成的。在我看来，戈特的统计学方法论无疑给这一说法注入了新的活力”。[29] 这是古德曼写给《自然》杂志编辑其中一封批评信，语气甚至有些愤怒。

有关末日论证的讨论扩散到了普通媒体。在《纽约时报》上，有一篇赞赏戈特和他的想法的特稿。[30] 紧接着，《泰晤士报》就发表了一篇关于末日论证的批评文章。热衷于批评别人的物理学家埃里克·勒纳（Eric J. Lerner）指责戈特的文章为“伪科学”，说他“只是为了掩盖不可靠的论点而操纵数字”。勒纳同时也是宇宙大爆炸理论的怀疑者。勒纳写道：“为什么像《自然》这样的著名期刊会发表这样的占星术？为什么一位知名的宇宙学家（一位应该比这篇文章所展现的更有学识的人）会撰写这样的占星术？”[31]

勒纳回答了自己的问题：“历史表明，每当一个社会停止进步，生活水平下降时（就像今天一样），总是有所谓的专家急于推卸责任，不想承担……统治者的贪婪和短视造成的后果。”勒纳是一位积极参与社会活动的人士。他把戈特描绘成一个骗子，但除此之外，很多《泰晤士报》的读者一定对戈特在说什么感到迷惑（为资本家实施的占星术？）。

在给编辑的一封信中，戈特尖锐地回应道：

> 勒纳先生拒绝相信他可能是在人类中随机的一个位置。令人惊讶的是，我的论文中做出的许多预测在他身上都是正确的，即他很可能①在电话簿的中间95%①；②没有在1月1日出生；③出生于人口超过630万的国家；④不属于最后出生的2.5%的人类（通过计算自他出生以来已经出生的人数，发现这是真实的）……勒纳先生可能比他想象的要随机得多。[32]

1996年，约翰·莱斯利出版了《世界末日：人类灭绝的科学与伦理》（*The End of the World: The Science and Ethics of Human Extinction*）一书。这是第一本详细介绍末日论证的书。它也有令人眼花缭乱的目录，包含各种潜在灾难，从人们熟知的到新奇的，一应俱全。在戈特默不作声的时候，莱斯利将这些数学计算视为警钟。他坚持认为，我们有权改变灭绝的先验概率，并有这样做的道德义务。正如埃比尼泽·斯克鲁奇（Ebenezer Scrooge）② 对明日圣诞幽灵所说的那样，末日论证预言了一种可能性，而非必然。

莱斯利的书在《自然》杂志上得到了"焦土"③ 评论，也正是该杂志引发

---

① 大体可以理解为姓名按照字母顺序位于中间95%，勒纳的名字Lerner是L开头，肯定在中间95%。——译者注

② 这是查尔斯·狄更斯的小说《圣诞颂歌》（*A Christmas Carol*）的主角，在书中他一开始十分冷酷、吝啬，直到明日圣诞幽灵带他看到了自己的凄惨未来，他才决心痛改前非。——译者注

③ 焦土策略，意为当敌人进入某处时故意烧毁、破坏及移除任何可能对敌人有用的东西。此处指的是莱斯利的书受到许多评论者有针对性的评论。——编者注

了有关末日论证的争议。评论者是普林斯顿大学高等研究院的著名物理学家、数学家、作家弗里曼·戴森（Freeman J. Dyson）。戴森写道："经过深思熟虑，我明确声明贝叶斯原理在这里不成立。这个讨论也毫无价值。"[33]

戴森接着将莱斯利的书与马尔萨斯著名的《人口原理》（*An Essay on the Principle of Population*）进行了比较。他这样做的意图并不在于夸奖。戴森说道："对马尔萨斯的预言不加批判的信仰导致英国的政治和社会发展停滞了一个世纪。鉴于这个不愉快的先例，我认为让人们意识到莱斯利论点中的谬误是十分重要的。"

莱斯利在给《自然》杂志的信中为自己的书做了辩护。[34] 几年后，卡特也为其辩护。卡特写道："戴森显然受到了乐观主义的影响……我发现，这样的结论在许多方面都不受欢迎，大概是因为它在一定程度上牵涉文明的局限性，尤其是对文明持续时间的限制，许多人宁愿认为人类文明可以永恒（以代替个人不朽）。"[35]

卡特在这里暗指戴森的"永恒智慧"概念。在其 1979 年发表的一篇推测性论文《无止境的时间：开放宇宙中的物理与生物学》（Time without End: Physics and Biology in an Open Universe）中，戴森概述了一种方式，可以使智慧生命规避无序状态并永远存活，直到恒星最后一闪和宇宙热量耗尽之后。拥有先进技术的观察者也许能够重新设计自己，以便他们可以体验到主观的永恒，即使宇宙冷却到绝对零度。[36] 这一切的结果将是"一个无限发展的宇宙，其丰富性和复杂性不受限制，生命将永远存在"。[37]

有很多理由可以质疑戴森观点的可行性，末日论证又增加了一个新颖的反驳论点：如果人类意识要存在天文数字的时间，那么我们应该为自己处在人类辉煌而厚重的历史书卷的第一页上感到奇怪。卡特暗讽戴森下意识地把自己的

“好主意”当作是天经地义的，从而不能公正地思考莱斯利和他的观点。

对于那些首先提出有影响力的观点的人来说，维护自己的声誉是理所当然的。卡特却一直对末日论证持保留态度，让人难以捉摸。他曾冷嘲自己像被暗杀了，从而可以看出这个说法一开始有多不受欢迎。仅在最近几年，他在讨论人择原理时才提到末日论证。他曾对末日论证做出过简洁描述，用他 2004 年在巴黎的一次演讲中的话来说就是：“人择原理将可比较的先验权重归因于我们自己文明中可比较的个体，导致我们不可能是人类历史中的特殊存在，即出生在人类历史的一个特别早期的阶段。因此，未来我们的文明中也不可能出现比现在多很多的人口。”[38]

卡特将以上陈述描述为一个“由莱斯利提出的理论（戈特是通过稍有不同的观点来论述的）”，却未提及他自己在建立这个理论中扮演的角色。

末日之后的未来

如果明天开始第三次世界大战，那么它可能并不会杀死所有人。“我不是说头发不会被弄乱。”正如《奇爱博士》中的空军将领杰克·瑞说的那样。但是我们都知道，一场大规模的核战争必将破坏农业、贸易和基础设施，并毁灭我们的文明。

美国物理学家威拉德·韦尔斯（Willard Wells）称，标准的末日论证过分强调了人类的灭绝，而未来更可能是在末世浩劫之后。[39] 在他 2009 年的著作《末世浩劫何时来临》（*Apocalypse When?*）中，韦尔斯将哥白尼原理的推理应用于人类文明的演化。他写道，现代都市社会的雏形是在大约 11 000 年前的美索不达米亚出现的。大多数具有文明的人其实都生活在过去的几百年中。在其他所有条件相同的情况下，因为现有文明持续的时长比智人时代短得多，我们有理由相信文明未来存在的时间可能会更短。根据韦尔斯估计，未来人类文明的持续时间中位数约为 8600 亿人年（人年的概念是全世界所有人口还可以活在文明社会的总年数）。[40] 以当今的人口为基准，韦尔斯的估算数据相当于现代文明还将持续 115 年左右①。因此，韦尔斯认为，人类文明在其中某一年终结的概率大约为 1%。

对我们的星球来说，要支持数十亿人存活并不容易。这是一种经过精心协调的全球化经济，它使食品和货物在各大洲和大洋之间转移。如果全球经济发生变化，数十亿人可能会死于饥荒。末世浩劫之后，所剩无几的人口会减慢世界末日时钟的运转。人类灭绝可能会推迟很长时间，但那数十亿人已经丧生。

韦尔斯估计每年发生社会崩溃的可能性也是 1%，这比一栋普通房屋一年内被烧毁的概率还大。然而我们对烧毁房屋的风险已经足够重视，会去购买保险。有的父母还担心不安全的汽车座椅、疫苗接种的副作用以及含有上瘾成分的万圣节糖果。韦尔斯认为，比起这些，人们其实有更多的理由担心，如今生在富裕家庭中的孩子将在末世浩劫后的地狱中饿死。到时候，幸存者会发现，他们出生时的那个富裕世界，那个有着无尽的电视节目和时髦食品餐车的世界永远消失了。韦尔斯的结论是不容置疑的——“因此，对这个终极难题的简短回答是：不，我们没有摆脱困境的办法。使人类这个物种长期生存的先决条件是一个接近世界末日的事件，也许人类会濒临灭绝②。虽然这很难让人接受，但事实就是如此。”[41]

① 这里作者的假设是全球人口将一直保持在 75 亿左右。75 亿人生活 115 年就大约是 8600 亿人年。——译者注

② 韦尔斯认为末世浩劫并不会直接导致人类的灭绝，而是摧毁人类现有的文明，并且让人口降低到一个极低的水平。之后，人类会在这种濒临灭绝的状态下存活很长时间。——译者注

在结束本章简短的历史回顾时，我想提一下另外两个似乎独立构想出末日论证的人：美国粒子物理学家斯蒂芬·巴尔（Stephen Barr），他因科学和宗教方面的著作而出名；以色列科技企业家和出色的扑克玩家萨尔·威尔夫（Saar Wilf）。在科学中有许多同时发现新知的案例：比如牛顿和莱布尼茨（微积分），法国天文学家奥本·勒维耶（Urbain Le Verrier）和英国天文学家约翰·库奇·亚当斯（John Couch Adams）（海王星），以及达尔文和华莱士（进化论）。这些著名的案例都是两个人几乎在同一时刻提出了几乎相同的想法。末日论证可能有不少于5个共同发现者。20世纪末期，末世论风起云涌。

The Doomsday Calculation

第 5 章

末日论证的 12 场辩论，不从一次结果下结论，要找到更多的证据

自抽样假设可以帮助我们解答很多生活中的小奥秘。为什么我们总是感觉路上另一条车道走得更快呢？银行、超市和机动车辆管理处的另一个窗口前，队伍是不是移动得更迅速？研究表明，这不是人们的心理作用，而是客观存在的现象。

“末日论证是正确的吗？”[1] 荷兰物理学家丹尼斯·德克斯（Dennis Dieks）说：“当我讲到末日论证的时候，没有人觉得这些胡话是正确的。然而，也没有人可以给出一个清晰又有说服力的理由来证明它哪里错了——如果它真的是错误的话。”

尼克·波斯特洛姆说：“我已经听了上百个反对末日论证的理由了，但这些理由大多相互矛盾。就好像是因为末日论证听起来有悖于直觉或者太可怕，人们才宁愿相信所有对它的批判都是成立的。”[2]

“很多人觉得自己 20 秒内就可以找到反对末日论证的绝佳理由，”约翰·莱斯利说道，“甚至连我自己都无数次地幻想过，我也找到了那个绝佳的反对理由！但是，无论对自己的理由多么有把握，我们都应该对它保持一定的怀疑。”[3]

这样的反应很典型。在听到末日论证的当下，绝大多数人都觉得它显然不成立，并且可以轻易地发现它错在哪里。但实际上，末日论证并不是那么容易被反驳的。这个特性让末日论证成为哲学期刊里合适的内容。莱斯利告诉我：“很奇怪的一点是，我们很少看到学术论文是为支持某个观点而写的，因为发表一篇反对他人观点的论文要相对容易得多。”时至今日，有关末日的文章仍然符合这一点。

为了加快这场有关末日论证的辩论，我们将快速浏览一遍常见的驳斥观点，并且解释这些观点为什么不能作为有力的反驳依据。

我是特殊的个体

莱斯利写道：“现在面临的最大的问题是，我们是否能把‘在人类历史的一个特定时刻出生’类比成‘从一个大箱子里抽取某个人的名字’。”[4] 其实，很多人对于末日论证里这个类比假设的态度都是模棱两可的。理想的随机抽取前提是样本充分混合。如果我要在电视机前几百万彩民的注视下开奖的话，我肯定不会直接拿最上面那一个球。我一定会非常刻意地上下搅和这筐球之后再抽取一个，把这个过程上演得好像绝对随机一样。

然而，过去、现在和未来的所有人是不能被这样混合的。每个人在其寿命范围内都有一个独特身份。我显然不是生活在 19 世纪 60 年代达科他领地①的一名家庭主妇，更不是 37 世纪的虫洞技术员。假如我生活在不同时期、不同文化背景下，那我就不会是现在的我了。在历史的长河中，我们都有自己特定的位置，就像被禁锢的蝴蝶标本一样。

“我是特殊的”这句话表明，没有随机抽取过程就不会有随机性。这听起来是一个很合理的说法。然而，对于我来说是随机的，对另一个人来说可能就

① 美国历史上的一个合并建制领土，存在于 19 世纪后半期。——译者注

是系统性的。以戈特的电话簿为例，我们可以肯定地认为，任意选取一个名字，说它处于整个电话簿的中间 95% 应该是不大会出错的。比如我的名字就落在中间 95% 里了，这是无可争议的。但这个结论和是否满足随机性没什么关系，因为名字都是按字母排序的呀！而且，我就是我，既不是 AAA 害虫与白蚁公司的职员，也不是西奥多·齐斯科斯基①。假装我名字的首字母落在字母表的其他位置上并没什么必要，因为戈特的论点始终成立。

自抽样假设可以帮助我们解答很多生活中的小奥秘。为什么我们总是感觉路上另一条车道走得更快呢？[5] 银行、超市和机动车辆管理处的另一个窗口前，队伍是不是移动得更迅速？研究表明，这不是人们的心理作用，而是客观存在的现象。

其实，这当中的原理很简单。汽车更多的那一条道会更加拥堵一些。有的时候，转换车道又不是那么容易或安全的，所以司机会选择暂时留在这条更拥堵的道路上。与此类似，在银行里，如果要换窗口，就需要从头排队，所以没有人愿意换。因此，如果你是高速路上众多机动车驾驶员中的一个，你有更大概率会行驶在车更多、更拥堵的那条道上。

假设你正开着一辆车牌号为 ANZ912 的 2004 年款蓝色电动型宝马 Mini Cooper，你会是其他人吗？不，你就是独一无二的你自己。但是，为了搞懂为什么旁边的车道总是行驶得更快，我们还是应该把自己当成众多司机中的一个随机样本。

---

① 一名来自特拉华州威尔明顿的注册护士麻醉师，他的英文原名为 Theodore R. Zyskowski，姓氏首字母为 Z，位于通信录的末尾。——译者注

现在是特殊的时间

末日论证同样也基于“现在是一个随机时间点”这个前提。威廉·埃克哈特（William Eckhardt）是一名受过专业数学教育的商品交易员，他曾写过一篇关于末日的文章，其中提到，许多思想和发明创造并不能在人类历史的任意时间点出现。它们的出现往往反映了造就它们的文化背景彼时最缺失的是什么。所以，在核武器、基因工程、全球变暖、人工智能出现后不久，末日论证突然成为一个热议的话题也就不足为奇了。虽然生命原本脆弱，但这些新的科技发展使我们对人类的未来愈加感到不安。

戈特、卡特和尼尔森几乎在同一时间独立地提出了相似的理论，这并非偶然，而是属于这个时代的思潮。如今，我们已经开始关注人类灭绝这个可怕的问题，证明这个纪元是非常特殊的。

的确，我们可以将末日论证解构成一种文化现象，它传达了我们这代人对于未来的焦虑。如同前文所说，这倒是可以让末日论证听起来不那么可怕，但它并不能从根本上解决问题。如果我们对于末日问题的担忧不是空谈，而是有理有据的话，那么结论都是一样的——末日不远了。

我们并不是亚当和夏娃

如果用末日论证的推理方法，那么亚当和夏娃[6]（或者克罗马农人①）可以预测出人类在21世纪前灭绝。然而，我们现在生龙活虎。这不就证明末日论证是错的了吗？

① 生活在距今约3万年前法国的克罗马农地区，为新人阶段，又称晚期智人阶段。新人阶段以后，人类就进入了现代人的发展阶段。——译者注

戈特用苏格拉底反诘法[①]回答了“那亚当和夏娃呢”这个问题。“你是亚当或夏娃吗？”显然，他的反驳者都不可能是亚当或夏娃。这就是问题的关键所在了。一些人必须排在出生顺序的最前面，但那个人并不太可能是你我。

末日论证是一个有关概率的论述。举个例子，天气预报说有 70% 的概率会下雨。如果没有下雨的话，你可能会觉得这个预报错了。你的判断是不公平的。天气预报考虑到了有 30% 的情况不下雨。有关某个概率的论述是否准确应该是通过它长期的精确度高低来评判。你应该通过一段时间才能判断天气预报中宣称的百分比是否准确。我们不能用类似人类灭绝这样的单次事件来评判预测的准确性。不过，哥白尼原理本身是可以测试的，我会在接下来的章节里细讲。

总有人在人类早期出生，但那个人为什么不是我呢

创业公司员工正在开发一个新的应用软件，他们希望未来有一天这个软件能拥有数十亿的用户，我是第 7 个开始用这个软件测试版的用户。一个严格遵循哥白尼原理的人断定这个软件不会有超过几百个用户。如果风险投资人听信这套说辞，那么他永远不会投资任何一个应用软件！

这就像是戈特所讲的婚礼破坏者例子的另一个版本。作为测试版的用户，我很明确自己是早期而非随机的用户。可能有些人认为他们凭直觉就能猜到人类发展的大概剧情。他们坚信我们还处于故事弧线的最前端。假如有人能证实他们的说法，那么末日对于我们来说的确是遥不可及的。

---

① 一种哲学质询的形式，通常有两个人在对话，其中一个带领整个讨论，另一个因为同意或否定他而提出一些假定。——译者注

然而，难点就在于我们需要对自己处于人类发展早期这一说法相当自信（通常情况下大于 99% 置信水平），才能较大程度地缓解末日危机。但是，有谁可以如此自信呢？

没有一本记录全体人类的花名册

在“卡特—莱斯利末日论证”中，我们假设有一本囊括过去、现在和未来全体人类的花名册。然而，这个名单是虚构的，它不存在，且可能永远都不会存在。我知道我不是星际舰队的詹姆斯·柯克（James Kirk）船长①，我甚至想不出一个来自未来又非虚构的人物。那么，我凭什么认为会有一顶用来随机抽取名子的神奇帽子，里面装着我和未来的、过去的所有人名字的卡片呢？

莱斯利提供了一个驳论。假设一个资金充裕的秘密基金会准备向 5003 名随机选取的幸运儿一人赠送一枚绿宝石。[7] 3 名幸运儿将从这个世纪选出，另外 5000 名将从下个世纪选出。基金会不会公布获奖者的名字，而每一个获奖者也必须发誓保持沉默。

你是获得绿宝石的幸运儿，但你并不知道自己属于哪个世纪。不过因为前一个世纪只有 3 名获奖者而后一个世纪有 5000 名，那么有极大概率你是属于后一个世纪的。假设你面前有一个同额赌注②，那么你就应该押自己属于后一个世纪。如果 5003 名获奖者都押注自己属于后一个世纪，那么只有 3 名会输掉赌注，其他 5000 名都会赢。这显然比所有人都押注自己属于前一个世纪更好。

① 电影《星际迷航》中的一名虚构角色，由威廉·夏特纳和克里斯·派恩先后饰演。——译者注
② 获胜将得到和押注金额同等的奖金。——译者注

在前一个世纪，基金会的获奖名单上只有3个名字，剩下的5000个都会在下个世纪被选出，名单也会在那时得以完善。但这并不会影响获奖者的推理思路。重点在于，我不知道自己处于名单中的什么位置。而我选择采用自抽样假设，正是因为我不知道自己所处的位置。

自抽样假设不需要扔骰子，也不需要把自己想象成一个随机附体在某年某月某人身上的灵魂。总之，我不用为了我“有可能”活在别的时代而焦虑。绿宝石获得者很清楚自己是谁、生活在什么年代。他们只是不知道自己在绿宝石实验中获奖时间的相对位置。使自抽样假设合理化的是对于相对位置的一无所知，而非穿越世纪的能力。

末日论者预测的前后矛盾

人们不认同占星术的一个重要的原因是，它的预言总是前后矛盾。这个星象预测天秤座今日运势极佳，而另一个星象却表示运势恰恰相反，不可能两个都正确吧？末日论证则让人产生了相似的疑虑。如果我假设自己出生在人类历史上一个随机的时间节点，我会得到一种预测。如果我认为自己的出生次序在人类总人口中是随机的，我会得到另一种预测。再把先验概率考虑在内，我还会得到第三种预测。那么我到底应该相信哪一种呢？

这三种预测共同的前提是，我没有什么不同寻常的特别之处。成为一个普通人很容易。我可能喜欢吃比萨，我可能讨厌指甲刮黑板的声音，我可能并不是20世纪90年代情绪摇滚[①]乐队的主唱……在这些地方下注，都错不了，这

① 原文为“Emo”，是英语单词emotional（情绪化）的简写，指源自美国的情绪摇滚，风格由Hardcore Punk（硬核朋克）延伸而来，是20世纪90年代末期地下摇滚的一支重要力量。——译者注

样的事情可以无限列举下去。但是如果一个人满足足够多的条件，那他一定能够在某些方面变得特别起来。

在人类历史时间版本的末日论证和出生顺序版本的末日论证里，你的出生时间都没什么特别的。很有可能这两个版本都能给出正确的人类灭绝时间，不过也有可能只有一种是对的，或者一个都不对。

末日论证证明了一点：如果我位于出生顺序的中间值，那我就会处在人类发展史非常靠后的位置。图 5-1 就清楚地展示了这个特性。和之前一样，时间为横轴，而现在弧线的高度表示时间对应的人口数量，曲线下面积表示累计人口总量。累计人口总量的平均值所对应的时间点，并不是人类发展史的中间点。如果以 100 为灭绝时间，中间点是指时间为 50 的时候，而累计人口总量的平均值对应的时间点显然超过 50，它更靠近 100 而不是 0。

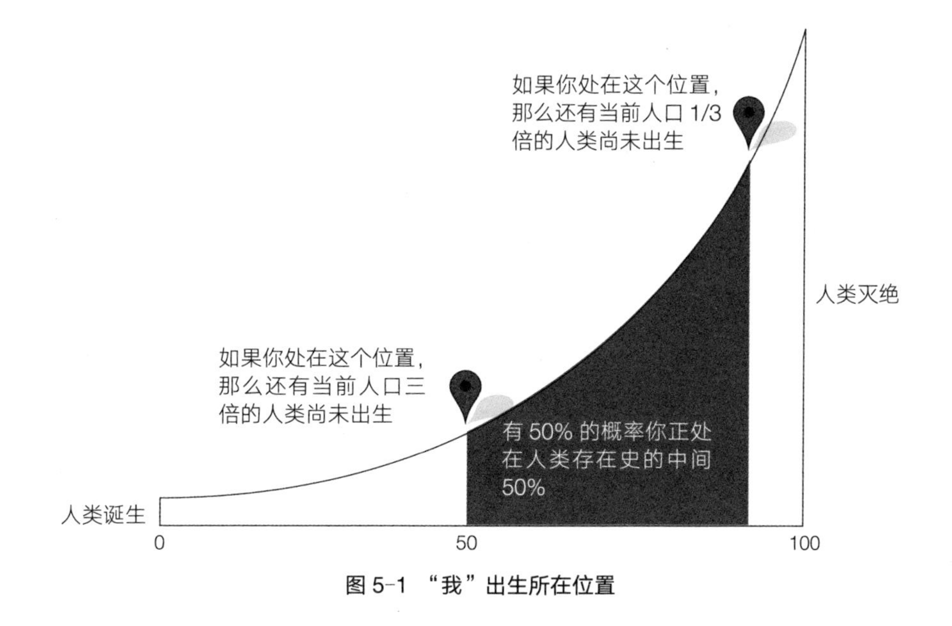

图 5-1 “我”出生所在位置

阴影部分在弧线下的中间 50%。因为绝大多数人类都出生于曲线偏右的时间段内，他们离人类灭绝的时间会比离人类诞生的时间要近。人类啊，正在慢慢走向最终的战场[①]。图 5-1 只是人口增长的一种模型。任何左边曲线符合近年来人口激增趋势的都可以作为有效的模型。我在图 5-2 中列举了另外几种可能的模型。

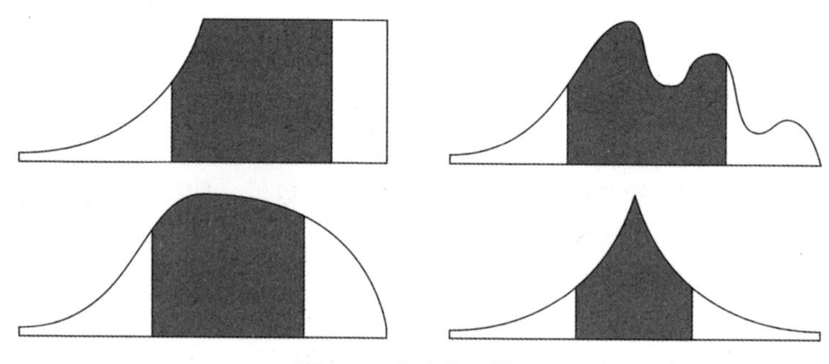

图 5-2　出生位置模型

综上所述，用出生顺序来计算末日会遇到一件荒唐事[②]：我们必须运用未来的人口统计数据来计算确切的末日时间。但是，如果我们可以知道这些数据，那么就根本用不上末日论证了呀！我们直接查看哪一年人口数量降到 0 就行了。

不过就算这样，末日论证也不是无效的。末日论证真正强调的是，无论按照人类的发展历史时间还是按出生顺序来算，我们都不太可能属于非常早出现的那些人。由此可见，这中间就有一个取舍关系：如果末日将近的话，未来人

① 原文为“Armageddon”，译为哈米吉多顿，是《圣经》所述世界末日之时以“兽国”发起的列国混战的最终战场，只在《新约・启示录》的异兆中出现过一次。——译者注

② 原文为“Catch-22”，取自美国作家约瑟夫・海勒的长篇小说《第二十二条军规》的英文书名。根据该小说中的“第二十二条军规”理论：只有疯子才能获准免于飞行，但必须由本人提出申请。但你一旦提出申请，恰好证明你是一个正常人，还是在劫难逃。“Catch-22”已经成为一种美国式的“黑色幽默”主题。——译者注

口将会相当稠密；而如果人口稀少的话，意味着我们离末日还很远。但无论是哪一种，人类的累计人口都很难达到 10 万亿。无论末日论证是对是错，它传达的内容都不是毫无意义的。

末日论证无法被证伪

埃里克·勒纳和众多评论家都曾指出，末日论证无法被证伪。这个词语由卡尔·波普尔（Karl Popper）创造，意在强调一个合理的科学理论必须可以被证伪。“无法被证伪”已经成了一种科学家用来批判别人理论的下作手段。基于这个理由，你可以推出很多结论。

你可能会觉得波普尔搞错了。科学不就是在证明什么理论是正确的吗？波普尔并不这么认为。理论都是基于归纳总结，而归纳总结的东西是不能被证明的。就算你环游世界看到所有的乌鸦都是黑色的，你心里也认定乌鸦都是黑色的，但这并不能证明乌鸦就是黑色的。世界上很可能有一只橘色的乌鸦，只是你没见过。证明归纳总结的东西就像芝诺悖论：阿喀琉斯永远也追不上乌龟。按照波普尔的哲学体系，绝对真理是我们永远无法到达的海市蜃楼。起决定性作用的，往往都是用来证伪的那个例子。如果我能找到一只橘色的乌鸦，那么我就可以证明“所有的乌鸦都是黑色的”这句话是错误的。

科学家偏向选择可证伪的假说是有道理的，否则他们的职业生涯很容易走进死胡同。但是在现实生活中，没有人会提出一个很容易能证伪的假说。如果一个理论能轻易地用“最后通牒博弈”[①] 证伪，那提出这个理论的人早就自己

① 原文为“$10 Experiment”，也叫“Ultimatum Bargaining Game”，即“最后通牒博弈”，是一种由两名参与者进行的非零和博弈。在这种博弈中，一名提议者向另一名响应者提出一种分配资源（如分配 10 美元）的方案，如果响应者同意这一方案，则按照这种方案进行资源分配；如果不同意，则两人就什么都得不到。——译者注

完成了。所有发表的理论背后都需要验证支撑，而这些验证通常都要耗费大量的时间、资源和精力。然而，资源往往是不够的，所以理论家需要游说实验者，说服他们自己的理论足够有趣，值得花费精力去验证。有的时候，理论家也会通过批判同行的理论“无法证伪”来达到上述目的。

戈特写道：“和其他优秀的科学假说一样，末日论证也是可以被证伪的。”[8] 如果未来有多于 2.7×10^{12} 的人口出生，那么末日论证就是假的。更准确的说法是，末日论证无法被证明是真的。毕竟，我们不能肯定这一预测的准确性，除非到了毁灭的时刻，但那时候已经没有“我们”了。

不能用旧证据进行预测

贝叶斯派的统计强调用新证据（数据）更新先验概率，但对于末日论证来说，新证据并不是真正的新。比如，我在听说末日论证之前就已经知道我身处哪个世纪了。

这就是所谓的“旧证据问题”①（old evidence problem）。人们通常都不愿意用很久以前就知道的事实作为推理的证据。我都不记得我是什么时候知道现在是哪个世纪的了。在我很小的时候，肯定就已经无数次地接触过这个概念，虽然那时候我还不懂大人们究竟在说什么。

对于全体人类而言，为了找到我们这一族群在宇宙中地理和时间的位置，我们都经历了漫长而艰苦的奋斗。这些年，累计人口数值在不断变化，所以从

① 由克拉克·格莱莫尔（Clark Glymour）于 1980 年提出，是对贝叶斯确证理论合理性的质疑。旧证据在贝叶斯理论框架内不能证明任何理论或假说，即旧证据无法影响先验概率。——译者注

来没有一个找到了确切的世界末日证据的决定性时刻。

稍微细想一下，我们就会发现用“旧证据”推理的不合理之处。今天，我正好在打扫三年级时赢得的足球奖杯。我就想，我不记得自己很擅长足球呀！然后就恍然大悟：原来这只是个参与奖。

所以，这就是一个有效的贝叶斯结论。无论我花了多长时间才反应过来这是个参与奖，结论都是有效的。迟到总比不到好嘛！

莱斯利是这么解释这件事的：“亲爱的牛顿先生，传说您发现万有引力是因为有一天被掉落的苹果砸中了头，这应该是胡说八道吧！你肯定老早就知道苹果会掉落了！”[9]

不能用主观证据进行预测

其实，地图上看到的“你在这里”的指针和地图上的客观信息并不在同一层界面上。自指示信息是主观的，所以不能被用于客观事实和科学领域。连撰写科学论文时，作者们都会在遣词造句上注意不用主观的视角。科学期刊的文章都是用第三人称来写的（如“研究人员表示……”），科学队伍里是没有“我”的。

然而，自指示证据和其他任何证据一样，都是真实的。发明时钟、日历、路牌、指南针、全球定位系统都是为了提供自指示信息。毫无疑问，这些信息在现实世界中都是有意义的。当我想知道今天的会议自己是否会迟到时，就会查看时钟或者地图，来明确我还有多长时间可以到达会议地点。其实，我们随时随地都在使用自指示证据来进行预测。

永生之人可以幸免于世界末日

一名技术乐观主义者认为，在未来的一到两个世纪内（或许是人类在末日前仅剩的时间了），医疗科技会发达到治愈所有的疾病、延缓一切衰老。永生之人组成的社会可能也并不需要后代。那么，生育率会大幅降低，人口数量的最终极限就不会达到，第 Z 个人可能永远不会降生。如释重负了吧？

但是事情并没那么简单。我们不能把末日论证框在预测人类降生情况这一点上。它更核心的其实是“有意识的时刻”（或者叫“观察者时刻”）。虽然有时候这接近一种诡辩，我们可以忽略，但是在寿命有限且长度变化不大的情况下，研究出生情况是衡量人类生命及历程最便捷的手段。不过对于一个不繁衍后代的永生社会，我们需要重新定义什么是随机抽样。将我此时“有意识的时刻”作为人类全体意识中的一个随机样本是比较合理的。在这个定义下，末日论证则在讲我“有意识的时刻”不太可能出现在最早那一批，因此也就可以预测未来世界还会出现多少个这样的“有意识的时刻”。

“有意识的时刻”和经济学中“工时”的概念类似，乃是将思想的数量乘以这些思想存在且有意识的时长。比如，一个 7 万岁的“不死身”拥有的“观察者时刻”会比一个只活了 70 年的普通人多 1000 倍的意识活动和经历。由此可见，100 亿永生之人和 100 亿不断更迭的普通人所拥有的“有意识的时刻”数量一样。末日论证的计算方法依旧不会变。即便对于可能不久就实现永生之人，末日也临近了。

我们会进化成更高级的物种

1598 年，人类发现了毛里求斯的渡渡鸟。之后的 70 年间，欧洲水手就将它们赶尽杀绝了。人类最后一次看见活渡渡鸟是在 1662 年。

但并不是所有物种都像渡渡鸟一样顷刻间就灭绝了。海德堡人逐步进化成智人，对现在的我们来说，这是一件好事，毕竟，我们骄傲地认为自己拥有比海德堡人更优越的生活和外部条件，我们吃更美味的食物，穿更精致的衣服，享受更丰富的娱乐活动……无论从哪方面来说，我们都过得更好。未来，一切还是会不断发展。有一天，我们的后代和我们的差别或许会大到可以将他们界定为一种新的、更好的物种。这个想法给人们带来了希望。但是，生物进化是一个很缓慢的过程，在以人口计算的末日论证中赶在末日之前进化成一个新物种的可能性微乎其微。

更可信的说法是，人类会利用科技适应未来。基因工程、机器人技术和人工智能可能会在接下来的几个世纪或 1000 年彻底颠覆现有的人类形态。崇尚科技的人可能会说，生物学定义的人类可能很快就面临淘汰了，但没关系，只要有类似人类的意识继续存在于更高级的物体上（例如“后人类”）就行了。

然而，这又产生了一个全新的问题：末日论证又是如何将技术强化型的存在纳入考量呢？我之后会专门讲这个问题。我们可以暂且认为，就算是技术强化型的存在也不能摆脱末日的到来。末日论证本身就不局限于法律上所定义的“人类”。我们可以将之前所有提到的“人类”换成“人类或后人类”，得到的过去的思想以及“观察者时刻”的数量依旧不变，并且导致几乎相同的结果。不仅仅是我们，比我们更高级的后代依旧会活在末日将至的恐惧之中。

主动寻找更多的证据

“在没有数据的情况下，我们被告知应该遵循戈特的方法。”[10] 科学哲学家埃利奥特·索伯（Elliott Sober）写道：“但是，生物学家应该不赞同这个说法。他们会认为，在没有数据的情况下，就应该主动寻找更多的证据。”

莱斯利的一位物理学家同事也表达过类似的观点，他认为“只通过一次实验是得不出任何结论的”[11]。

莱斯利设计了一个思想实验来回应：假如制造一个珍奇的原子需要10亿美元。有理论说这个原子要么在1秒内要么在1000亿年后衰变。假设在这次实验中，原子在1秒后就衰变了。“你会再花10亿美元重复一次这个实验吗？”[12]

这位同事重申到，只通过一次实验是得不出任何结论的。“这种时候，”莱斯利说，“我选择放弃争论。”

不难想象，很多灾难预言者都是天文学家或宇宙学家。一位生物学家可以根据需要制造出尽可能多的细菌菌落。一位粒子物理学家只要有钱就可以做出非常棒的研究。而一位天文学家则陷入了尴尬的境地，因为我们只有一个宇宙。就像大平原印第安人①将水牛物尽其用一样，天文学家和宇宙学家也十分珍视他们能得到的每一个数据。这就包括了自指示信息和它包含的贝叶斯定理。

没有人会从单一证据中得出结论。科学家也不应该在实验可以重复的时候用一次实验的结果轻易下结论。但是，无论是在科学上还是在生活中，并不是所有事情都可以重复。如果我们想知道人类还会存在多久，我们就应该去寻找宇宙中别的高等生物的存活率数据。而这真是说起来容易做起来难啊！

① 指原来居住在大平原地区的不同美洲印第安部落的任一支系，以捕猎大型动物为生，其主要猎物是美洲水牛。——译者注

The ——— Doomsday Calculation

第 6 章

阿尔伯克基的 24 条狗，不需要先验概率的预测方法

当我们没有理由偏向任何一种可能的结果时，所有的结果都应该被赋予相同的概率。这个经验法则也被叫作“无差别原则”。

美国物理学家卡尔顿·凯夫斯（Carleton Caves）在公休假后回到学校，发现他的邮箱里有一期 1999 年的《纽约客》电子版，上面刊登着戈特的文章。阅读之后，他批评《纽约客》传播戈特的论文是“极不负责任”的行为，因为“谁都看得出这是垃圾”。[1]

1999 年 10 月 21 日，正在新墨西哥大学高等研究中心任职的凯夫斯向全体教职员工和研究生发送了一封邮件。他在征集实验狗，尤其需要年迈的狗，想用它们来解决一个科学问题。作为一名量子物理学家，凯夫斯承诺，这些狗不会受到伤害。

“针对一种现象，收集和整理信息的整个过程被戈特忽略了，”凯夫斯写道，“简单来说，他认为理性、科学的探究过程无关紧要，取而代之的竟是一条简单、所谓‘万能’的统计法则。”[2] 凯夫斯总结说：“找到戈特的逻辑漏洞是至关重要的，虽然在思考中存在漏洞不可避免，有时它甚至是科学事业中非常必要的一环。但是，当这些存在漏洞的观点发表在《纽约客》上时，找到并关注这些漏洞就是刻不容缓的了。”[3]

为了达到这个目的，凯夫斯记下一个经过公证的清单，上面写着 24 条狗的名字、出生日期、品种以及主人的名字。[4] 其中，有 6 条狗已经 10 岁或 10 岁以上了。凯夫斯想用 6000 美元作为赌注（6 条年迈的狗每只赌 1000 美元），跟戈特打赌，就赌这些狗何时会死。

可以预测一切的万金油

凯夫斯将戈特的公式视作可以预测“一切”的新型万金油。他写道：

> 戈特将他的方法运用在预测各种事物的未来上，包括他自己、基督教、美国、加拿大、世界各国领导人、巨石阵、古代世界七大奇迹、帕特农神庙、《自然》杂志、《华尔街日报》《纽约时报》、柏林墙、太平洋天文学会、1993 年 5 月 27 日当天 44 部正在上演的百老汇及百老汇以外的音乐剧、撒切尔夫人为首的英国保守党政府、纽约曼哈顿地区、纽约证券交易所、牛津大学、因特网、微软、通用汽车、载人航天计划和智人……这些预测结果都记录在案，虽然戈特偶尔会发布有关此方法适用性的警告声明，但是他自己已经用这个方法预测了非常多的现象，可谓长篇累牍，说明这些警告也没怎么束缚他。[5]

正如我们所看到的，戈特的 Δt 论证或者哥白尼原理（适用于持续时长）和“卡特—莱斯利末日论证”（需用到人类灭绝的先验概率）之间有着质的差别。从 20 世纪 90 年代开始，有关末日的文献都把重心放在卡特—莱斯利的论证，有时会忽视戈特的版本。对此，尼克·波斯特洛姆简明扼要地评价道：“我们可以很轻易地区分文献中的两种末日论证……戈特的那种是错的。”[6]

其实，称戈特在简单性和普遍性之间进行了不同的权衡才是更公平的说法。哥白尼原理就像是一个精心打造的科技小工具，已经有了非常精确的预设，而卡特—莱斯利的论证更适用于想要根据实际情况进行调整的学者。

戈特在他1993年的文章中并没有提到贝叶斯理论和先验概率。对某些《自然》杂志的读者来说，这简直罪不可赦。我问戈特为什么省略了贝叶斯理论，他想都没想就说："就因为那些贝叶斯派的人啊！"他解释道："我没把贝叶斯统计放进文章里，是因为我不想让更多的人卷进来。那些贝叶斯派的人会争论先验概率，我在这已经提出了可以证伪的假设。"[7]

一直以来，人们对先验概率的主观性都表示不满。如果一个先验概率不恰当，那么贝叶斯预测就是"无用输入、无用输出"。我们可以从很多不同的角度看待问题，以使结果偏向自己的喜好，而后再以看似公正的数学为旗帜，掩盖我们的偏好。对于戈特来说，哥白尼原理简洁而且不需要用到先验概率，这对他来说正好是特色，而非缺陷。

没有人比凯夫斯更配得上贝叶斯派的称号了。他是量子力学的一种诠释"量子贝叶斯学说"的拥护者。他强调先验概率的重要性，所以就有了前文有关狗的赌注。戈特的哥白尼原理认为，对于一个随机遇到的、已进行 10 年的进程，其再持续 10 年的概率为 50%。如果这个"进程"对应的是一只叫贝拉的巧克力色拉布拉多犬[①]的生命，那么这个预测，即 10 岁的巧克力色拉布拉多有 50% 的可能再活 10 年，几乎一定是不成立的。

针对 Δt 论证或哥白尼原理，凯夫斯给出了一个令人信服的详细解释。他

---

① 巧克力色拉布拉多犬平均寿命为 10.7 岁，相较于黑色和黄色的拉布拉多犬（平均寿命为 12 岁）寿命更短，并且患皮肤病和耳朵发炎的概率更高。——译者注

说，戈特混淆了两个不同的要求。一个适用于当你在随机时刻偶然碰上了正在进行的进程，并且你也不知道它进行了多久（更别说它还会持续多久）。这是一种几乎完全无知的状态，所以我们如果做出以下断言也是合理的：我正观察的这部分是这个进程前一半的概率为 50%。或者说，我处于目前进程的前 $1/X$ 的概率是 $1/X$。在这种情形下，凯夫斯与戈特的观点是一致的。

无论用常用的时间单位（如秒、年）还是稍微少见一些的时间单位（如出生顺序或电影续集的第几部）作为预测的单位，了解某个进程已持续多长时间都是非常必要的。然而戈特论证的第二个隐含的推断却称知道了某进程已持续的时长并不会使整个预测更准确。

为什么会这样呢？让我们以十七年蝉为例。这是一种美国的昆虫，它一生会有大约 17 年的时间待在地下，然后只有几周见到天日，刺耳地尖叫、交配、死亡。如果我在挖水道的时候突然遇到一只十七年蝉，在它生命周期一个随机的时间点，那么有 50% 的概率它正处在寿命的前一半。这是戈特的第一个推断，毫无疑问这是正确的。

现在，假设我遇到一只 11 岁的十七年蝉，我知道它的生物钟刚好只剩 6 年了。这时候，哥白尼预测就没有任何实际意义了。它没有意义不是因为预测结果是错的，而是因为预测的结果还赶不上我对已知结果（即这只蝉还可以活 6 年）的自信和确定程度。

像十七年蝉这样有确定寿命的生物并不多。但是十七年蝉很好地诠释了为何哥白尼原理在某些情况下有效而在某些情况下无效。这其中的原因就是“尺度不变性”（scale invariance）。哥白尼原理需要应对的是没有已知确定时段、寿命或遵循特定进度的过程。

分形与尺度不变性

“尺度不变性”是一个比较陌生的词。让我们来换个熟悉的词：分形。这个词由贝努瓦·曼德尔布罗特创造，被用来描述大自然美妙的无序性。海岸线、雪花、云朵和风景都不受欧几里得几何学的约束。海岸线并不是一条直线，雪花也不是一个大六角形，而分形结构最典型的特征就是尺度不变性，也可以叫作自相似性。当一个分形结构的图像、图形或图表被放大或缩小时，它的每一个细节看起来的形状都差不多。

这也是月球表面照片的特点。照片上的陨石坑大小各异，但你很难说它们到底有多大。即使是在地球上，当雨水和绿色植物温柔地洗尽这个星球过往的伤痕，石头也被磨砺得模糊不清，因此我们也需要在石头的构造图里附上一个比例尺，否则我们无法知道这个石头的大小。曼德尔布罗特说，分形结构无处不在，它不是例外，而是规则。

当持续时长就像分形结构一样不能确定时，戈特的哥白尼原理就非常实用。换句话说，这时我们对总体时间尺度没有概念，我们并不知道已持续的时长对整体来说是长是短。

不过，这个方法对于十七年蝉来说并不成立，因为它的寿命和生命进程就明摆在我们面前。对于狗或人的寿命来说，这个方法也不是特别合适。用尺度不变性来描述一只阿米巴变形虫[①]最合适不过了。阿米巴变形虫可以被无限分割，所以从某种意义上来说它们是永生的。不过，它们处在不适宜的环境中还是会死亡。

---

① 一种真核生物，有线粒体，常为无性繁殖。——译者注

凯夫斯和戈特之间的巨大分歧可能只是人们的夸大其词。凯夫斯认为很多过程不具有尺度不变性（这是对的），而戈特认为很多过程具有尺度不变性（这也是对的）。凯夫斯在 2008 年发表的文章中做了让步："当我们无法判断任何时间进程的时候，若想基于某个东西目前的年龄来预测未来的寿数，戈特的方法已经是你最好的赌注了。"[8]

布拉德·皮特的钱包里有多少现金

"来猜猜布拉德·皮特[①]的钱包里有多少现金"，一则新闻故事透露了这位明星钱包里究竟有多少现金，于是网上便流行起了这个猜金额的挑战。在你往下读之前，或许你也可以先猜猜看。

想要猜出布拉德·皮特大概的年龄、体重、身高或信用评分都不难，因为这些东西都有特征尺度。我们知道普通的成年男子身高在 1.8 米左右，所以我们没有理由觉得布拉德·皮特的身高会远远超出这个数。相比而言，他钱包中的现金金额究竟有多少则是一个比较深奥的问题。他可能为了营造奢靡的大明星人设，随时都在身上带着大量的现金。要不就是，大明星根本不需要带钱出门，现金是给平头老百姓用的。

这就产生了一个问题：当我们不知道数量的尺度时，我们应该如何赋予它概率呢？ 1994 年，《自然》杂志刊登出批判戈特末日理论的信件，这一议题就成了热点话题。

当我们没有理由偏向任何一种可能的结果时，所有的结果都应该被赋予相同的概率。这个经验法则也被叫作"无差别原则"（principle of indifference）。

① 美国电影演员、制片人，代表作有《十二只猴子》《史密斯夫妇》《末日之战》等。——译者注

这个原则通常也被用在扔硬币和彩票的问题中。拉普拉斯描述了无差别原则，但是他没有给出证明，甚至没有给它命名。显然，拉普拉斯认为这是不言而喻的。无论是以前还是现在，几乎所有的赌徒都会同意这个观点，因为赌博工具都是符合无差别原则的。骰子落在六面中任意一面的概率相同，否则，真正的赌徒会要求换一枚新的骰子。

不过，在赌场之外，“无差别”就不是那么简单的一个概念了。尼斯湖水怪要么存在，要么不存在，没人知道答案，所以你猜对的概率是 50%。想要找到这其中的错谬不是难事。我们有足够多的理由相信水怪只是个传说罢了：我们没有找到动物骨骼或化石，有很多已被揭发的骗局，而且一个偌大的生物一次次地逃过精密勘探本身就很不可思议，等等。在这种情况下，我们就不能忽略已有的数据，天真地以为这种猜测等同于再扔一次无差别的骰子。

这不单是一个理论问题，那些从没有听过无差别原则的现实世界决策者也会面临这个问题。数学家帕斯卡提出了一个著名的赌注，即没有人可以确定上帝是否存在。因此，我们需要认真对待两种可能性。否认全球变暖的人常常抓住此结论不确定这一漏洞，声称公共政策需要假定全球变暖与全球不变暖这两种情况的可能性是相同的。20 世纪中叶，英国经济学家约翰·梅纳德·凯恩斯讽刺地评价无差别原则说：“在逻辑领域，没有别的公式可以拥有如此强大的能力，因为它可以基于完全的无知去证明上帝的存在。”[9]

生物统计学家史蒂文·古德曼在驳斥戈特 1993 年论文时就引用了凯恩斯的这句话。[10] 但是，戈特反驳说，凯恩斯在自己的某些例子里非常恰当地运用了无差别原则。其中一类适用的情况是：当某个点落在一条线上的未知一点的时候。而哥白尼原理要说的与此类似：现在这一时刻正是时间线上未知的时刻。

将无差别原则用于容易分辨的结果，如猜硬币正面或反面，是一种比较简单的情况。如果结果可以在连续范围内任意取一个数值呢？我们最常用来刻画这种情况的就是均匀对数先验概率，或者叫杰弗里斯先验概率。

哈罗德·杰弗里斯（Harold Jeffreys）爵士是一名英国的博学大家。他对复兴贝叶斯概率起到了至关重要的作用。杰弗里斯提出，对于未知的数值量，每 10 次方的数值出现的概率相同。比如，钱包里有 1 到 10 美元的概率应该与钱包里有 10 到 100 美元，或 100 到 1000 美元的概率相同。

将上述内容可视化的一种方法是想象往一个刻有对数标度的数轴上扔一枚飞镖（见图 6-1）。在对数标度下，每一个数量级都占数轴相同的长度。因此，飞镖投中 1 ～ 10 美元区间的概率与投中 10 ～ 100 美元区间的概率以及所有每十倍区间的概率相同。

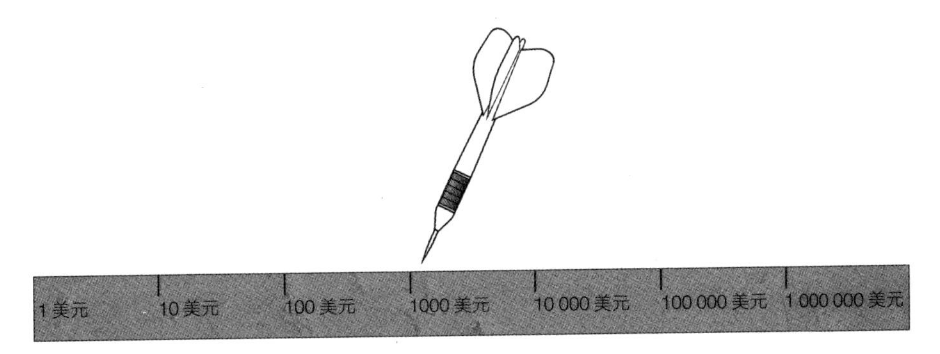

图 6-1　钱包里金额的概率

把这个结果应用在布拉德·皮特钱包的问题上。我们可能会简单地认为，在不知道他钱包里究竟有多少钱的情况下，任意数额的概率都是相同的。但问题是，整数有无限个，因此较大的数肯定比较小的数多得多。这就会误导我们得出一个荒谬的结论，那就是布拉德·皮特可能随身带有大于 1 万亿美元的现金，因为绝大多数整数比 1 万亿还要大。

显然，我们能够并且需要对布拉德·皮特随身携带的现金额设定一个合理的界限。假设他身上的确带着钱（至少 1 美元），而且我们会将金额四舍五入到最接近的整数。金额的上限由很多因素决定，包括目前流通的现金总额，有钱的演员拥有的资金，可以装进钱包的金额，以及需要放在钱包里随身携带的数额。让我们假设一个数，比如 10 万美元，这是比较合理的最大的一个金额。

当然，我们依旧不认为从 1 美元到 10 万美元间的每一个数值的可能性相同，因为这就意味着有 50% 的概率皮特随身携带至少 5 万美元，这简直太多了。

使用杰弗里斯先验概率[11]就好比往一个刻有对数标度的数轴上反复扔一枚飞镖，然后记录飞镖落在各个区间的次数。[12] 1 到 10 万美元一共可以分为 5 个 10 次方区间。也就是说，有 20% 的概率飞镖会落在 1 ～ 10 美元这一区间，有 20% 的概率飞镖会落在 10 ～ 100 美元这一区间，有 20% 的概率飞镖会分别落在 100 ～ 1000 美元、1000 ～ 10 000 美元、10 000 ～ 100 000 美元区间。飞镖落点的中位数就是上限和下限（加权）的中间，即略大于 300 美元①。这个概率分布模型比较合理地描述了布拉德·皮特钱包里金额的不确定性。因此，结论是："布拉德·皮特钱包里有大于和小于 300 美元的概率是 1 : 1，并且有 20% 的概率他携带超过 5 位数的金额。"

杰弗里斯先验概率表明，在值（或者值的 10 次幂）未知的情况下，我们不能确定其数量级。它只是一个（用于无限的正数的）具有尺度不变性的概率函数。

---

① 300 美元即整个区间的中央对应的金额，即 100+(1000−100)/2 × 50%=325。——译者注

戈特在其 1994 年对驳斥的回应中证明，他的哥白尼原理等同于使用杰弗里斯先验概率对持续时长进行的贝叶斯预测。所以，哥白尼原理适用于所有可以使用杰弗里斯先验概率的情况——也就是当我们对持续时长真的一无所知的时候。

世界上最长寿的人

杰弗里斯先验概率促使凯夫斯给戈特下注："名单上有 6 条年龄大于 10 岁的狗，在这 6 条狗的身上我都愿意以 2：1 的赔率下注 1000 美元和戈特打赌，以 1999 年 12 月 3 日它们的年龄为基准，赌它们不会活到现有年龄的两倍。"[13]

成年的宠物主人和成年的天文物理学家都知道狗一般活不过 20 岁。所以"10"并不是它们生命中一个普通的年纪。

"我从不下注。"戈特告诉《纽约时报》的记者。[14]

凯夫斯回应道："果不其然，说起这些狗，他都不相信这个规律适用。"[15]

到了 2008 年，凯夫斯发现 6 条狗都死了。如果当初他们真的打了赌的话，那么凯夫斯就会赢得所有 6 份赌注。作为一个艺术收藏家，凯夫斯表示他后悔错过了可以轻易到手的 6000 美元："都能拿来买一件非常好的澳洲土著艺术品了。"[16] 而戈特认为，想要测试哥白尼原理，就应该预测一条随机挑选的狗的寿命，而非精心筛选的半只脚已经踏入棺材的老狗。世界上绝大多数的狗都没到 10 岁。所以，如果随机挑选一只狗的话，它活过其现有年龄两倍的可能性并不小。

凯夫斯根据中位数增量预测来构建他的赌注，即有 50% 的概率一条 10 岁的狗还能再活至少 10 年。当你使用比 50% 高许多的置信水平时，戈特的预测大概率是正确的，即便不满足尺度不变性的要求。比如，戈特通过计算预测出一条 10 岁的狗有 90% 的概率于 10.53 岁到 200 岁之间去世。你猜怎么着？大多数狗都被说中了！

一条狗的寿命有大概的上限，却没有下限，因为它意外死亡的可能性总归是存在的，比如在交通意外中丧生。然而，也没有另一种能让一条狗比其寿命多活几十或几百年的好运能和这种霉运相互抵消。对于一条年迈的狗来说，哥白尼预测的下限是很合理的，但是上限就过于谨慎了。的确，凯夫斯就反驳说："戈特预测的存活时间区间如此宽泛，以至于他很可能是对的。"[17]

戈特的一名年长的同事打趣道："我已经太老了，我不买青香蕉。"[18] 他也曾跟戈特开玩笑说，哥白尼原理肯定无法预测他的寿命。

然而，事实并非如此。

"我查阅了《吉尼斯世界纪录》，"戈特说道，"然后发现世界上寿命最长的人是珍妮·卡尔门特（Jeanne Calment）。"[19] 她生活在法国阿尔勒（Arles），她的爸爸甚至给凡·高卖过油画布。戈特一边讲述这个故事，一边回忆起确切的数字和日期："在我写那篇文章的时候，珍妮 118 岁。那时她已经活了 43 194 天了。在 95% 的置信水平下，我会预测她至少还能活 1107 天，但最多再活 1 684 566 天。请记住她是一个非常特殊的人！她有着非同寻常的年纪，按理说我的预测在她身上根本行不通。"

戈特的预测是：珍妮至少会活到 1997 年 6 月 7 日，也就是至少再活 3 年，但她会在 6605 年 6 月 29 日前去世。"实际上，她是在 1997 年 8 月 4 日去世的，"戈特眉开眼笑，"我赢了。"

布拉德·皮特的钱包里究竟有多少钱呢？一本2012年的《人物》杂志报道称这位演员向伦敦的南安普顿总医院捐赠了他钱包里的所有现金，一共是1100美元。当时，布拉德·皮特正在英格兰的唐桥井拍摄一部有关僵尸的灾难片。[20]

The Doomsday Calculation

第 7 章

婴儿的名字与原子弹碎片，用林迪效应做预测

人类创造的一切终有尽时，但我们总有理由说服自己这些所谓的统计结果都只适用于他人，与自己无关。我们都以为自己是特殊的，但我们都错了。

1934年9月，阿道夫·希特勒在集会上宣布德意志帝国千年不倒。[1] 彼时，希特勒才掌握政权20个月。一个哥白尼学派的人将在95%的置信水平下预测纳粹德国还会掌权2周到65年的时间。的确，纳粹德国又延续了11年。

我们可以将这个结果看作哥白尼派的成功。的确，有人会觉得世界末日的日期完全不具有确定性，因此哥白尼原理把不确定性作为公理的方式也无可厚非。然而，戈特却发现很多人主张说我们还处于人类发展史非常早期的阶段，现在是人类的春天。

对戈特来说，哥白尼原理是一个可检验的假设。他不仅预测了戏剧的上演场次，还预测了名人的婚姻。戴安娜和查尔斯这桩王室婚姻的破裂是在90%的置信水平以内，戈特在1996年预测长期苟延残喘的芝加哥白袜队夺得NBA世界冠军的时间（即2005年，是白袜队继1917年以来第一次重新夺冠），也在90%的置信水平内。[2]

戈特给我看了一个纪念品，是 1981 年的日历，上面有世界各大景观（埃菲尔铁塔、马丘比丘、富士山等）和其标志物的图片，1981 年所有著名的景点都在上面了。[3] 不过，其中一个如今已经不存在了。按照哥白尼原理，一座标志物的未来和它已经存在的时长是成比例的。也就是说，在日历发布的任意时刻里，最新建造的那个标志物，是你应该打赌首先垮塌的那个。这就是所谓的“后进先出”原则。戈特把日历翻到 1981 年最新的标志物照片，它就是纽约的世界贸易中心，于 1973 年建成，2001 年遭遇空袭坍塌。

这些都是非常引人入胜的故事。戈特显然是个优秀的讲故事的人。但是，除了这些奇闻轶事以外，有没有更有说服力的例子呢?

我将试图找到有关哥白尼原理的系统性数据。由于这个方法可以用来预测“一切”，所以相关的证据横跨了各个学科和领域。这其中就包括一个议题，商学院和经济系都拥有大量数据支撑这一议题：企业生存记录。当然，机构收集这些数据并不是用来验证哥白尼原理的。我还将在这一章里简短地插入一点有关考古学、语言学以及哈利・波特的知识。

不过，我们先从戏剧谈起。物理学家威拉德・韦尔斯在他 2009 年所著的《末世浩劫何时来临》中，走得比戈特的百老汇实验更远了一点。韦尔斯发现了 J. P. 韦尔林（J. P. Wearing）所著的《伦敦舞台：一本有关戏剧和戏剧演员的日历》（*The London Stage: A Calender of Plays and Players*），这本多卷参考书试图记录下 1890—1959 年在伦敦上演的所有戏剧作品。

请将你的时空穿梭机定位在伦敦西区的任意一个时间点。我们成功穿越至此，买了一份《泰晤士报》，报头上的日期是 1926 年 1 月 9 日，正在上演的剧目有：《查理的姑妈》《彼得 · 潘》《不，不，娜奈特》①，易卜生的《玩偶之家》，萧伯纳的《圣女贞德》。图 7-1 展现了上面提到的以及更多没提到的彼时正在上演的剧目。每个点所对应的横坐标代表这个剧目已经上演的时长（从首演日至绘图之时过了多少个自然日），纵坐标代表这个剧未来还会上演多久。因为这些数据横跨了几个数量级，我将横竖轴都转换为对数刻度。

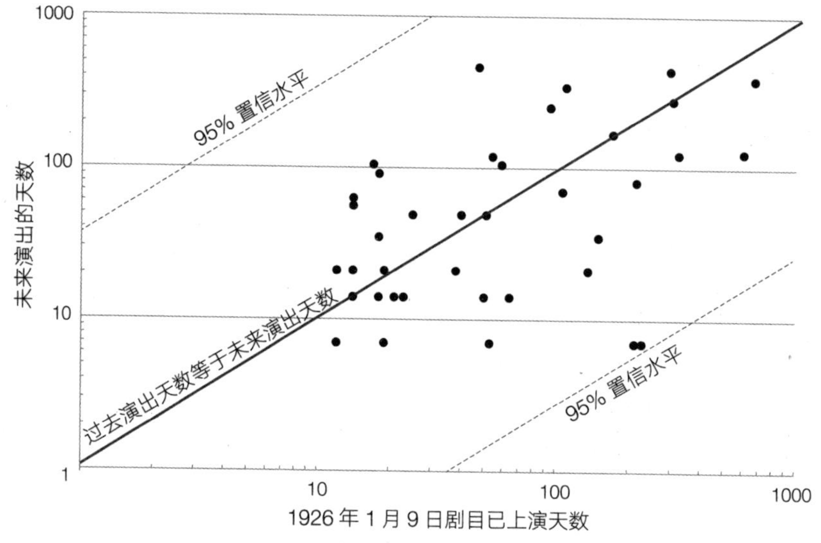

图 7-1　伦敦剧目：过去与未来的演出

中间粗的斜线代表了哥白尼预测的中位数值，也就是当戏剧未来的演出时长等于已经上演的时长时。这条线将点云一分为二。在实线两侧的两条虚线斜线代表了 95% 置信水平下的上限和下限。我们看见所有的点都在这个范围内（代表剧目《波希米亚女孩》的点被删去了，因为这个剧正好在我们随机选取的 1926 年 1 月 9 日闭幕了[4]）。

①《不，不，娜奈特》是 1952 年文森特 · 尤曼斯（Vincent Youmans）为百老汇创作的一部音乐剧。——译者注

当两个变量之间有强相关性时，点状图里的点云通常集中分布在一条线上。通过上图可知，这里的两个变量没有强相关性。这是一组随机数据，几乎可以这么说。戈特发表了相当温和的声明，说一场随机的演出不太可能是这部剧上演过程中特别靠前或特别靠后的场次。从图上看，这就意味着几乎不会有点（在图7-1中没有任何点）处于左上方和右下方的三角区域。如果要想让点落在左上角的三角形区域，我们的穿越时间点必须刚好是一个剧最开始上演的阶段。如果要想让点落在右下角的三角形区域内，我们的穿越时间点则必是一个剧就快要退出舞台的阶段。

我们还可以画另一种图（见图7-2）。假设我们将所有的剧目按照它们的总上演（已经上演加上未来还会上演的）时长进行降序排列。按照这个标准，截至1926年1月9日，排在第一位的是《农夫的妻子》①。这个作品总共上演了1054天。在图7-2中，横坐标代表每一部剧的排名，纵坐标代表该剧总共上演的时长。

现在，我们可以看到图中有了一条像样的直线。除了《波希米亚女孩》，在这张横纵轴都是对数刻度的图中，绝大多数点都趋近于一条直线。不过，在这里数据集中、上演时间较长的剧目（左上角的点）比这条直线预测的要少一点。上演时间最长的几个剧目比预想中结束得要快一些（点落在了直线的下方）。

韦尔斯记录阿加莎·克里斯蒂（Agatha Christie）的戏剧《捕鼠器》上演的场次达16 000场。在我写这篇文章的时候，这部剧目还在上演，目前已经超过26 000场次了，《每日电讯》在2015年的报道中称其“恐怕永不落幕”。[5]不过，

① 伊登·菲尔珀斯（Eden Phillpotts）编剧，查尔斯·科本（Charles Coburn）和沃尔特·埃德温（Walter Edwin）导演的三幕音乐剧。——译者注

像这样大受欢迎的剧目比趋势线所预测的要少得多。一般来说，拐点都出现在第 250 天左右。演出时长不超过 250 天的剧目基本都落在了直线上——这将大约 85% 的剧目涵盖在内。而演出时长超过这个天数的剧目却比预想中要少得多。

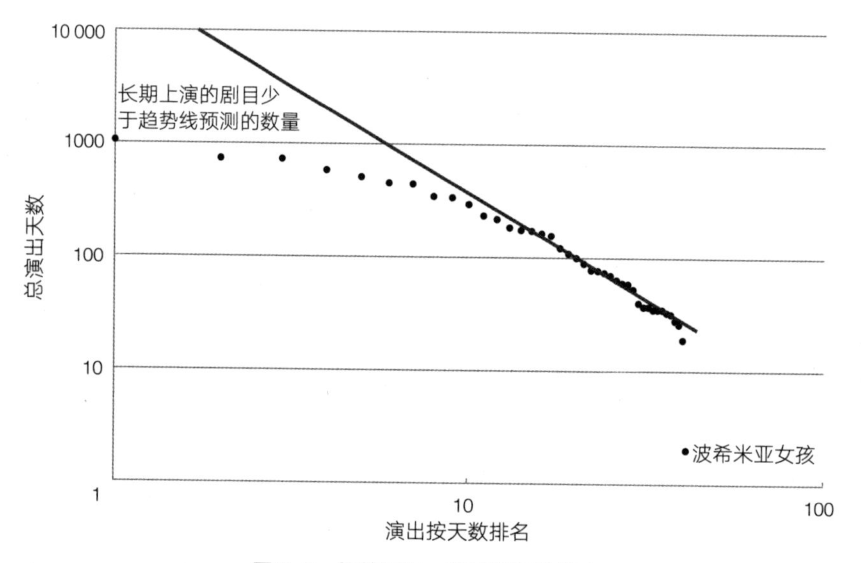

图 7-2　伦敦剧目：按演出天数排序

这并不难理解，毕竟，哥白尼模型假设所有剧目的演出时长都是无限的（无标度性），可以永远演下去。但是，在实际生活中，这是不可能的。影响剧目寿命的一个时间尺度是不同时间段内伦敦的人口数量和常来伦敦看戏剧的旅客人数。在一部剧目上演大概 8 个月之后，绝大多数有意去看该演出的人都已经看了。除了狂热的剧迷，大多数人不会花钱再去看同一场演出。当有可能买票看演出的人越来越少时，一部剧目就越来越难生存下去了。

如果某部戏剧真的想渡过这个难关的话，它必须顺应时代的变化需求。1952 年首演的《捕鼠器》是一部年代剧，尽管它深受观众喜爱，但从某种程度上来说，它与时尚是绝缘的。对于看着电视里充满脏话的犯罪片长大的观众来说，《捕鼠器》里的庄园谋杀案显得过时了。从某一个时刻开始，某些舞台剧可能就会和时代文化脱节。

我们或许认为，莎士比亚那些“永恒”的作品是个例外。但是，它们是特殊的例外。剧中的语言对于现在的观众来说是十分晦涩的。现在许多的莎士比亚戏剧都极力迎合现代观众的口味，它们最多只能被称为原作的改编版。

戈特从百老汇的广告中嗅到一丝盲目的自信，譬如《歌剧魅影》的广告语是“永远属于你的”，《猫》的广告语是“从这一刻到永远”。很可惜，这些广告语都与它们实际演出的寿命不符。人类创造的一切终有尽时，但我们总有理由说服自己这些所谓的统计结果都只适用于他人，与自己无关。我们都以为自己是特殊的，但我们都错了。

将齐普夫定律应用于时间

乔治·金斯利·齐普夫（George Kingsley Zipf）是哈佛大学的语言学家，他痴迷于研究相对词频。生活在计算机时代之前，齐普夫利用家族财富雇佣工人帮他统计杂志、书籍和报纸中单词的出现次数。他指出英语中最常见的单词是“the”，该单词约占他统计的书面文本的 7%。

更重要的是，他提出了一个定律，现在被称为齐普夫定律。该定律称：在一个语料中，给定单词的出现频率与其排列序号成反比。也就是说，如果一个词排名为 N，则该词的出现频率与 $1/N$ 成正比。这意味着，假如一个词在降序排列的词频表上的排列序号是另一个词的 1/2，那么其出现频率也大约是另一个词的 2 倍。举例来说，排名第一的词“the”的出现频率大约是排名第二的词“of”的两倍，而“of”的出现次数约占英语语料的 3.5%。

齐普夫觉得自己触碰到了某种深刻而神秘的真理，而不仅仅是英语语言的特点。该定律似乎适用于所有自然语言①和某些非自然语言，如世界语②。此外，齐普夫定律也可以被应用到其他降序列表，诸如按人口排列的城市名称列表、按流行程度排名的婴儿名字列表、按盈利能力排名的公司列表、按受欢迎程度排名的电视节目列表、按死亡人数排名的战争列表和按大小排列的炸弹碎片。[6] 通过齐普夫定律，人们也可以了解财富分配不均的问题和互联网的热点分布，例如按访问量排名的网站和按搜索次数排名的关键词。

很多人都在寻找齐普夫定律的应用。一直以来人们都没有考虑过将齐普夫定律应用于持续的时长。如果把齐普夫定律运用于时间维度，我们就会发现它和哥白尼原理紧密相关。这两者都是尺度不变性的体现。

不同之处在于，齐普夫定律是根据某件事在一系列事件中的排名来预测其持续时间的，而哥白尼原理则是根据过去的持续时间来预测未来的持续时间。不过，当你对过去持续时间进行排名并将其排名与过去的持续时长一一对应来绘制图表时，就像我之前在预测“伦敦戏剧”中所做的那样，你会得到一条趋近于齐普夫定律的线。本质上，戈特和齐普夫的定律有着相同的统计学基础。

历史越悠久的企业越拥有更光明的未来

“林迪效应”已经成为商界的流行语，具有较长历史的公司、市场和经理人可能也会具有较长的未来。

在 2004 年发表的文章中，何塞·马塔（José Mata）和佩德罗·波特戈尔（Pedro Portugal）追踪了从 1982—1992 年葡萄牙商业公司的生存情况。这个

---

① 自然语言通常是指自然地随文化发展而产生的语言，如汉语、英语、法语等。——译者注

② 世界语是一种人造语言，旨在消除人类国际交往中的语言沟通障碍。——译者注

伊比利亚半岛的国家要求每家企业（即使只有一名雇员）都必须报告它们的统计数据。这使得马塔和波特戈尔采集了异常完整的数据集，从而可以跟踪 20 世纪 80 年代各种规模的企业在葡萄牙持续运营的时间。

最开始，他们选取了 10 万多家公司，并逐年统计有多少家公司仍在运营。他们发现了一条简单的曲线，即公司数量在开始时陡然下降，然后下降趋势逐渐变缓。同时他们还发现，成立于 1982 年的葡萄牙企业中，企业持续时长的中位数为 4.2 年。这不是阳光普照的葡萄牙所独有的。图 7-3 反映了于 1994 年成立的近 57 万家美国公司的存活情况。该图中长条柱形的高度形成了一条非常平滑的曲线。从图中我们可以看出，成立于 1994 年的公司现在大多都已经倒闭，它们的平均持续时间大约是 5 年，与葡萄牙的情况相似。

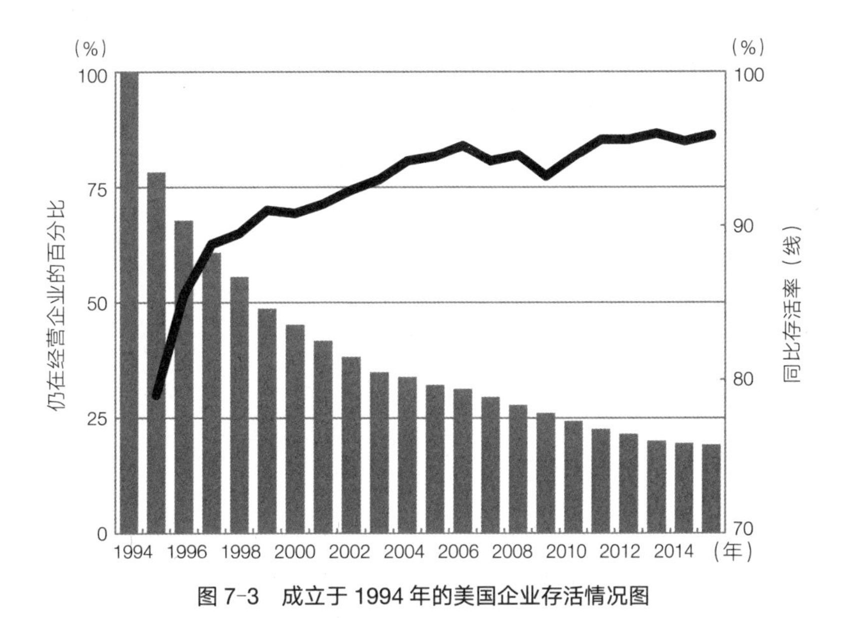

图 7-3　成立于 1994 年的美国企业存活情况图

总的来说，这并不奇怪。就好比在你的高中或大学同学（或是和你同一年出生的人）中，随着时间推移，活下来的人数只会逐年减少。但是该图中的折线则讲述了一个不同的故事。折线表示在给定年份中幸存的公司在来年继续存活的比例。这个比例逐年上升，而且增加趋势先陡峭后平缓。

人类和狗的生存统计就并非如此。每长一岁，一个人能有幸度过自己下个生日的概率都会减少。但是公司不像人或狗，公司每长一岁，它再持续运营到下一年的机会通常会增加。在这组数据中，拥有 20 年历史的公司来年存活率虽然未达 100%，但也超过了 95%。

这就是哥白尼原理（又称林迪效应）所预测的[7]：公司未来存活时间随其已存活时长的增加而迅速增加。如果有人凭直觉意识到了这种现象，那他在给饭店或是其他商业公司打广告的时候，一定会注明它们“成立于”什么日期。它的潜台词是，历史悠久的企业就是前途光明的企业（一般而言这样的企业也是经营得当的）。根据公司的成立时间，在麦当劳（成立于 1955 年）卖出最后一个汉堡包和亚马逊（成立于 1994 年）用无人机送出最后一件包裹后，人们很可能仍然在喝可口可乐（可口可乐公司成立于 1886 年）。

图 7-4 追踪了加拿大新兴成立公司的寿命。在此数据集中，初创企业平均在 3 年之内就破产了。从该图还可以看出，实际数据（图中圆点）能够被林迪效应预测的结果（图中曲线）很好拟合，在最初的几年中尤其明显。与上演戏剧的存活趋势相同，越向右，数据点相比曲线更加下垂，能够长期生存的公司更少，尽管这种效应并不像在上演戏剧的例子中那样明显。

与戏剧相比，商业公司可能有更多的机会或动力来进行重塑。不过，产品会过时，市场会改变，公司往往很难经受住消费者口味或经济体制的革命性变化。韦尔斯指出，在“过气”情况并不普遍的时代，林迪效应甚至可以用来预测古代成立公司的生存情况。尽管实际情况中，没有来自古代的公司仍然存活，但至少有一家起源于中世纪的大型工业公司现在仍在运营。瑞典的斯道拉·科帕伯格公司（Stora Kopparberg）成立于 1288 年，最初是一家铜矿开采公司，后来转向木材和造纸业，在 1996 年的一次并购重组之后，该公司更名为斯道拉·恩索集团（Stora Enso）①，至今还在营业。

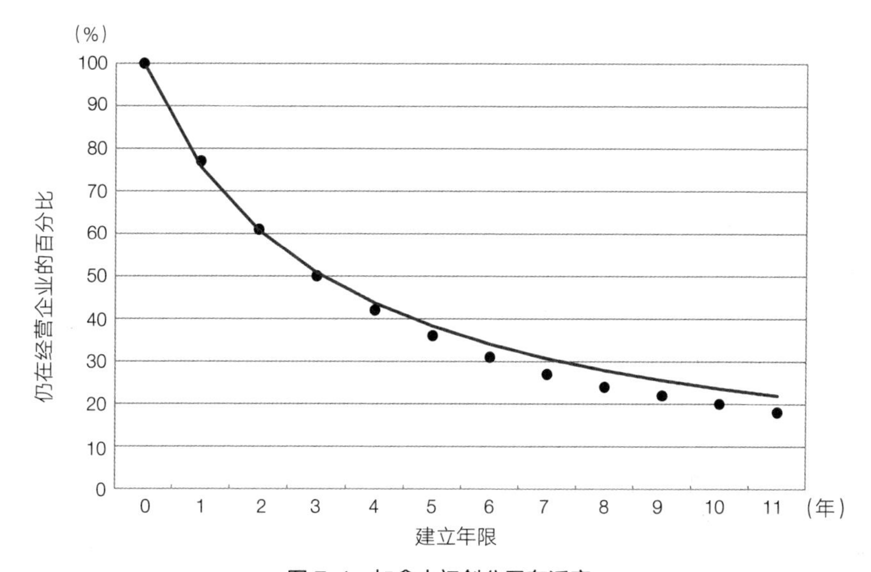

图 7-4　加拿大初创公司存活率

资料来源：Baldwin, Bian, Dupuy, Gellatly（2000）, "Failure Rates for New Canadian Firms: New Perspectives on Entry and Exit".

巴菲特的价值投资，林迪效应的应用

约翰·伯尔·威廉姆斯（John Burr Williams）是哈佛大学的经济学家，他试图找到 1929 年股市崩盘的原因——股票并不像"咆哮的 20 年代"② 的投资

① 一家综合林产品公司，也是世界上规模较大的纸和纸板生产公司，业务横跨五大洲 40 多个国家。——译者注

② "咆哮的 20 年代"是指 20 世纪 20 年代的美国，该时期美国的总财富增加了一倍以上。繁荣的经济也让美国陷入了消费主义文化之中。——译者注

者认为的那样值钱。威廉姆斯在《投资估值理论》（*The Theory of Investment Value*）中坚称，任何资产的价值都等同于其未来收入流折算成现价后的价值。[8]这被称为现金流折现模型。

根据威廉姆斯的说法，派息股票的价值相当于其所有未来分红的总额折现到现在的价值。假设可口可乐公司今年会为它的每股股票支付 1.59 美元的股息，并且将在接下来的 100 年中每年支付相同的年度股息，即 100 年总计为 159 美元。不过，我们在衡量这只股票的当前价值时，必须对未来的股息进行折算，以反映货币的时间价值。考虑到通货膨胀、风险和机会成本，现在 1.59 美元的价值应该远比 100 年后的 1.59 美元的价值更高，这种差异可以用折现率表示。所以，你会发现，当前可口可乐股票的价值应该远远低于 159 美元。

如果股票不支付股息，那该怎么计算呢？这个问题有两种答案。第一种是投资者打算长期持有该股票，并期望将来会进行分红。第二种，也是更有可能的一种，是投资者期望通过出售股票而盈利。将这两种情况纳入威廉姆斯的估值框架中，你可以将任何未来的资本收益视为巨额的终期“股息”。

威廉姆斯的模型是一种非常合理的股票估值方法。在痴迷于华而不实的新兴公司的投资世界中，这个模型似乎有些古怪，甚至无关紧要。然而，几乎没有人对威廉姆斯的基本思想提出异议。每个人购买股票或投资都是为了赚钱，而且，在这些投资中你得到的钱越多越好，越早越好。这导致人们得出富有争议的结论。一些金融作家认为，哥白尼原理提供了一种获得优异投资回报的方法。巴菲特等价值投资者的成功也被归功于林迪效应。

用上述方法进行投资的前提是，投资者买进某只股票或者金融产品是在它寿命的随机时间点上。在这种情况下，投资者对该资产寿命的预期应该与该资产的过去存在时长成正比。这不仅适用于之前我们所研究的公司存活时间，也可以被推广到与投资者有直接利益关联的事物上，比如公司收入、利润和股息。

自 1920 年以来，可口可乐公司就开始派发股息，在过去的 55 年中，它每年都在增加股息。林迪效应预测，该公司很可能会在未来几十年内继续支付并增加股息。与派息记录不佳的公司相比，可口可乐公司这样做的可能性更大。

你可能会觉得这只是常识。但是，当你考虑到如何对股票进行估值这一历史难题时，这就会变得非常有趣。假如你承认现金流折现模型，哪怕只是个不够精准的经验法则，你都会发现一些有用的东西。公司未来的寿命长短理应与股票估值息息相关，而且非常相关。

本·雷诺兹（Ben Reynolds）考察了巴菲特在林迪效应背景下的投资情况，然后举例说明[9]，假设某股票现在每年支付 1 美元的股息，并且该股息每年增长 6%，直到该公司突然破产并且其股票变得一文不值。你的折现率为 7%，这意味着你可以在其他地方（比如银行）获得 7% 的无风险收益。现金流折现后，就是这只股票现在应有的价值：

- 如果在破产前该公司还能再生存 10 年，则现在股票价值应为 9.47 美元。
- 如果它能再存活 20 年，则其股票价值为 18.03 美元。
- 如果能幸存 50 年，则其股票价值为 39.10 美元。
- 如果能幸存 100 年，则其股票价值为 62.76 美元。
- 如果这家公司永远不倒闭，那么其股票价值将为 100 元。

在雷诺兹的例子中，股息增长的速度很快，基本能抵消货币的时间价值。所以，一只在破产前持续支付了 10 年股息股票的价值才刚好不到 10 美元。

随着公司寿命增长，股票的现价就远远低于单纯把未来股息相加的价值。假设该公司未来 100 年持续派息，该股票价值仅为 62.76 美元，远低于 100 美元。只有当这个公司永远派息时，该股票的现价才值 100 美元。

没有人能够预测下一个季度的股息，更不用说未来几十年的股息了——说得没错吧！林迪效应本来假设的就是企业寿命几乎完全不可预测。正是这种不可预测性导致人们预计，老公司总体比新公司拥有更长的未来。如我们所见，这种预测得到了数据的支持。因此，通过现金流折现，可口可乐等历史悠久公司的估值应该是最新初创公司或 IPO 企业①估值的很多倍。

然而事实上，价值最高的公司往往是消耗现金的新公司。他们没有收入，不会支付任何股息，并且只有短暂的运营记录。然而，投资者认为这些新公司代表着未来，并且具有无限的上升空间，老公司却被认为有过时的风险。也就是说，林迪效应提出了与现实完全相反的说法。

在股票市场上，将实力与运气区分开来并非易事。尽管如此，巴菲特仍被公认为掌握了选股技巧。1965—2013 年，巴菲特的控股公司伯克希尔 - 哈撒韦公司持有的股票平均年收益率为 19.7%，是同期标准普尔 500 指数的两倍（9.8%）。[10]

伯克希尔 - 哈撒韦公司在 2018 年报告中公开了持有比重最多的 10 只股票，这 10 家公司按照成立时长的排序（一个不同寻常的衡量标准）如下[11]：

1. 纽约梅隆银行（234 年）。

---

① 全称 initial public offering（首次公开募股），是指一家企业第一次将它的股份向公众出售，IPO 企业通常是指上市公司。——译者注

2. 美国运通（168 年）。
3. 富国银行（166 年）。
4. 卡夫亨氏（149 年）。
5. 可口可乐（132 年）。
6. 美国银行（113 年）。
7. 穆迪（109 年）。
8. 菲利普斯 66（100 年）。
9. 美国合众银行（49 年）。
10. 苹果公司（42 年）。

巴菲特买老公司的股票。如果他的投资组合是一部电影的话，那这部电影将会使老年明星重返银幕，上演一部旧时的牛仔枪战片。巴菲特持股排名前 10 的公司平均年龄已经超过一个世纪。相比之下，标准普尔 500 指数中占比最大的 10 只成分股的平均年龄仅为 42 岁。2015 年，成立于 1869 年的亨氏（Heinz），与成立于 1903 年的卡夫（Kraft）合并。巴菲特告诉股东，他预计这家番茄酱和咸菜制造商将“从现在开始繁荣一个世纪”。[12] 尽管美国纽约梅隆银行是 2007 年银行合并的产物，但它的两个开创者都很受人尊敬，该银行的前身纽约银行是由亚历山大·汉密尔顿和亚伦·伯尔（Aaron Burr）于 1784 年创立的。

巴菲特强调长期的价值投资：“时间是优质公司的朋友，也是平庸公司的敌人。”[13] 他还说道：“如果你不愿花 10 年时间持有某只股票，那么就连持有 10 分钟都不要考虑；我们最喜欢的持有期是永久；在伯克希尔，我们不去尝试从未知企业的茫茫大海中挑选出少数赢家，因为我们知道自己不够聪明。我们尝试将具有 2600 年历史的伊索寓言应用于选择投资机会，我们应该对一片林子中有多少只鸟以及它们何时会出现有一定的了解。”[14]

伊索寓言的奥义是"一鸟在手，胜于二鸟在林"。在大多数情况下，巴菲特手头的都是老牌公司，而根据林迪效应和巴菲特的研究，这些公司的未来还很长。

哥白尼的观点挑战了一些备受尊敬的投资规则。其中之一就是，从长远来看，股票的表现要优于债券。亚利桑那州立大学 W. P. 凯里商学院的教授亨德里克・贝塞姆宾德（Hendrik Bessembinder）说，这条规则应加上备注。从历史上看，就算投资者把股息、资本收益和分红都用于再投资，大多数股票的回报率也都比美国国债差。[15]

这怎么可能呢？贝塞姆宾德研究了 1926—2015 年在纽约证券交易所、美国证券交易所和纳斯达克交易所上市的所有股票的回报率。他发现股市的大盘表现好主要是由于极少数股票大涨并保持了成功。但是，普通的股票表现就会差得多。实际上，这 3 个交易所的股票寿命的中位数只有 7 年。[16] 投资者面临的最常见的情况也不过是收支相抵。

如果你觉得上述数据难以置信，那很可能是你没考虑到大盘指数与特定股票之间的差异，标准普尔 500 指数或道琼斯指数并不能代表普通股票。它们就像爱丁顿的网一样，只会网起较大的鱼，指数中的股票都已经是股票市场中的赢家了。随着时间推移，指数成分股中表现不佳的股票很快就会被剔除，取而代之的是新的获胜者。

贝塞姆宾德的数据证明了一种常见的个人投资规则：购买指数基金（即持有类似于指数成分股投资组合的基金）。许多投资者不屑于这种投资，认为其回报仅仅是市场的"平均值"。散户在自己尝试挑选股票进行投资时，通常会被证明他们之前的观点是错误的。事实上，一组随机选择的股票很可能表现得比"平均"业绩差很多。

可能你也听说过“黑猩猩往股票清单上投飞镖”的故事。我们通常引用这个黑猩猩的故事来否定专家的价值。大多数专业操盘手的表现都不比“随机”选取一个指数基金更好。但实际上黑猩猩的比喻并不恰当。如果参考一个不同的实验，让这只黑猩猩往《华尔街日报》的首页掷飞镖，之后购买飞镖击中的头版文章中提到的任何一只股票，那么，它买的股票可能就不是一只平均水平的股票了。这只股票可能来自一家拥有许多投资者、员工和客户的大型资本公司。因为《华尔街日报》的编辑会理所当然地偏向于经济实力雄厚的公司。能登上头版的大多数公司都已经生存了很长时间，超过了平均股票发行公司的寿命。

另一个实验是让黑猩猩往所有股票的每一股组成的名单上（或者更好的是，在股票市场上被投资的每一美元的名单上）投掷飞镖，然后选择该股或该美元所属的公司。这是资本加权指数基金的一种更好的模型，例如追踪标准普尔 500 指数的股票。这种形式的随机选择也将偏向于拥有大资本的股票，而这些股票背后的企业显然完全不同于“平均水平”。

贝塞姆宾德的调查结果表明，股票就像彩票一样。投资者需要购买一大笔股票，才能公平地得到一些赢家，从而获得与指数相关的“平均”回报相匹配的利益。风险投资人遵循类似的信条，即 1/*n* 法则。根据贝努瓦·曼德尔布罗特的建议，1/*n* 规则提出：一个人将他的资本分成许多份，并投资给许多不同的初创企业，而不是全部押注在一个公司。大多数初创企业都失败了；风险投资人的大部分回报来自极少数企业辉煌的成功，它们被称为“独角兽”[①]是有原因的。

初创企业的员工最终往往拥有大量自己公司的股票。财务顾问对此提出了

① 独角兽公司一般指 10 亿美元以上估值，并且创办时间相对较短（一般为 10 年内）还未上市的公司。——译者注

警告，贝塞姆宾德的数据也表明了原因。假设这个初创公司是普通的初创公司，那么其股票的收益可能会低于国债。明智的年轻投资人不会把自己的毕生积蓄都投到国债里，但他们却将其投入自己公司的股票中。

正如巴菲特投资历史证明的那样，仅通过持有拥有长期盈利记录公司的股票，就可以获得超额回报。这些公司的平均未来存活时间更长（如林迪效应所述），而从合理的经济角度来看，它们的价值更高（如现金流折现法所述）。然而，非理性的市场常常低估了这些公司。

大多数投资者都企图去做几乎不可能的事：提前确定下一个独角兽。他们忽略了这样一个事实，即大多数有机会成为“下一个亚马逊”的公司，可能都熬不过最初的那几年。也许，明天发布的一个新应用，就会使今天的热门应用过时，或者至少不再那么出色。然而，明天要发明“更好”的软饮料的风险却没有这么高。在过去的一个世纪中，已经发明了数千种软饮料，但无论出于何种原因，都没有哪种饮料可以淘汰可口可乐。即使你从不理解这种起泡的糖水到底有什么吸引力，也应注意到这一点。投资界的哲学家纳西姆·塔勒布（Nassim Taleb）谈到林迪效应时说：“如果文化中存在某些东西，例如你不理解的一种做法或信仰，但它已经存在了很长的时间，那么就不要称其为‘不明智的’。而且，你别指望这种做法会停止。”[17]

对公司生存的预测也是人类历史的缩影

上述关于企业和戏剧的生存曲线广泛存在于现今世界中。韦尔斯发现，圣地亚哥公共图书馆中哈利·波特的书籍数量也出现了类似的下降曲线[18]，因为过于热情的读者忘了归还书籍。相似的统计数据同样适用于实体公司，它们并不知道自己将于哪天关门歇业。[19]

从这些信息中，我们能知道什么关于世界末日的信息呢（如果有的话）？至少，“尺度不变性”这一规律应该让我们停下来仔细思考，毕竟我们可以用它来预测公司的寿命、单词出现的频率、婴儿名字流行的程度、炸弹碎片的大小、被盗的哈利·波特系列图书的数量以及谷歌搜索的排行。从这些预测中，我们可能会瞥见普遍真理的微光，它涉及很多方面，也有众多的命名：Δt 论证、哥白尼原理、齐普夫定律、林迪效应、杰弗里斯先验概率、末日论证……

我们不用勉强接受上述关于戏剧和公司的预测。如果一个银河精算师希望将“灭绝保险”出售给智人，那他可能会更关心人类的家族史。大约有 12 种类似于智人的物种灭绝了。在他们的时代，这些物种都是行走在地球上的最聪明的生物，但他们还是随物种的灭绝消失了。正如戈特指出的那样，原始人类的历史与哥白尼原理预测的完全一致。

提醒你一下，鉴于化石出土有很高的运气成分，以下的这些数字并非完全准确。根据现有证据，我们这个物种已经持续了约 20 万年，正是其他 12 种原始人的活动标记了 20 万年这一时间标志。它们包括从拉密达猿人（共持续超过 25 万年）到直立人（超过 140 万年）的所有类智人物种。

根据哥白尼原理预测，一个有 20 万年历史的物种未来寿命的中间值为 20 万年。在以上 12 个物种中，有 6 个没有达到这个目标，6 个超过了它。可以说，我们的预测正中靶心。

以 95% 的置信水平为例，一个拥有 20 万年历史的物种应再存活 20 万年的 1/39 至 39 倍，也就是 5100 至 780 万年。所有已灭绝的智人物种的存活历史都在该范围内（见图 7-5）。

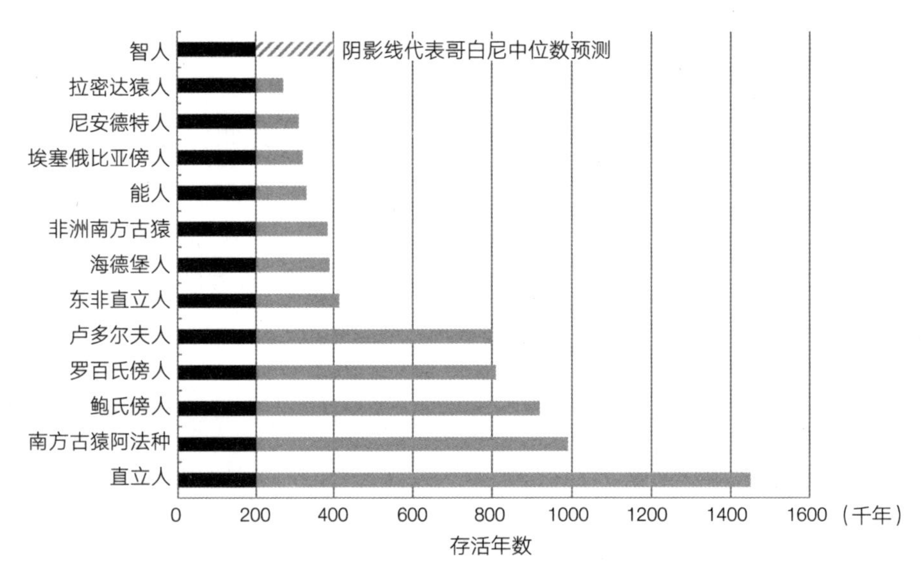

图 7-5 各人种存活时间

戈特计算得出，68% 的原始人实际上属于已经存在超过了 20 万年的种群（希望这些原始人懂得这是什么概念）。我们所属的物种还很年轻。我们也有可能注定要战胜一切，但到目前为止，我们看起来还是处于平均线上。如果你否认这些，那么就是在断言一种最极端的“智人例外主义”，这就好比一位正在骑车的人声称自己不需要戴头盔，因为他和其他骑自行车的人不一样。

的确，智人已经没有任何竞争对手了。早期的原始人种在达尔文式的淘汰赛中相互竞争，而智人成为冠军。也就是说，智人从这里开始就该是一帆风顺的了，只不过没有人真正相信这一点。最后一位尼安德特人的死并未结束冲突。这只是意味着我们又以不同的方式划定了战线，将民族、种族、宗教和意识形态作为竞争对象，拥有了不断升级的大规模毁灭性技术。非人类竞争可能存在于未来，我们将会与难以驾驭的人工智能或者也可能是外星人竞争。

综上所述，除了原始人类的灭绝以外，还有少量适度但广泛的证据支持哥白尼原理的预测。有时，一个图表比上千次思想实验更有价值。哥白尼原理适用于没有已知时间尺度的现象，许多批评哥白尼原理的人其实是格外在意戈特本人或媒体对戈特方法的报道没有用醒目的大字阐明时间尺度这一前提。

我们无法检验哥白尼原理对世界末日的预测（希望至少近期内无法验证）。它的可信度是基于类推得来的。与我们人类的末日预测最相似的是同我们密切相关的种群的灭绝。尽管这个数据集很小，但这些数据都符合哥白尼模型。

不过，其他的那些原始人并不完全同我们一样。尽管傍人[①]具有生存的本能，但他们无法理解“灭绝”。我们要聪明得多，能够调动一切力量来对抗威胁我们群体的一切。韦尔斯提出了一个有趣的想法，戏剧和公司的预测数据与末日论证的相关性可能比我们认为的要高。公司和戏剧作品是我们的缩影，“世界就是一个舞台”，这个舞台由一群会犯错的人组成，而同样的，这群人会将我们这一种群带向灭亡，或带到其他星球。这些人有强烈的动机保护自己和他们团体的利益，以免受群体内外的威胁。这个演出团体的时间范围可能是无限的，尽管它的演职员是寿命有限的凡人。这些人有自己的入场和退场通道，有的人拿着金表[②]荣誉退休，有的人撑着金色降落伞[③]退出公司，有的人则参加了奈飞的原创演出。这些人包括明星员工、团队合作者、小人物、成功的企业家，还有一些会在第一时间就背叛同事的人。这样一群人，或者在剧团，抑或

---

① 傍人是人族下的傍人属（Paranthropus），可能由南方古猿演化而来。所有的傍人都是双足行走的，站立身高为 1.3 米～ 1.4 米，脑容量为现代人类的 40% 左右，傍人约于 270 万年前出现。——译者注

② 在高管退休时，某些公司常使用贵金属钟表作为优秀员工的退休奖励。——译者注

③ 金色降落伞（golden parachute），又译黄金降落伞，是按照聘用合同中公司控制权变动条款对高层管理人员进行补偿的规定。金色降落伞规定在目标公司被收购的情况下，公司高层管理人员无论是主动还是被迫离开公司，都可以得到一笔巨额安置补偿费用。——译者注

是在有限责任公司里，都面临着外来的挑战：高租金、高税收、差评、破坏性的竞争对手，以及文化缓慢改变以致曾经“入时”的东西变得与时代格格不入。疯狂的炸弹或横穿地球轨道的小行星可能会结束人类最辉煌的时代，我们物种的前途渺茫，而大多数人还忙于“办公室政治”，争权夺利，在人类存亡面前无所作为：不去真正尝试自救，我们又如何能够在宇宙中长久地存活下去呢？

The Doomsday Calculation

第8章 “睡美人”悖论，硬币朝上的可能性有多大

同一个人不可能两次踏入同一条河流。在进化发展中，身份虽然是我们构想出来的，却有实际效用，它防止我们做出不明智的事情。

你自愿参加了一个不同寻常的实验。作为志愿者，你将在星期日服下一片可以让你安稳睡上 3 天的“安眠药”。在你睡着之后，研究人员会投掷一枚无偏差硬币，这意味着正反面出现的概率均为 1/2：若正面朝上，你会在星期一被叫醒并接受提问，之后你将继续沉睡至两天后药物失效；若反面朝上，你会在星期一和星期二两次被叫醒，并分别接受提问。

“安眠药”会导致短暂的失忆，这意味着在提问环节中你并不会记得自己是否已经被叫醒且提问过。不过，你还是会记得服用“安眠药”之前发生的事情，包括本次实验的设定。当然，你也拥有正常的逻辑思考能力。实验中被叫醒后，研究人员会询问你：这枚硬币正面朝上的可能性为多大?

以上就是 1999 年在网络上受到广泛关注的“睡美人”问题，而且这个问题如今已经成为有关末日论证的争论中不可或缺的一部分——无论是基于贝叶斯模型还是卡特—莱斯利模型。物理学家丹尼斯・德克斯认为“睡美人”问题和末日论证“结构相同，两者的分析也可以互通”。[1]

“睡美人”的问题设定是基于伦敦大学学院哲学家阿诺德·祖波夫（Arnold Zuboff）早在1983年设计的思想实验“唤醒游戏”。[2]在其1990年发表的论文中，祖波夫描述了一个在“巨大的酒店”中进行的通过掷骰子决定唤醒沉睡者的游戏。[3]罗伯特·斯托纳克（Robert Stalnaker）了解到祖波夫所做的实验，将其命名为“睡美人”问题，这个名字更吸引人。这个谜题在波士顿地区的哲学家圈子内流传，并最终精简成了一个沉睡者被唤醒一次或两次的问题。在麻省理工学院攻读博士学位的亚当·埃尔加（Adam Elga）从斯托纳克那里听说了“睡美人”问题之后，在布朗大学做了一次有关这一主题的演讲。当时还在布朗大学读研究生的莎拉·怀特（Sarah Wright）正巧听了这次演讲，并把这个谜题讲给布朗大学的哲学家詹姆斯·德雷尔（James Dreier）。德雷尔正是那个于 1999 年 3 月 15 日将“睡美人”问题发布在网站上的人。2000 年，埃尔加成为第一个将“睡美人”问题发表在哲学期刊《分析》（*Analysis*）上的人。如今，关于“睡美人”问题已经有了大量的文献研究，该问题高度概括了自抽样假设的精要。

对于“睡美人”问题——这枚硬币正面朝上的可能性多大？争论的观点主要分为两派：硬币正面朝上的概率为二分之一或三分之一。

支持二分之一说的人认为，既然已知所投掷的是一枚无偏差硬币，解答“睡美人”问题的关键就在于，实验中所经历的事情是否会让参与实验的这位沉睡者改变既有观点。事实上，实验中，沉睡者只知道自己被叫醒并接受了提问一次，由于实验的设定，沉睡者因为不记得是否接受过提问，所以并不知道他是第几次被叫醒，即从沉睡者的角度来说，他的醒来与硬币哪一面朝上无关。因此，如果对无偏差硬币的理解无误，又知道沉睡者改变既有观点并不会因为实验内容所改变，二分之一说便顺理成章。

支持三分之一说的人则认为，实验中一共有三种不可区分的“唤醒场景”：

①沉睡者周一被叫醒，硬币正面朝上（但沉睡者不知道）；②沉睡者周一被叫醒，硬币反面朝上（但沉睡者不知道）；③沉睡者周二被叫醒，硬币反面朝上（但沉睡者不知道）。被唤醒的当下，沉睡者没有任何主观意愿偏向其中一种场景，因此他们遵从“无差别原则”。这三种场景发生的概率相同，却只有其中一种对应的是硬币正面朝上，因此，硬币正面朝上的概率为三分之一。

假设沉睡者醒来后，房间的墙上贴着一张赌注，上面写着：

赌注

若硬币反面朝上，签注人赢得 20 美元，若硬币正面朝上，签注人则输掉 30 美元。

签字人：____________

对于三分之一说的支持者，这无疑是一份好交易。平均下来，沉睡者预计有三分之二的概率硬币反面朝上（赢得 20 美元），三分之一的概率硬币正面朝上（输掉 30 美元），于是他得出的预期收益是 3.33 美元。如果这个实验和赌注重复多次，三分之一说的支持者平均每一份赌注都会赢得 3.33 美元。反之，二分之一说的支持者则不会签署这份赌注，因为他预计有二分之一的概率硬币反面朝上（赢得 20 美元），二分之一的概率硬币正面朝上（输掉 30 美元），那么他平均每一份赌注会输掉 5 美元。

究竟哪一派是对的呢？

其实到目前为止，人们已经普遍达成了一个共识：如果实验重复多次，且每一次沉睡者醒来都提供同样的赌注，那么长远来看签署赌注的人（三分之一说支持者）会赚钱，而拒绝赌注的人（二分之一说支持者）则会错失赚钱的良机。

概率是错误的工具吗

三分之一派的人数多于二分之一派，在麻省理工学院的研究生、智力题目爱好者和经过同行审议的论文作者中都是如此。作为一个少数群体，二分之一派理解大多数人的想法，而大多数人并不理解他们，二分之一派明白三分之一的理论从何而来，但三分之一派却并不领情。他们无法理解为什么有人会觉得正面向上的可能性是二分之一，他们不明白这件事有什么值得争论的。

让我们再来看看二分之一派是怎么出现的，或许也不是那么不可理喻。我们先来说说“重复”这个概念。三分之一派认为在三种醒来的情况中，只有一种是硬币扔到了正面（即概率为三分之一）。从长远来看，假设实验重复很多次，这确实是正确的。但是，二分之一说的支持者会认为，假如实验重复多次，实验结果就会反过来证明这是一枚公平的硬币，即有 50% 的情况硬币正面朝上。当然，这也是正确的。

牛津大学的斯图尔特·阿姆斯特朗（Stuart Armstrong）认为，对于“睡美人”问题和末日问题来说，“使用概率是错误的手段”。[4] 贝叶斯概率认为每个人都会始终坚持自己坚信的立场。阿姆斯特朗对此的态度则更像是一个行为经济学家，即认为我们更需要关注人们的行为而非言谈。

我被叫醒了，并被询问硬币扔到正面的概率。

“二分之一。”我说。

“那你想来小赌一下吗？”研究人员一边问我，一边拿出了他的钱包。

“不！你这是在利用我的失忆症，想让我输给你两次。”

“你怎么能把这种严肃认真的实验说成是诈骗呢！”（而研究人员可能在心里对自己说：“作为一个研究生，我利用实验挣点零花钱都这么艰辛！”）

更重要的是，我既可以相信硬币扔到正面的概率是二分之一，又能够明白上述实验是怎么设计得使我输掉的。假设我一直猜硬币扔到了正面。那么有50%的概率硬币正面朝上，这时我就可以赢得赌注。在另外50%的情况下，硬币实际上扔到了反面，那么我就会输掉赌注，而且是输两次——毕竟在这种情况下，我周一和周二都会被叫醒。这就是研究人员欺骗一个完全理性的二分之一派的方式（不论怎么说，这只是二分之一派的观点。从研究人员的角度来看，他或许认为这个赌注就是这样，而二分之一派是错误的）。

对于谨慎的二分之一派，其实也有赢得赌注的补救措施。一种方法是按照硬币正面出现概率为三分之一来打赌。这不是一种虚伪的表现，而是向这种特定情况妥协。实验的选择效果让我产生了一枚无偏差硬币会有三分之一的概率正面朝上的错觉。

另一种补救措施是给赌注增加一个条款，即规定每扔一次硬币只能让我下注一次。抛一次硬币后，增加的赌局是无效的。这样就能让输赢的概率相等，并且让二分之一派的人有机会赢得赌注。

阿姆斯特朗发现，二分之一派与三分之一派之争也使人产生身份认同的危机。同一个人不可能两次踏入同一条河流。在进化发展中，身份虽然是我们构想出来的，却有实际效用，它防止我们做出不明智的事情。在我跳入虚空之前，我应该想明白的是，之后躺在悬崖底部的死人和现在要跳下悬崖的疯子是同一个人。

然而，我们的基因库从来未曾遭受失忆药和身份危机的夹击，所以，我们的直觉可能会骗人。[5] 阿姆斯特朗写道：“区分‘我期待看到的’和‘我期待一个跟我相同的人看到的’，会产生一些复杂的问题，从而模糊我们的认知。”[6]

譬如，我在“睡美人”实验中醒来，我知道星期天晚上抛的是一枚无偏差硬币，即有 50% 的可能它是正面朝上。这种想法由于知道可能还有别的“我”苏醒而变得复杂，因为这些苏醒场景中只有三分之一的情况是对应硬币正面朝上的。

当涉及金钱时，这些问题变得至关重要。通常情况下，我们会认为星期一的我会同星期二的我做出相同的选择，毕竟我们不仅拥有同样的 DNA，还有同样的钱包和存款。在各种身份下，我都希望赢得最多的赌注，因为这些奖金会被我放进钱包并且由星期三的我带回家。这也就导致了三分之一派的哲学。

在另一种情况下，我也可能选择享受当下，不为过去或者将来而活。对于一个失忆者，及时行乐不是一种坏的哲学。[7] 假设我的奖金是立即支付的，比如它是当晚作废的礼品卡，我只能用它来看电影或者点外卖，而且我必须当天消费掉，因为这些钱不能被存到明天。这就产生了二分之一派的哲学。这也是使我得到最大化的收益的方法。如果我只认为现在醒来的这个人是“我”，那么“我”就无法多次参与赌注，也无法多次获得奖金。那么明天可能有机会豪赌一场的人就不是“我”了，我也不在乎他是否被骗。毕竟“我”的身上也不会掉一块肉！

在远方拥有一个兄弟姐妹的概率

“睡美人”问题的几种变体都与身份的同一性有关。“水手的孩子”就是拉德福德·尼尔（Radford Neal）设计的另一个实验，他把失忆症换成了另一种肥皂剧常见的元素，即长久失联的兄弟姐妹。[8]

假设你的父亲是一个水手，他在每一个港口都有女人。一天晚上，在旅店里，他用抛硬币的方式来决定是养一个还是两个孩子。如果养两个的话，那两个孩子将是他在不同的港口和不同的女人生的。

你是他在法国马赛的孩子。你知道他的背景，但不知道当时你父亲抛硬币到底哪一面朝上。在这种情况下，你会有多大概率在远方拥有一个兄弟姐妹呢？

你和你从未谋面的兄弟姐妹当然是完全不同的个体，你们在不同的文化背景中长大。如果你要就这件事情下注，你肯定也会选择“自私地”使你的利益实现最大化，而不是与你潜在的兄弟姐妹共享奖金，或是把奖金捐给“海员随机生子计划”。

作为一个三分之一派，尼尔认为“睡美人”问题里的失忆症将这件事变复杂了。我们倾向认为受试者在实验过程中了解到某些新信息，并更新了自己的认知。然而，得了失忆症的人是不可能学习新知识的。因此，在“睡美人”问题中，或者更明显的是在“水手的孩子”的问题中，个人所知道的仅仅是背景。

鸭子还是兔子

其实，“睡美人”实验并不神秘。人们公认，如果重复抛一枚无偏差的硬币，最终会有 50% 的实验结果是正面朝上。大家也都认同，“睡美人”实验实际上是对受试者强加了选择效应，从而使得那一次硬币正面朝上的可能性变为了三分之一。这样说来，单纯的二分之一和三分之一的争论更像是电视节目中的金句争夺，没有实质意义，不过是吸引眼球。想象一下主持人问你：“正面朝上的可能性是多少？”（请简短回答！）

作为一个思考缜密的二分之一派，这个问题的真正挑战在于看穿实验的障眼法。知晓选择效应的原理之后，什么是真正客观的概率？一枚无偏差的硬币就应该有 50% 的概率正面朝上。失忆症并不能改变它。

然而，站在三分之一派的角度上，这个问题是在邀请大家去拥抱新情况，即选择效应带来的变化，所以他们的回答反映了他们作为独立个体观察到的情况。

在这个问题上，没有一定的正确答案。这就像我们看见图 8-1，被问道看到的是鸭子还是兔子一样。

图 8-1　鸭子和兔子

哪两种动物彼此更相像？

这张图片展示的是第一张鸭－兔图片，该图最早出现在 1892 年出版的德国《散页画报》（*Fliegende Blätter*）中，作者已无法考证，杂志中的德语图注问：“哪两种动物彼此更相像？”这张图片通常被视作“错觉”的例子，不过，错觉表示的是一种独特的现实，而这幅图片恰恰巧妙地颠覆了它，它并不是错觉，而是现实的一部分。“睡美人”问题也正是这样。

The Doomsday Calculation

第 9 章

放肆的哲学家悖论，拥有无限观察者的贝叶斯定理

随机抽样观察者是不是更倾向于出自长寿的物种？这实际上取决于宇宙中所有智慧生命的情况。这个星球上没人掌握这样的信息。我们是否生活在一个生命转瞬即逝的星系中，在这里几乎所有的技术社会都不过是幻梦一场，注定在开幕之夜旋即告终？

尼克·波斯特洛姆 1973 年出生于瑞典的赫尔辛堡，由于大部分职业生涯在英语国家度过，他给自己改了英文名，并替换了姓氏中的变音符（由 Boström 变成 Bostrom）。波斯特洛姆的顿悟时刻发生在 16 岁，他在图书馆借阅了一本关于德国哲学的书，在北欧的森林中进行阅读，林间空地中，他接触到了尼采和叔本华的哲思。

这个过程中，波斯特洛姆了解了“超人”（übermensch）这一哲学概念。正如尼采在《查拉图斯特拉如是说》（*Thus Spoke Zarathustra*）中所述，超人是从世俗中诞生的“超级人类”，他们将超脱出基督教徒对来世和上帝审判的关注，使自己成为人类的模范，带领世界达到最佳的境界。

自尼采时代以来，“超人”哲学就成为罗夏墨迹[①]，纳粹就曾利用尼采的

① 罗夏墨迹测试是一种人格心理测试。测试过程中，受试者会看见标准化的墨迹图，并描述自己通过该墨迹想象出的画面。作者在这里提到罗夏墨迹，意指不同的人对“超人”哲学做出了不同的解读。——译者注

哲学来达成他们的目的①，美国犹太人也是如此，他们创造的超级英雄系列作品比希特勒的统治更长久。后来，“超人”类的角色在现代作品中大放异彩，比如萧伯纳的戏剧《人与超人》（*Man and Superman*）、詹姆斯·乔伊斯（James Joyce）的小说《尤利西斯》（*Ulysses*）和阿尔弗雷德·希区柯克（Alfred Hitchcock）的电影《夺魂锁》（*Rope*）。硅谷最成功的拼车公司优步（Uber）的名字也来源于此，只是他们出于商业考虑替换了变音符。

随着互联网时代的到来，波斯特洛姆开始参与超人主义运动，超人主义是第一批由全球网络联合起来形成的集体文化之一。超人主义者将尼采、技术思辨和科幻小说融合在一起，构成了他们对未来的愿景，“永生”就是他们的期待之一。超人主义者提出，人类未来也许能将神经活动数据上传到计算机，从而以数字化的存在获得永生。因此，对于他们来说，能够活到那个时候是非常重要的。许多超人主义者计划在死后冷冻尸体，他们期待未来能有技术把自己复活。超人主义者埃利泽·尤德科斯基（Eliezer Yudkowsky）曾说：“如果你没有给孩子注册冷冻设备，那么你就是糟糕的父母。”[1] 波斯特洛姆的脚踝上就戴着一条带子，上面记录着他在亚利桑那州冷冻设备的注册信息。哲学家丹尼尔·希尔（Daniel Hill）谈到波斯特洛姆时说：“他对永生的渴望自然而然地激发了他对科学的兴趣。”[2]

奇点是超人主义的另一信条。该术语由数学家斯坦尼斯拉夫·乌拉姆（Stanislaw Ulam）在 1958 年提出，是在回忆他与约翰·冯·诺伊曼（John von Neumann）的对话中谈到的。在数学里，任何数除以零都会产生奇点，在该点的函数未定义。乌拉姆和冯·诺伊曼使用了这个概念的隐喻，他们提出，随着科学技术的不断进步和人类生活方式的改变，人类将逐渐接近奇点，在超越该

① 纳粹德国政权及其元首希特勒频繁使用“超人”一词，作为日耳曼人优越说的基础。——译者注

点之后，我们现在理解范畴内的人类活动将无法继续。[3]

波斯特洛姆总结道，这种可能性令人心潮澎湃，它使传统哲学显得过时。在接触到尼采的哲学之后，波斯特洛姆从一个冷漠的学生变得积极主动起来，他为自己规划了一系列课程，涵盖物理学、心理学、计算机科学和哲学。在伦敦政治经济学院读博士一年级时，波斯特洛姆就在构思自己的研究课题。有一天，他在学术会议上看到了一堆书的介绍，其中一本的标题吸引了他的注意——《世界的尽头》(*The End of the World*)。

这是约翰·莱斯利的书，波斯特洛姆通过它知道了末日论证。"这个论证看起来很有趣而且很重要，但它可能是错的，"波斯特洛姆回忆道，"我想弄清楚它出错的原因。如果这个论证没错，那么它意义重大。"[4]

波斯特洛姆的导师科林·豪森（Colin Howson）和克雷格·卡伦德（Craig Callender）都认为这是"一个疯狂的话题"。"所幸我有两位导师，我猜他们两人都以为另一个导师会留更多精力给我，并提供比自己更多的建议。"[5] 波斯特洛姆钻了个空子，得到了追求非正统研究课题的自由。

作为一个花大量时间在末日问题上的人，波斯特洛姆无疑是很有趣的。在研究生时期，他曾在伦敦喜剧俱乐部的"开放麦"① 进行脱口秀表演，也曾举办过个人艺术作品展。他过人的才智和广博的兴趣启发他完成了论文《人择偏见：科学和哲学中的观察选择效应》(*Anthropic Bias: Observation Selection Effects in Science and Philosophy*)。在该论文中，他探讨了在选择效应存在时，应该如何使用自抽样方法。2002 年，波斯特洛姆的同名图书出版，并得到了

① 开放麦是脱口秀的一种表演形式，鼓励新人上台表演，他们主张任何人都可以创作并成为明星。——译者注

哈佛大学罗伯特·诺齐克（Robert Nozick）的支持。从那时起，它就成为了当代科学哲学的重要著作。

我们或许都将成为虚拟人

如前文所述，自抽样公理源自自抽样假设。波斯特洛姆以此方式对自抽样假设下了定义："在推理的时候，一个人应该把自己看作参考组中所有观察者的随机样本。"[6]

请注意"看作"这个说法，它意味着我不需要按字面意义从"过去、现在和未来"的所有人中随机抽签，而只需要想象这样一种过程，从而推理得出结论。

现在，我们需要确定什么是观察者，什么是参考组。观察者的定义很简单，但是参考组则不那么容易定义清楚了。

> 我，一只大象，写下了这个。[7]
>
> ——根据老普林尼①的说法，这是大象在沙滩上写下的话

观察者是能使用第一人称代词的生物。老普林尼在公元一世纪所著的《自然史》（*Natural History*）一书中描述了一只经过训练能够用鼻子拼写出希腊字母和单词的大象。但是，老普林尼笔下的大象肯定不理解在沙滩上用鼻子拖动树枝所隐含的与自我身份相关的意义。那么，大象能不能被算作观察者呢？

① 老普林尼指盖乌斯·普林尼·塞孔都斯（Gaius Plinius Secundus），古罗马作家、博物学家。——译者注

大象是社交动物，它们可以识别镜子中自己的倒影，也会为死者哀悼。但是它们却不是观察者，因为观察者的智慧远不止于此。用人工智能研究人员的话来说，观察者是一种“贝叶斯智能体”，他们能从现象推测结果。不过，没有明确的边界来界定观察者。粗略地概括来说，人类是观察者，而大象不是，岩石和树木也绝对不是。智能机器可能是观察者，至少现在人们普遍假设它们很可能拥有观察者所需的智慧。同理，外星智慧也是观察者。

参考组是特定观察者所属的小组。更确切地说，这个小组可以被视作参考组的前提是，将观察者视为来自该小组的随机样本是合理的。不要让这个复杂的定义把你搞晕了。在彩票的案例中，参考组的划分就很清晰，即所有持彩票人的集合。而我，作为一个拥有彩票的人，就是那个小组中的随机样本。

但是，即使是在“睡美人”实验中，人们关于参考组的定义也可能千差万别。在实验中，我可以认为我的参考组是这次苏醒，也可以是所有“我的”苏醒，还可以是参与实验的所有人的所有苏醒。第一种想法导致了二分之一派的诞生，第二种想法可能会倒向任何一种结果，而第三种想法则将导致三分之一派的答案。

在末日论证中，参考组被认为是所有过去、现在和未来人类的集合，这个定义可能没有它听起来的那么泾渭分明。这就像是莎士比亚戏剧中描绘的那样，女巫告诉麦克白，任何被女人赋予生命的人都无法伤害他。然而，麦克白却被麦克达夫杀害，因为麦克达夫是通过剖宫产出生的！

当今的超人主义者和其他的梦想家都认为人类这个种族既不是稳定的，也不是永恒的。他们设想了通过基因改造或数字化进程加强的未来人类——这些人或许拥有机器人的身体，或许仅有思想存在于虚拟世界中，或许是纯粹的人工智能。未来可能会有很多我们现在无法想象的其他类型的观察者，而人类的定义也将不断变化。

假设在 25 世纪，上传意识逐渐成为一种流行的趋势。新近完善的技术能够扫描大脑的每一个神经连接，并在软件中将人的意识转化为虚拟人工智能。最初，许多人可能想知道上传的实体是否真正“活着”，以及相关的思维软件是否存在错误，但是，随着他们发现上传实体可以像人一样在虚拟世界活动，这些问题就不那么重要了，永生就会是一个巨大的卖点。

一开始，可能只有富人和名人支付得起高昂的上传价格。渐渐地，随着技术的完善，价格会下降，每个人都可以把自己上传。很可能到了 26 世纪末，人们要么变成了虚拟人要么就已经死亡。人类的最后一个“被女人赋予生命的人”的出生排名约为第 2000 亿名。这也就是说，不久之后，智人就会和渡渡鸟一样灭绝了。

世界末日的说法正确吗？在今天看来，生物灭绝是一件大事，但这可能不是世界末日。人类的后代也许会将“上传”作为一种必然的文化趋势，正如历史上我们采用青铜铸造、使用防腐剂和移动电话一样。被上传的思想可能认为自己是其生物学前体的完整延续。

每一个时代都终有尽时，中国辉煌的汉代、英格兰狮心王理查德王朝，还有美国的大萧条都结束了。人类是否会以这种清晰、可识别的方式结束，还有待观察。即使对于那些了解前沿科技的人来说，世界末日是否会到来可能也需要他们出自本能的判断。

如果我们的参考组只包含生物学上的人类，那么末日即将到来的预测就显得没那么糟糕。这可能只是意味着人类生命形态会发生改变，我们将很快以改进的形式存在。但是，如果我们将所有生物学的和被上传的人类（及其观察者时刻）都归类到参考组中，那么我们就只能以一种无以复加的悲观态度来解释对末日的预测，因为这是全部有血有肉的人类和虚拟人类的终结，也是任何人类意识的末日。

参考组模棱两可的定义是末日论证中的一个问题。[8]但波斯特洛姆意识到，论证中其实还存在着其他更根本的问题。

抢椅子游戏中的椅子到底有多少

自指示假设（self-indication assumption）是由一群非常聪明的人创建的学说，他们创建该学说的目的就是终结末日论证的讨论。像“印象主义”（impressionism）这个词一样，“自指示假设”也是由无情的批评家创造的新词，这个批评家就是波斯特洛姆。他回忆道：“当我开始思考末日论证的错误到底在哪时，自指示假设是我首先想到的东西。”[9]为此，他写信给约翰·莱斯利，而莱斯利试图说服他放弃这个想法。

用波斯特洛姆的话来说，自指示假设是指“已知你是真实存在的，在其他条件相同的情况下，你应该赞成支持存在更多观察者的假设，而不是支持存在更少观察者的假设”。[10]

波斯特洛姆可能并没有意识到自指示假设的真正价值，不过我们为什么要武断地选择支持更多观察者存在的假设呢？

自指示假设的支持者认为，这样的假设中为观察者提供了更多的存在“位置”。而我更有可能处于观察者更多的群体中，而不是观察者更少的群体里。

自指示假设可以被看作是抢椅子游戏。在这个游戏中，我们有一定数量的椅子（容许观察员存在的位置），并要求参与游戏的人在音乐结束那一刻来抢占座位。当音乐停止播放时，每个参与者都需要坐下，他们可能坐在任意一把椅子上。但是由于参与者的人数多于椅子数量，所以每次音乐结束后都会有人被淘汰。想要留在游戏中，玩家需要运气。当游戏参与者不知道椅子的确切数量时，如果你问每个抢到座位的人，他所在的游戏组椅子数量是多还是少时，他都有理由相信他所在的一组有更多的椅子。物理学家丹尼斯·德克斯在 1992 年阐明了这个基本概念。亚当·埃尔加、经济学家罗宾·汉森（Robin Hanson）、宇宙学家肯·奥卢姆（Ken Olum）等人也对此进行了讨论。

我们在上一章中已经介绍了一个对比自抽样假设与自指示假设的例子，即“睡美人”实验。自抽样假设会引导人们成为二分之一派，而自指示假设则会让人选择三分之一派。

记住，“睡美人”中有两种可能：硬币扔到了正面或是反面。每次被唤醒的受试者都被视为观察者。[11] 二分之一（自抽样假设）派认为，根据硬币的结果，可能出现的两种情况是：存在一个观察者（只在星期一被唤醒的受试者），或者存在两个观察者（在星期一和星期二被唤醒的受试者分别被记为一个观察者）。对他们来说，不可能有 3 个观察者存在。因此，我被唤醒时，只会认为这种唤醒是上述两种情况中的（一次或两次唤醒）一个随机样本。“我被唤醒”的这一证据也与这两者一致，所以没有理由调整概率。也就是说，硬币被扔到正面的概率仍然是二分之一，即与实验开始前一致。

三分之一（自指示假设）派认为，硬币扔到反面时，我被唤醒的次数增加到了两倍。这也是我应该偏向于硬币被扔到了反面这一可能的原因。由于在三种被唤醒的情况中，只有一种是硬币扔到正面导致的，因此当我猜测硬币扔到正面的可能性时，我应该猜三分之一。

将此逻辑应用到末日论证中，我们假设过去、现在和未来的人口总量要么是 2000 亿，要么是 200 万亿。如果我是自抽样假设派，由于我相信自己的出生顺序（700 亿左右）在人类历史中是随机的，那么我更容易偏好 2000 亿，毕竟与 200 万亿的情况相比，我在总共 2000 亿的序列中出生在 700 亿左右的可能性要高大约 1000 倍。基于任何合理的先验概率，我都会更倾向于末日更早到来的设定。

但是，自指示假设派的人就会说 200 万亿的可能性是 2000 亿的 1000 倍，因为更大的人口总量为我的存在多提供了 1000 倍的机会。自指示假设产生了大小相等且方向相反的概率偏移，该偏移与上述末日论证可能性的概率相互抵消。

德克斯写道："作为贝叶斯推理的一种应用，末日论证是无可挑剔的。"[12] 末日论证中的数学计算（自抽样假设）没有被过去的任何反驳驳倒，因为它是正确的。它只是不够完整。接受自指示假设吧，世界末日是一场噩梦。末日可能会在明天到来或从现在开始的 10 亿年以后出现，它发生的可能性与我们听说末日论证前是完全相同的。

这是一部热门戏剧吗

如果自指示假设有效的话，它就是个极好的消息。但是我们为什么要相信它？自指示假设在现实生活中是否有效呢？

有一天，我姑姑出乎意料地从萨吉诺来到了城里，她想看一场表演，所以她去折扣票亭买了我们两人的票。我不想评价姑姑的戏剧品位，无论她是出于何种意图，我都是随机地看了一场戏剧！当我们坐在观众席上时，我翻阅了剧目单，并得知这是这部戏剧的第 19 场表演。此时，我可以对该剧的未来演出情况下任何结论吗?

按照德克斯的逻辑进行思考的人可能会认为无法以此做出任何预测。毕竟，一部长期热卖的戏剧肯定比不成功的戏剧卖出了更多的票。因此，我更可能拿到一场热门表演的门票，无论是通过购买、被赠予还是偷窃的方式。这也就是我相信我更有可能观看一场热门戏剧的原因。而且每部热门戏剧的演出场数都会超过 19 场，所以我目前得知的信息无法帮我做出更多的预测。

如果进一步思考就会发现，其实这很大程度上取决于我姑姑是如何买到这两张票的。售票亭可能只剩一场戏有余票了。这部戏也许快要结束公演了，制作人正绝望地抛售门票。也许，售票亭有两部戏可供选择，而我的姑姑扔了一枚硬币来决定去看哪部。这些细节都非常重要。

这些可能性还取决于戏剧表演的整体统计数据。热门剧目比小众演出有更多的表演场次，但是要产生一部经典往往需要淘汰很多不知名的戏剧。从概率上讲，随机买一张票不一定会买到长期演出的经典剧目。虽然不可能有信托基金资助本城的人上演关于他们自己不正常家庭的自传式戏剧，但是不知名的戏剧数量还是很多，以至于它们的观众总量很可能超过少数几部热门商业剧目的观众数量。

其实，我们已经看到支持戈特的哥白尼原理的证据了。在不经自指示假设调整时，它就可以很好地预测演出的未来了。但在这里，它并不是个决定性的结论。戈特和韦尔斯选择了随机的夜晚在纽约或伦敦看戏，然后追踪了在那些随机夜晚上演的所有戏剧，包括热门和冷门剧目。这样的随机选择也体现了这些剧目的真实演出比例。这是解析数据的合理方法，但不是唯一的方法。实际上，如果可以把世界上所有用过的演出门票放在一个大罐子里，然后随机抽签，那么抽签的结果也许就会偏向那些上演了很长时间的热卖剧目。这将减少或消除观察到的概率偏移。再一次强调，细节是很重要的。

随机抽样观察者是不是更倾向于出自长寿的物种？这实际上取决于宇宙中所有智慧生命的情况。这个星球上没人掌握这样的信息。我们是否生活在一个生命转瞬即逝的星系中，在这里几乎所有的技术社会都不过是幻梦一场，注定在开幕之夜旋即告终？

存在无限的观察者吗

这些尼日利亚的招标邮件不太可能是真的，除非它们提供至少5000万美元，否则我根本不会回复。

——史蒂文·E. 兰兹伯格（Steven E. Landsburg）①

在论证中，巨大的数字往往很有力量，但是它不应该成为我们相信含有巨大数字故事的理由。否则，骗子们只需要在他们的夸夸其谈中多加几个零即可。

波斯特洛姆说："我想了又想，然后意识到，自指示假设其实存在很大的问题。"[13] 他设计了一个故事来证明自己的错误，即"放肆的哲学家"悖论。

假设物理学家在寻找万物的终极理论时，将其范围缩小到两个对立的猜想：理论一是宇宙有 10^{24} 个观察者；理论二是宇宙比这大得多，拥有 10^{36} 个观察者。这两种理论之一一定正确。一个新的超级粒子对撞机实验将揭示正确答案。

① 史蒂文·E. 兰兹伯格是美国罗切斯特大学的经济学教授，常在《财富》《福布斯》《纽约时报》《华盛顿邮报》等报刊上发表文章，善于以浅显易懂的文字解释生活中的经济学原理。——译者注

“这个实验就是浪费金钱！”放肆的哲学家躺在他的安乐椅中吼叫道。他觉得这很浪费，因为他已经知道答案了。他认为理论二正确的概率要比理论一正确的概率高出1万亿倍，因为它假定的观察者多出1万亿倍。这意味着，这个自以为是的哲学家在理论二中存在的可能性是在理论一中的万亿倍。所以，理论二必须是正确的。正如前文所述，这也是贝叶斯定理和自指示假设的简单应用。

在波斯特洛姆看来，这个哲学家显然疯了。科学的争端是很难如此轻易解决的。虽然“放肆的哲学家”是卡通式的形象，但在很多迫切的科学问题上，自指示假设的推论同样产生了让人难以接受的结论。比如，宇宙学家提出了存在一个比我们所看到的宇宙大得多的多重宇宙。它比单独的可见宇宙拥有更多的星系、恒星、行星和观察者。正如在波斯特洛姆的故事里一样，支持自指示假设的人会“自动”支持多重宇宙理论。

反对自指示假设的最有力的案例是无穷。许多人认为多重宇宙从字面上理解就是无限的，具有无穷尽的观察者。通过“放肆的哲学”进行思考，我们的世界必须是无限的，因为我们活在一个拥有无尽观察者世界中的贝叶斯概率是其他情况的无穷倍！但是没有人相信这一论点是有道理的，人们也不应该相信这个论点。

通过这个悖论，波斯特洛姆意在表明“放肆的哲学家”的主张实在是太荒谬了，每个人通过这个案例都应该否认自指示假设。不过，在这一点上波斯特洛姆错了。波斯特洛姆在牛津大学的同事奥斯汀·格里格抨击道：“放肆的人其实是波斯特洛姆。在阐释有关未知存在的理论时，我们必须非常小心。”[14]

宇宙学家肯·奥卢姆认为，在其他条件不变的情况下，“放肆的哲学家”赞成第二种理论是合理的。[15]奥卢姆解释说，波斯特洛姆的反例可能是具有欺骗性的，因为他假设了极其大量的看不见的观察者。在这种情况下，我们应该考虑把自指示假设和奥卡姆剃刀原理结合。

奥卡姆（William of Ockham）像贝叶斯一样，是英国的神学家和哲学家，他是当代理性主义者狂热崇拜的英雄。“奥卡姆剃刀”是一个信条，其含义是在没有令人信服的证据的情况下，我们不应该相信奇怪或复杂的解释。后世通过 17 世纪的习语了解这一信条，即“如无必要，勿增实体”。[16] 观察者可以被视作“实体”，因此奥卡姆剃刀原理告诉我们要对大量看不见的观察者的假设保持怀疑。奥卢姆认为自指示假设和奥卡姆剃刀都是有用的经验法则。在某些复杂情况下，例如在“放肆的哲学家”悖论中，奥卡姆剃刀原理可能会削弱自指示假设的效应，反之亦然。

不过，我们目前仍不清楚如何使用奥卡姆剃刀原理（或自指示假设）。如果现在有一个相对简单的理论，以充分的证据为基础，预测出了存在无限的观察者呢？对于当今的宇宙学家来说，这并不是一个假设性问题。

The ——
Doomsday
Calculation

第 10 章

当人猿泰山遇到简，深陷概率论的沼泽

我们不应该将同一证据重复计算两次，但是想要搞清楚究竟哪些证据已经被计算在内并非易事。

"从根本上说，概率论就是把常识转化为微积分的过程。"[1] 1814 年，拉普拉斯这样写道。概率论的历史其实是一幅更加阴暗的图画，它就像一片没有落脚之处的沼泽，许多有史以来最聪明的人都深陷其中。

莱布尼茨是世界公认的天才，他发明了独立于牛顿的微积分学说，他也是伏尔泰笔下邦葛罗斯①教授的灵感来源。不过，莱布尼茨认为，两枚骰子扔到 11（点数相加）的概率与扔到 12 的概率相同。而实际上，扔到 11 的概率是扔到 12 概率的两倍——现在这只是个简单的高中数学题。

扔两次无偏差硬币，至少有一次正面朝上的概率是多少呢？法国数学家、物理学家让·勒朗·达朗贝尔（Jean Le Rond d'Alembert）认为答案是 2/3，而正确答案其实是 3/4。法国启蒙运动时编写的《百科全书》记录下这个错误

① 邦葛罗斯是伏尔泰的小说《老实人》（*Candide ou l'optimisme*）中的角色，德国男爵森特的家庭教师，是"一切皆善"的鼓吹者。但他在现实中处处碰壁，证明了这个世界极不完善。——译者注

答案，因为他是这本书的副主编。[2] 这些相当知名的错误其实并不涉及多复杂的数学知识。多投几次硬币或骰子就能得到正确答案。产生这些错误的根本原因，其实是科学家们没有意识到他们采用了误导性的假设（因此也无法被验证），这是由于那个时候尚未发现可以用来谈论和思考这些问题的明确方法。

幸运的话，我们今天有关自抽样假设的争论，对未来的高中生来说都是小菜一碟。不过在那之前，我们还是需要本着谦逊的态度保持警惕。

2007 年，丹尼斯·德克斯做出了最不可思议的举动——在自抽样假设与自指示假设的争论中，他被说服了。在一篇名为《关于未来的推理：厄运与美丽》（*Reasoning About the Future: Doom and Beauty*）的文章中，德克斯选择了支持尼克·波斯特洛姆“放肆的哲学家”实验。[3] 他同意波斯特洛姆的观点，也就是说，他不认同“预测出有更多观察者”的理论比“预测出有更少观察者”的理论更可靠。不过，德克斯依旧固执地坚信末日论证是个谬论。他反复重申自己在 1992 年就提出的观点，即末日论者重复考虑了相同的证据。

你在骑车上班的路上，看见公园里放置着一口巨大的缸。这肯定是在街头集市之类的游园会使用的东西。这口缸上标注了“内有 100 个球”。当你与之擦肩而过时，正巧瞥见工作人员往里放了一个红色的球，而这是你唯一看见的球。

“嗯……”你一边骑车一边想，“要么这一缸全是红色的球，要么全是各种不一样颜色的球。”

如果所有球都是红色的，那么你刚好看到一个红球的概率就是 100%。如果球都是不一样的颜色，那么你刚好看到一个红球的概率就大大降低了。基于贝叶斯理论，你应该偏向于球全是红色的假设，因为这样你看到的证据就没有那么特别。

所以你发现问题所在了吗？“所有球都为红色”的猜测是基于你瞥见了一个红色的球的事实。假如你看到的是一个绿色的球，那你一定不会支持“所有球都为红色”的理论。你会偏向于所有球都是绿色的假设，而并不认为这是一缸五颜六色的球。看见红色的球本身就是全红色理论的一部分。德克斯写道：“当某个证据本身就是一个假设的固有部分时，理所当然地，它不该被允许作为此假设的一个独立证据，因为这会影响到这条假设的可靠性。”[4]

德克斯认为，我们无意中已经将自己对人类历史的主观知识代入了有关末日的思考中。假如我正在辨别以下两种假设哪个正确：

1. 人类将在公元 2500 年灭绝。
2. 人类将存活到公元 2500 年以后。

当然，上面的措词看起来都非常中立和客观。它们没有提供任何关于我在历史时间上的客观位置信息。但是，我依旧不会考虑任何像“人类将在公元 1700 年灭绝”这样的假设，因为我已经知道这是错的了。相对于现在，我无意中已经选择了一个未来的临界点。这样对于我现在的时间点的间接了解，限制了我真正会考虑的假设。德克斯认为，我们应当防止将此刻或自己的出生顺序作为一个新的证据，因为我们潜意识里早就知道这些了。想要正确地使用末日论证，我需要清空大脑里的一切记忆，忘记现在的时间和自己在历史长河里的位置。

忘记时间和位置，硬币正面朝上的概率有多大

我想对此做出两个回应。其中一个是，假如我只是想找没有被“已知的事实”影响的末日陪审员，那并不会很难。我们可以走上街头，访问最先遇见的 12 个人，问问他们人类是何时诞生的，到目前为止人类累计出生人口是多少。

当然，他们都能答出现在是哪一年（以耶稣诞生为标准的纪年）[①]，但我们想知道的是以亚当诞生为标准的纪年年份。这对于街头的受访者来说是无从知晓的。

我的另一个回应是，保持公正并非易事。大量心理学研究表明，充满善意的人也可能会在一定程度上有性别或种族偏见，而且这往往是无意识的。末日预言者面临着相同的问题，他们很难保证自己在时间顺序上没有偏见。

德克斯说，一个人不知道自己在时间上的位置是"一种非常怪异的情况，与我们的实际情况大不相同"。[5] 他给出了以下解释。假设你被催眠了，并且被指示遗忘自己是谁以及生活在哪里：你可能是中世纪的教皇，也可能是未来世界的流浪汉，你可能是因为成为化石而出名的"露西"[②]，也可能是因为情景喜剧出名的演员。你记得一切与你个人身份无关的事情，你可以从这些已知信息中推测自己的身份。你不知从何了解到 21 世纪的人类已经，或正在，或将要对未来充满焦虑。你有能力从一个 21 世纪人类的角度将这些焦虑转换成有关末日预测的数字概率。

末日论证有一个心照不宣的前提，那就是普通的先验概率应当和你在不知道自己处于历史中什么位置的情况下得到的先验概率一致。然而，德克斯不同意这个观点。为了说明原因，请你想象一个非常简化的模型：假设在 2500 年，一枚硬币就能决定人类的去留。如果硬币正面朝上，那么这个世界会砰的一声化为乌有；如果硬币反面朝上，那么人类将拥有长远的未来，甚至可以在许多

① 目前我们使用的普遍是公元纪年，这是源自西方的纪年方式，以耶稣诞生的年份为起始年。——译者注

② 标本 AL 288-1 的通称，由唐纳德·约翰森等人于 1974 年在埃塞俄比亚发现。此标本具有约 40% 的阿法南方古猿骨架，生活于约 320 万年以前，归类为人族，被视为人类最早的祖先。——译者注

星球上殖民。在硬币反面朝上的世界里，人口数量达到了硬币正面朝上时的1000倍。

一个知晓以上信息并且知道自己活在硬币投掷之前的人，肯定会认为抛到正面的概率为50%。但是被催眠的你并不知道自己生活在什么年代，因此，很有可能你已经活过了这至关重要的第2500年。如果真是这样的话，我们就排除了硬币落在正面的可能性。因为，相较于没有被催眠时的预估（即正面与反面的概率比为50∶50），我们应该适当下调正面的可能性。准确地说，假如已知硬币扔到反面后的世界里的人口数是硬币扔到正面后的世界的1000倍，那么你处于硬币反面世界里的可能性就比处于正面的可能性大了1000倍。[6]因此，被催眠的你应该非常确信被抛出（或将要被抛出）的硬币是反面朝上的。德克斯称这是更合理的。

催眠师打了个响指，你突然记起来这是哪个世纪。你发现，那枚关键的硬币还没有投掷。这让硬币正面朝上的概率比上面所述的情况多了1000倍。但是，如果你想用贝叶斯定理调整概率比的话，你需要用到朴素贝叶斯概率，即你不知道自己在哪个时间点。在刚才被催眠的情景下，硬币正面朝上的可能性减少了1000倍，而现在你清醒过来了，就需要将这个概率重新乘以1000。这就抵消了发生世界末日的可能性的改变（即我们又回到了50∶50）。这就是自指示假设所得到的结果，但是省略了中间存疑的假设。最后，我们回到了未被催眠之前的先验概率，即硬币正面朝上的可能性为50%。

森林里的贝叶斯

泰山独自生活在与世隔绝的森林中，他的伙伴是猿类，他们与全球新闻网络毫无联系。泰山对于现在是什么年代以及他处于人类历史的什么阶段全然不知。

泰山对人类的数量有三种推测：人类数量很少、中等和很多。在第一种推测中，泰山猜测他是唯一一个存在的人类，是过去、现在还有将来的唯一人类。泰山的第二种推测是森林之外还有大量人类，也许累计人口有 2000 亿。在第三种推测中，泰山猜想森林之外的累计人类数量也许已经达到了 200 万亿。他认为这三种推测正确的可能性相等。

直到有一天，泰山遇到了简，她是一位从外面世界过来的女子。简教会了泰山历史知识，她说现在是 20 世纪，而且在泰山出现之前，世界上已经有过 500 亿人了。这就使得泰山排除了第一种猜测（其实简一个人的出现就已经能排除第一种猜测了）。除此之外，简带来的信息依旧符合后两种猜测。泰山现在要将属于第一种猜测可能性的 1/3，重新分配给后面两种依旧可能成立的猜测。

但是，这 1/3 不应该被平均分给“中等”和“很多”两种猜测。泰山的自定位证据，也就是他的出生顺序为第 500 亿左右这一信息，使得第二种猜测比第三种猜测正确的可能性大很多（因为泰山是 2000 亿人口中的一员的可能性比他是 200 万亿的人口中的一员的可能性更大）。这就产生了一个概率转移，使得结果极大地有利于第二种推测。

泰山不受德克斯提出的反驳所影响，因为泰山本身并不知道任何历史，也无法将潜意识的历史知识运用在他最初的推理过程中。泰山的确是从简那里得到了一些新的有用信息，并利用这种信息排除了第一种推测，也重新分配了后两种情况的可能性。

我们实际生活中的情况就像文明开化的泰山。我们了解了许多祖先的事情，或者说是年轻的自己不知道的人类历史的信息。这些信息恰当地影响着我们现在究竟该相信什么。

泰山的故事的确具有不合情理的元素（除了与大猩猩摔跤的英国子爵[①]之外），那就是泰山是一个不折不扣的贝叶斯派。一开始，他被给定了一组朴素先验概率。当他了解到自己在人类历史中的位置后，他根据贝叶斯原理调整了他的预测概率。按照德克斯催眠实验的方法，泰山推理的合理性是可以被证明的。但是，真正的普通人并不是如此完美的贝叶斯派，他们所相信的东西也不一定是前后一致的。

普通人不会随时惦记着世界末日到来的可能性（更别说概率分布了）。关于此事的任何意见都是按需产生的。如果一个民意调查员问了这个问题，我们大多会先沉思几秒，在心里预演一遍我们听到的所有坏消息，包括各国反复无常的领导人、发送核弹的装置、生物入侵者以及南极融冰等。然后，我们会选择一个可以代表自己最近接收到的观点中靠近中位的可能性数值，再根据自身血清素水平[②]将这个数值上下调整。几乎没有人会真的用贝叶斯公式进行计算，哪怕他们是少数几个知道贝叶斯公式的人。

实际上，“先验概率”往往描述的是主观化的主张，它们界限模糊且前后矛盾。德克斯说得没错，我们不应该将同一证据重复计算两次，但是想要搞清楚究竟哪些证据已经被计算在内并非易事。

---

① 源自小说《人猿泰山》及其影视改编作品中的场景。——译者注

② 血清素是人体内产生的一种神经传递物质，可以影响人的情绪。——译者注

The Doomsday Calculation

第 11 章

我们会死在射杀房里吗？同一事件的两种不同概率

同一事件的发生可以拥有两种不同的概率，而且这并不是悖论。

“我在两年半的时间里都过着痛不欲生的日子。”[1] 约翰·莱斯利这样形容他对末日论证的痴迷。就算和朋友攀岩，他也会突然灵感迸发，于是吊在半山岩上，写下自己的想法。

“有两次，我在大半夜醒来一直工作到黎明。后来我真的生病了，因为我在三四个小时绞尽脑汁的思索之后依旧想不到解决这个矛盾的好方法。”莱斯利满怀歉意地对我说，他并不了解末日论证领域的最新著作。为了自己的健康，莱斯利不得不停止思考末日论证：“我差一点就要住进精神病院了。”[2]

在深陷末日问题期间，莱斯利经常与哲学家戴维·路易斯（David Lewis）通信。路易斯也常常在半夜醒来，然后思考末日的问题。“路易斯门下一群普林斯顿的研究生一整年都边喝酒边讨论末日问题，然而他们也一直没想出什么合理的反驳理由。”[3]

为了回应路易斯的思考，莱斯利设计了一个可怕的思想实验，名为“射杀房”。它描绘了一个卡通版的末日景象，是一个以指数级增长告终的悲惨故事。路易斯称射杀房为“一个设定得很好，却难以解决的悖论”。[4]莱斯利把这个思想实验发表在他 1996 年出版的《世界的尽头》中，此后射杀房就成了末日话题中的一部分。射杀房比“睡美人”实验更接近末日论证——它也因此成为人们很难就世界末日达成共识原因的最佳证明。

现在是最后一轮射杀吗

新游戏开始了。第一名囚徒被传唤到射杀房，房间门口刻着这么一首小诗[①]：

入此门者，了断希望！
诚然，汝非必死无疑——
见阎王者，三十六有一。
然古今生还者，十中无一！[5]

这听起来可不太妙，囚徒想。

指挥官迅速向囚徒证实了小诗中提到的概率是真的。然后，他命令囚徒靠墙站好，这样射手才能一击致命。很好！紧接着，仁慈的指挥官扔了一对骰子。如果正好出现两个 6，那么指挥官就会命令射手开枪。否则，囚徒会立刻被释放。

骰子落在 2 和 5 上。于是，指挥官挥手示意囚徒离开，囚徒立刻仓皇而逃。

① 这首小诗由保罗·巴尔塔（Paul Bartha）和克里斯托弗·希区柯克（Christopher Hitchcock）提供。

在第一个囚徒离开的那一刻，射杀房的墙瞬间向外移动了不到一米的距离。然后，9 名新的囚徒走进来靠墙站立。指挥官又一次扔了骰子。如果出现两个 6，他将下令把 9 名囚徒全部射杀。否则，9 名囚徒也被释放，射杀房再一次扩大，而这一次会进来 90 名新囚徒。

只要骰子出现任意非两个 6 的情况，在第一次之后的每次迭代中，囚徒的数量都会比上一次增加 10 倍——9，90，900，9000，90 000……如果有必要的话，射杀房会无限扩大，直到可以容纳整个世界。不过，指挥官最终会扔到两个 6，然后所有人都会死。游戏就结束了。

假如你是站在射手对面的囚徒之一，你觉得自己活下来的概率有多大呢？

对于无偏差骰子，扔到两个 6 的概率是 1/36。你能否活下来全看这对骰子。你前面有多少囚徒进过这个房间，或者你后面还会有多少囚徒进入这个房间，这些都不重要。答案显然就是 1/36，即 2.78%。

然而，还有一个不太明显的答案。你是这场毫无人性的游戏中的随机观察者。在第一轮之后的任何阶段，每一轮站在射手面前的囚徒都占之前所有进过这个房间的累计囚徒数量的 90%。当指挥官最终下令射杀时，进过这个房间的 90% 的囚徒都会被杀死。唯一的例外是指挥官在第一次就扔到了两个 6，这样唯一会被杀死的囚徒就是第一个进入房间的那一位，那么死亡率就是 100%。

作为一名随机的参与者，被射杀的概率为 90% 听起来是比较合理的。这可比 1/36 多很多，而这中间的差别也不小。哪个概率是对的呢？

很多人都认为 1/36 是对的。囚徒有充分的理由相信他们可能毫发无损地走出去。但请注意，卖人寿险的保险公司如果接受 1/36 这个概率，那一定会破产。他们必须以 90% 的囚徒会死为前提设定保险的赔率。

如果考虑囚徒乔治和他的妈妈翠西的话，那情况就变得更奇怪了。[6] 乔治被传唤到射杀房。他给妈妈发信息说不用太担心，因为他已经算好自己活下来的概率是 35/36。然后，翠西的手机就掉进了地铁轨道里，不能再接收任何信息了。她回家之后，看到有线新闻上的播报，头条新闻是《又一场射杀房大屠杀》。翠西只能相信最坏的情况发生了，即乔治有 90% 的可能性是在最后一轮大屠杀中被传唤进房间的。

人类的未来包含一系列我们无法预测结果的存在性危机。活到第二天或下一个世纪的概率都不小，但总有一天我们的运气会用完。与此同时，人口数量正随时间成指数级增长。莱斯利的射杀房实验是一个涉及希望和恐惧的简明的寓言。

在进一步讲下去之前，我想先提一下这个射杀房里的“大象”①。这个思想实验中的数字都是不切实际的。指挥官平均需要扔 36 次骰子才会得到一次两个 6 的结果。而扔 36 次骰子需要 9×10^{34} 个囚徒。这比现在世界上已有人口多 10 万亿亿倍。指挥官扔第 11 次骰子时，就需要比目前世界人口还多的囚徒了。

我们揪着这一点不放是否显得过于苛刻了呢？我觉得是的。射杀房里的囚徒成指数级增长的理由与马尔萨斯和戈登·摩尔②提供的理由一样。这就是我

① 房间里的大象（elephant in the room）是一个英语习语，用来隐喻某件虽然明显却被集体视而不见、不做讨论的事情或者风险。——译者注

② 戈登·摩尔（Gorden Moore），英特尔公司的共同创办人之一，他提出了摩尔定律。摩尔定律最普遍的定义为：集成电路上可容纳的晶体管数目，约每隔 18 个月便增加一倍。——译者注

们的生存现状。迄今为止全体人类中相当大一部分就是目前活着的这一批——那么现在是最后一轮大屠杀的阶段吗?

让我们暂停对数字的怀疑。抛开人群管理的问题不谈，射杀房也没什么太神奇或不可思议的，所有发生的事情都完全由掷骰子决定。几个世纪以来，人们对掷骰子的概率已经了解得很透彻了，那么为什么关于射杀房的概率还有争论呢?

以“睡美人”问题成名的阿诺德·祖波夫比较了“不太可能”与“危险”之间的区别，看问题角度的不同会导致这样的区别产生。我们说，老虎很危险。我们的意思是，老虎可能会很危险。当老虎被关在动物园，或者生活在地球的另一端时，它对我来说就不危险了。[7]

射杀房显然是一个危险的地方，但这并不代表我们能找到一个可以代表死亡率的数字来衡量究竟有多危险。概率是随情况而变化的，它取决于人们已知信息的状态以及对这些已知信息的使用方式。不同的人会了解、关注不同的事物。

翠西把射杀房当成一个黑匣子，她知道 90% 走进去的囚徒都再也走不出去了。于是，她将这个想法转变为一个概率。而乔治的关注点在骰子上。他知道他的命运由指挥官下一次掷骰子的结果决定。在知道骰子的规则之后，乔治总结出他存活的可能性是 35/36。

从根本上来说，乔治的答案是更有意义的。这是因为乔治用到了更多信息。虽然乔治也知道 90% 这个答案，但他还是认为骰子给出了一个更加直接和准确的概率计算结果。翠西要不就是不了解骰子游戏的规则，要不就是选择忽略了它。如果她真的不了解射杀房是怎么运作的，对于这样一个不了解全部信息的人来说，她给出 90% 的概率就是情有可原的。因此，乔治有更好的答案就不足为奇了。

不过，让我为翠西说句公道话，其实人们都更倾向于忽略一些信息，以寻求快速、简单的答案。这并不一定是问题所在。比较典型的情况是，翠西利用随机抽样得到的结果和乔治运用更多细节得到的结果应该是一样的，或者差不多。只不过莱斯利故意设计了一个用两种方法可以得出天壤之别的结果的故事。

莫比乌斯环，同一事件的两种不同概率

如果你想知道一个面和一条边如何形成一个曲面，你可以做一个莫比乌斯环。这个数学课上的纸质模型展示了一个听起来像是悖论的东西，但它却是你手中货真价实的物体。

射杀房实验告诉我们，同一事件的发生可以拥有两种不同的概率，而且这并不是悖论。莱斯利将末日论证中最重要的一个潜在认知困难浓缩成一个只需要扔几次骰子就能说明问题的小故事，这样就不需要给问题再添上有关人类命运及未来的沉重情感包袱。

从许多角度都可以将射杀房实验看作末日问题的模型。其中一个角度是这样的：将乔治看作一个了解导致人类灭绝的所有潜在因素，并且可以赋予每个因素准确概率的人。而翠西则是一个遵循戈特的末日论证（出生顺序那个版本）的人。她没有途径了解导致人类灭绝的潜在因素，或者她选择性地忽略了那些因素。她的预测完全基于一个指数级增长的人口模型中的随机抽样。

相比之下，乔治的推理比翠西的推理更好。这是因为射杀房实验中，乔治

是真正知道骰子规则的那个人。如果我们像乔治一样可以从第一性原理[①]去分析人类灭绝的概率，我们就已经知道有关末日的所有信息了，也就不需要所谓的末日论证了。然而，不太可能有人如此了解末日危机，不仅仅是因为获取这些危机信息的途径很难找，还因为人类是相当足智多谋的，我们仍然有希望找到避免全球大战、极端天气、机器人起义或者任何别的危机的方法。人类的这种足智多谋也需要被考虑进来。

如果你同意以上观点，那么想找到一个有意义的先验概率几乎是不可能的。我们只能像翠西一样，在完全不了解射杀房内部操作的情况下，从统计学的角度来推理。面对如此匮乏的信息，哥白尼式的末日论证就是你能做出的最佳预测了。

那么“卡特—莱斯利末日论证”又是什么样的呢？它可以被看作处于乔治和翠西之间的一种情况。卡特—莱斯利末日论证假设，我们对于末日的信念强大到足以使这样的思考有意义，然而还没有强大到让我们从出生顺序中获得的统计学线索变得无关紧要。“卡特—莱斯利末日论证”还要求出生顺序可以提供新的信息，这些信息之前并未出现在末日论证中。

莱斯利对射杀房实验有一个全新的解读：它是一个关于决定论[②]的故事。在看到电视新闻时，翠西知道乔治的命运已定。原则上，在那个时刻，骰子游戏中的幸存者和丧生者的完整名单已经出来了。虽然翠西没有这份名单，但她有理由相信乔治是其中随机的一员。

---

① 最早由亚里士多德提出的一个哲学与逻辑名词，是一个最基本的命题或假设，不能被省略或删除，也不能被违反。后来成为物理学的一个专有名词，代表从一些基础性的理论和常数出发，通过严密的演绎推理（而不是归纳和实验）进行分析并得出结论。——译者注

② 一种认为自然界和人类社会普遍存在客观规律和因果联系的理论和学说，认为每个事件的发生都有决定它发生的条件。——译者注

然而，对于在射杀房里的乔治，他的命运还悬而未决。决定命运的骰子还没有投掷，而且其结果是无法预测的（起码对于乔治而言）。在此时，没有一个凡人可以拟写一份包含射杀房曾经和未来所有参与者的名单。乔治没什么理由相信他会是这样一份名单中随机的一员，因此他只会专注在骰子上。

末日论证需要我们想象自己是在包含了曾经、现在和未来的所有人类的名单中的一员。在莱斯利看来，这份名单已经存在了——假设我们知道未来已定。如果世界是注定的，那么末日论证就非常令人信服。反之，莱斯利认为在一个非确定性的世界里，末日论证就不那么有说服力了。

“决定论的问题在于，它就像末日问题中混淆视听的红色鲱鱼①，”威廉·埃克哈特反驳道，“统计推理并不依赖于决定论的真相。这就是为什么决定论问题在保险公司这种地方并不是一个急迫的问题。”[8]

无论是保险承保人还是物理学家，都无法定夺未来是否已是定数。这让决定论成为持续时间最长的哲学辩论。量子不确定性②以及混沌理论③都限制了我们预测某类事件的能力。由于我们物理知识的匮乏，没有人知道这种限制的影响有多深远。埃克哈特写道：“只要末日论证的真实性还取决于未来是否已经确定，或者取决于现在是否真的决定未来，我们就无法确定它的真实性。”[9]

① 英文俗语，指以修辞或文学的手法转移议题焦点与注意力。——译者注

② 于 1927 年由海森堡提出，该理论称，粒子的位置与动量不可同时被确定，位置的不确定性越小，则动量的不确定性越大，反之亦然。——译者注

③ 混沌理论是关于非线性系统在一定参数条件下展现分岔、周期运动与非周期运动相互纠缠，以至于通向某种非周期有序运动的理论。混沌的一个特性就是对初始条件非常敏感，以至于初始条件极微小的差异都会带来后期动力学巨大的差异，用俗话说就是“一只南美洲亚马孙河流域热带雨林中的蝴蝶，偶尔扇动几下翅膀，可以在两周以后引起美国得克萨斯州的一场龙卷风”。混沌是一种内禀的不确定性，因为绝对的精确永远不可到来，正如量子不确定性所暗示的那样。——译者注

The Doomsday Calculation

第 12 章

形而上的泡泡糖贩卖机，我们的命运由连续的随机事件决定

一个人在时间长河里的存在位置以及末日是否来临并不是由标有序号的球决定的。它们是无数相互关联的随机事件共同作用的结果。冰河世纪阿根廷的一只蝴蝶扇扇翅膀，可能就决定了我何时出生；1967 年巴尔的摩市的一辆火车越轨，可能预示着 3024 年的机器人起义。我们的命运是由连续的随机事件决定的。

“优良系统做出的决策往往会违背正常人的直觉。”[1] 这是爱好哲学的大宗商品交易员威廉·埃克哈特的人生信条。

埃克哈特放弃了芝加哥大学数学逻辑学博士学位，选择成为朋友理查德·丹尼斯（Richard Dennis）① 的合伙人，并开始了自己的商品交易事业。丹尼斯彼时已经是一名非常成功的商品市场交易员了，他利用 5000 美元的本金，创造了 1 亿美元的财富。[2] 几年的时间内，埃克哈特也累积了一笔财富。他交易的是期货合约，也就是说他会押注某些大宗商品未来的价格，包括白银、咖啡豆、无铅汽油和日元等。在大宗商品市场中，商品本身不重要，只有商品价格的波动才是重要的。② 成功的交易是行为经济学的一种实践，你需要去预测

① 理查德·丹尼斯，美国期货市场的一位传奇人物，平均每年都从市场赚取超过 5000 万美元的利润。他有一套独特的做单方法，主要涵盖追随趋势、技术分析、反市场心理以及风险控制。——译者注

② 因为只需要结算差价，并不需要实际交割商品。——译者注

其他交易员是否能准确地猜到价格的浮动。

埃克哈特和丹尼斯常常争辩他们财富的来源：靠的是智慧，运气，抑或别的？丹尼斯认为原因在算法。他们的系统归根结底就是基于几条简单的规则。创造力与勤奋共同铸就了赚钱的秘诀。这份秘诀已经存在于世了，谁都可以活学活用，靠它发家致富。

而埃克哈特则认为交易靠的不仅仅是算法，智慧远没有自制力重要。他们创建的系统从这个不够理性的市场中获利了，假如人们想要善用这个系统，他们就必须克服自己面对金钱和风险的定式思维。但凡没有调整好心态，即便使用这个系统，交易员也无法成功。

丹尼斯和埃克哈特决定做一个实验来探究这个问题。他们在《纽约时报》和《华尔街日报》上征集想要学习交易的人，有超过 1000 人报名，最终他们录用了 13 人。这些人被称为“海龟学员”，因为在一次新加坡的旅行中，丹尼斯参观了一个海龟农场，他说他想要用农场培养海龟的方法培养这群交易员。[3]

1983 年 12 月，学员们聚集在芝加哥，参加为期仅两周的训练。次年 1 月，海龟学员便开始实操。到了 2 月，丹尼斯给绝大多数人分配了 50 万到 200 万美元不等的金额，让他们自行管理。

实验之后，这套“海龟系统”内部细节已经基本上公开了，系统的要点在于尽早发现价格变化趋势，随着股市的波动加仓或减仓，并且在盈利的时候卖出。报告称，海龟学员在 5 年的时间内共盈利超过 1.75 亿美元。[4] 虽然其中一些海龟学员获利数百万美元，但也有一些学员并没有捞到什么好处。他们中一些人就是没有（或者无法）遵守规则，而绝大多数遵循“海龟系统”的交易也都有亏损。几乎所有的盈利都来源于其中几次收益很高的交易。不过，这些成功的交易也不是得来全不费功夫。成功靠的是交易员在股市动荡之时坚定地守住自己的位置。交易员必须克服“常人的冲动”，在行情变差的时候及时止损，在稍有盈利时就收手，而非冒着损失的风险继续加仓。失败的海龟学员往往很早就放弃了，错失了使“海龟系统”成功运作的几个关键机会。

1991 年，埃克哈特决定成立自己的公司。埃克哈特交易公司主要经营范围是大宗商品投资和另类投资，目前公司市值超过 10 亿美元。埃克哈特留着利落的平头和修剪得一丝不苟的山羊胡须，像是个魔术师。他依旧热衷于阅读与概率论和科学哲学相关的学术论文。就是在大量的阅读中，他接触到莱斯利早期发表的有关末日论证的文章。埃克哈特确信莱斯利大错特错。

尽管埃克哈特不是有资质的学术界人士，但他在《思想》和《哲学杂志》（*Journal of Philosophy*）上还是发表了有关末日论证和射杀房问题非常有影响力的文章。对埃克哈特来说，概率悖论是不存在的，存在的只是概率谬论。[5] 他认为，“卡特—莱斯利末日论证”就属于后者。

有顺序的泡泡糖贩卖机，还是随机抽取的瓮

埃克哈特质疑了莱斯利把末日论证比作在一口大瓮中随机抽球的做法。他认为出生顺序并不是随机抽取的，因为它们是一串按顺序分配的数字。乔治·F. 索尔斯用下面这个故事揭示了这一观点蕴含的道理。假如你的老板想知道一口瓮里一共有多少个球。[6] 已知这口瓮里要么放有 10 个球，要么放有 1000 个球。现在你的老板命令你开始数数：一个、两个、三个……你数到第 7 个时，偷偷监视着你的老板突然出现在你身后，并问道：“所以，你知道答案了吗？”

你才数了几个数，根本无从得知一共有多少个球。你数到了第 7 个球并不

代表这口瓮里共有 10 个球的可能性更大。

埃克哈特认为我们不应该把末日论证类比成随机抽球的瓮，而应该把它想象成一个有序投放货品的售货机。[7] 我们可以想象一个泡泡糖贩卖机，只不过外壳被涂成了不透明的颜色。这个机器每分钟发售一颗泡泡糖，而且上面印着编号（编号都是按照严格的数字顺序，所以肯定不是随机的）。你看见这颗泡泡糖上印着编号 7。这能告诉我们有关机器中泡泡糖总数的什么信息呢?

埃克哈特认为，对于人类及其生存史来说，这是一个更好的模型。我的出现是一长串出生事件中的一环，而这一系列出生事件总有一天将终止。但是，我的出生顺序是一个既定的序号，而不是一个从所有出生顺序里随机抽取的样本。因此，知道自己的出生顺序并不能告诉我之后会有多少人出生。

2009 年，保罗·弗朗切斯基（Paul Fanceschi）在一篇文章中拓展了这个想法。[8] 他认为，我们可以想象两种不同的有序投放的售货机模型。其中一个与末日论证兼容，而另一个不兼容。

卡特—莱斯利模型

在这个售货机的内部，一只隐形的手投掷了一枚硬币，其结果将决定一共发售 10 颗或是 1000 颗泡泡糖。在发售第一颗泡泡糖之前，所有即将发售的泡泡糖（无论是 10 个还是 1000 个）将全部掉入一个看不见的隔音储罐。接着，售货机每分钟发售一个泡泡糖，直到储罐中所有的存货发售完毕。

和在大瓮里抽球不同的是，这台售货机不是随机抽样的。这个模型中的随机性只存在于我是在售货机运作过程中的一个任意点接触到它的。就好比戈特是在一个任意的时间点参观了柏林墙。当我看见这个售货机正好在出售编号为

7 的那颗泡泡糖，我会比较坚定地认为这里一共只有 10 颗糖。这台机器就体现了“卡特—莱斯利末日论证”模型。

埃克哈特模型

这台机器是分阶段运行的。一开始，售货机的储罐中放入了 10 颗泡泡糖。然后，当 10 颗全部发售完毕后，机器内部一只隐形的手投掷了一枚硬币，其结果将决定是否还要再增加 990 颗泡泡糖的存货。如果是的话，这 990 颗泡泡糖将一齐掉入储罐中，售货机继续按原速度发售直到结束，并且从外部看不出前 10 颗发售完毕后有任何暂停的迹象。

从外部看来，卡特—莱斯利模型与埃克哈特模型的泡泡糖售货机的运作完全同步，没有人能看出差别。然而，这两个模型的内部操作却大相径庭。在卡特—莱斯利模型中，发售的泡泡糖总数在发售第 1 颗之前就是“预先确定好的”，我看似随机地从一整组泡泡糖中选择。所以，如果一共只有 10 颗，我观察到第 7 颗的可能性就会比较大。

但对于埃克哈特模型，泡泡糖的总数取决于还没发生的事件（售完 10 颗之后投掷的那枚硬币）。观察到第 7 颗只能说明起决定性作用的那枚硬币尚未投掷。基于这个条件，我只是从最开始的 10 颗泡泡糖中随机抽样。因此，无论总共发售 10 颗还是 1000 颗，我抽到第 7 颗的概率相等。我们不能从中推断出任何结论。

在两种模型中，我都有可能观察到一个比较大的数字，如 691。这就直接证明了售货机一共会发售 1000 颗泡泡糖。但是，如果我看到的类似 7 这样比较小的数字，那么我不能武断地排除任何一种可能性。我需要知道其内部到底是哪一种模型，才能准确地计算概率。

现在，我们要做的就是确定哪一个模型更符合现实情况。你有什么看法吗?

一个人在时间长河里的存在位置以及末日是否来临并不是由标有序号的球决定的，它们是无数相互关联的随机事件共同作用的结果。冰河世纪阿根廷的一只蝴蝶扇扇翅膀，可能就决定了我何时出生；1967年巴尔的摩市的一辆火车越轨，可能预示着3024年的机器人起义。

我们生活在一个混乱的世界。在这个世界里，人们掌握的细节有限，因而无法准确地预测。因此，我们将许多事件都视为随机的。自抽样就提供了一个对这类事件简单又快捷的推理思路。

自抽样的基本前提是“我可以将自己当作参考组里的一个随机样本”，这个前提比较适合某些特定的情况。不过，埃克哈特的模型中有种情况会使得这个前提无效，即当我看见的是一个比较小的数字时，我知道具关键性的硬币还没投掷，因此我不必期望从球上的数字中得到任何线索。

为了从这些类比中得出结论，我们就必须在想象出的随机抽样细节方面达成一致。在相关的文章中，灾难预言者一直都在设想不同的抽样流程。虽然他们没有明说，但是其背后的语言和数学表达都清晰地暗示了不同的抽样流程。这个看起来微不足道的差异却能使结果有天壤之别。

加倍下注法与必输的赌局

无论是卡特—莱斯利模型还是埃克哈特模型，都事先设定“抛一次硬币就能决定一切”，而这显然是与现实情况背道而驰的。实际上，我们的命运是由连续的随机事件决定的。这个观点在射杀房实验中有所体现。在埃克哈特

1997 年的文章《从射杀房实验的角度看末日论证》（*A Shooting-Room View of Doomsday*）中，他表示莱斯利的这个射杀房想象实验是理解末日论证的重要突破口。[9]

不过，埃克哈特喜欢以比较温和的方式讲述这个实验，他称之为“博彩人群”。[10] 他的思想实验是这样的：赌场开出了一个 100 美元的同额赌注，下注一副骰子的结果。只要没有落在两个 6 上，投注者就可以赢得双倍的赌注。

这么好的交易怎么能错过呢！一班接一班的旅游巴士从世界各地赶来，赌徒们蜂拥而至，堵在门口等着被放进赌场。每次被放进去的人数按照 1、9、90、9000、90 000……递增。为了使队伍前进，每组投注者都在同一副骰子上下注。扔一轮之后，这一组投注者就必须离开，给后面的人让位。

就算埃克哈特的赌场听起来再怎么不可思议，它和拉斯维加斯、蒙特卡洛以及澳门的赌场都有一个共同之处：赌场永远是赢家。骰子终有一次会落在两个 6 上，此时所有在赌场里的赌徒都输掉了赌注。根据赌场的入场系统，90% 进入过赌场的人都以失败告终。一般赌场可不会声称自己的收益如此有保障。

我们想不通为何这个赌博游戏可以给投注者和赌场都带来极大的好处。埃克哈特说这是因为赌场耍了一种最古老的把戏，叫作“加倍下注法”。这是一个十分危险而且低效的赌博策略，处于劣势的玩家不停地将赌注翻倍，直到他赢得赌注。

下面就是“加倍下注法”的例子：我赌 1 美元，输了；再赌 2 美元，输了；再赌 4 美元，又输了；再赌 8 美元，终于赢了！

我一共输了 7 美元，但是我最后一次赢了 8 美元，所以净收益是 1 美元。

加倍下注法这一策略使投注者只要最后一局以获胜告终，就能最终赢得与最初赌注（如例子中的 1 美元）等值的收益。

这一策略多数时候都是有效的。但对于所有一心钻研赌博的人来说，它的缺点都是致命的。投注者有可能会遭受持续的溃败，以至于最终的赌注已经达到他无法承受的金额。投注者迫不得已只能放弃赌局。就是这样小概率的破产平衡了看似一定会盈利的可能性。

埃克哈特的赌场靠着在其顾客（和投注者）身上使用“加倍下注法”的策略扭转了必输的局面。唯一的风险就是，赌场可能没有足够的钱可以支撑前期顾客们持续的获利，或者赌场无法揽到足够多的赌徒让赌局持续到赌场最终会赢下的那一场。任何想要尝试这个策略的赌场都会因破产告终，而且 90% 的顾客也会因此得不到他们本该得到的彩金。

让我们像对待莱斯利的故事那样，暂时打消对赌场实验的怀疑。假如赌场有取之不尽的金钱以及源源不断的赌徒。对于赌徒来说，唯一重要的概率就是那一对骰子的概率。因此，作为赌徒你应该接受赌场给出的赌注。一队投注者应该设计好队形，一个接一个地进赌场下注。这样一来，一个典型的队伍可能会赢 35 次 100 美元的赌注并输掉最后一次。他们总共可以获利 3400 美元。赌场可以在门口放一个大金牌匾，上面写着“90% 的赌注都将付诸东流”。它说得没错！但它说什么不重要，因为你如果不下注才真是脑子坏掉了！

埃克哈特说，一个投注者应该在心里对自己说：“90% 的玩家会输，但是我只有不到 3% 的概率沦落到那会输的大多数中。”[11] 我们从这话中能嗅到一丝“悖论的气息”[12]，在这个特定的情况下，它也不是那么难以理解。

同样的推理也可以用在卡特—莱斯利版本的末日论证里。如果我们接受有关未来人口的常见假设①，那么绝大多数人都将刚好生活在末日来临前。这只是个简单的人口统计学事实。

比较有争议的是，如何将以上这一事实转化为一条适用于你我的概率论陈述。毕竟，对大多数人来说，正确的结论可能对于你我并不一定正确。我们或许足够了解自身的情况，以至于我们可以忽略那些针对总体得出来的数值。

“卡特—莱斯利末日论证”与戈特的哥白尼原理的区别在于这个前提，即我们可以对世界末日进行有意义的预测。我们必须搞清楚“认为末日将近的先验概率”到底是什么。下面就是一个例子，2003 年，天体物理学家马丁 · 里斯（Martin Rees）②因为预测人类文明在 21 世纪后幸存下来的可能性只有 50%而引起轩然大波。[13] 他的预测基于对世界大战、核武器、生物以及纳米危机③风险的评估（不包括对末日论证的评估）。我很希望里斯的预测是错的。但是，这种预测大概就很符合卡特—莱斯利心中所想的先验概率：这个概率是基于目前所有可以找到的数据，来对我们面临的风险进行缜密的整体评估。

那么，应该用我们在时间轴上的位置对里斯的预测进行调整，把末日到来的日期估计得更近一些吗？答案是否定的，里斯的悲观主义是某个特定时代的产物。他并没有说人类文明在 18 世纪之后生存下去的可能性只有 50%。他是在特指 21 世纪的危机，即史无前例的科技和人口危机。

---

① 作者在第 2 章中提到的假设是未来的人口呈指数级增长。——译者注

② 马丁 · 里斯是英国皇家学会前任主席，其著作《六个数》讲述了六个神奇数字决定了宇宙的基本特性，该书的中文简体字版已由湛庐引进，由天津科学技术出版社于 2020 年出版。——编者注

③ 纳米技术是用单个原子、分子制造物质的科学技术，被广泛应用在医疗、环保、生产制造等领域。然而，极微细的纳米粒子会危害人类健康，损害肺部、脑部等多个器官组织。——译者注

这并不是里斯独有的观点。任何与他有相同想法的人都必须承认，生存危机是会随时间变化的。卡利古拉（Caligula）① 无法大手一挥就消灭地球上所有的人类。当学者和专家小组在估算生存危机时，他们当然会考虑我们在历史长河中所处的位置。

因此，我无法将一个适用于我所在时代的先验概率，调整成适用于我在时间轴上的位置的先验概率。否则，我就是在重复使用证据。任何对生存危机进行的深入评估都已经将我们在时间轴上的位置纳入了考量。这就使得我们从末日论证的推理中几乎得不到什么有用信息。

“认为人类注定要灭绝的理由有很多，”埃克哈特写道，“但是我们在全体人口中的出生顺序一定不能被算作正当理由之一。”[14] “末日论证不成立的原因并不是那么显而易见的。”[15] 波斯特洛姆写道。它不成立的原因引起了激烈的讨论，当然，因为哲学家就爱干这个。被发表的永远都是有争议的论点，而已经达成共识的普通观点，往往很快就被遗忘了。

末日论证是具有启发性的，它可以告诉自抽样派学者问题通常出现在什么地方。其中一个问题就是，两个不相上下的假设预测出的观察者数量可能大相径庭。自指示假设本身就有争议，而这个问题可能会导致人们在自指示假设问题上产生更大的争论。另一个更普遍的问题是，人们往往描述不清或者根本不描述抽样的过程，尤其是当人们对什么是合适的参考组没有达成共识的时候。

幸运的是，不是所有自抽样的应用都会产生这么多麻烦。波斯特洛姆提出了一个可以立见分晓的决定性测试：

① 卡利古拉，儒略克劳狄王朝第三位皇帝，罗马帝国早期的暴君。——译者注

> 自我矛盾的自抽样用法与较有科学性的自抽样用法最大的区别就是，前者只适用于某些特定的参考组（而就连这些特定参考组也不是所有人都赞同的），而后者则适用于更大范围的参考组（并且任何明智的人都不应该脱离这个参考组范围）……我想提出的是，（在有限范围内）对选择参考组的不敏感性是使一个应用被科学界认同的重要原因。这种稳健性便是科学客观性的标志。[16]

波斯特洛姆希望将上述观点更深入地研究下去。在他的博士研究中，他试图制定选择参考组的规则，而不是任由人们按照自己的观点进行选择。他成功地证明了范围过小或者过大的参考组都不应该被接受，因为它们会导致非常荒谬的结论。不过，波斯特洛姆也承认，他的这些规则还不够有说服力[17]。

在十几年后，波斯特洛姆依旧认为参考组的问题有待解决。"我博士论文的最后部分写得比较匆忙，"他说道，"当时我申请到了英国社会科学院的博士后研究基金。为了能够使用这项基金，我必须在规定时间内博士毕业。"[18]因此，论文结束得比较仓促。他的论文在伤感氛围下戛然而止："我认为参考组的问题可能会引发难以解答的谜中谜……我希望更多的人可以深入研究这个迷人的领域，把这个问题研究得更透彻。"[19]

The Doomsday Calculation

The ———— Doomsday Calculation

第二部分

用概率思维理解生命、思想和宇宙

自抽样是可以应用到生死攸关的问题中的方法。在接下来的章节里，我将会讨论以下问题：我们的世界是否仅仅是数字仿真？为什么我们找不到任何地外智慧生物存在的证据？地球生命的起源是否只是一场意外？我们的宇宙是多重宇宙的一部分吗？我们将会盘点可能导致人类命运很快走向灭亡的原因，也会向读者展示为何这些原因中人工智能受到了如此多的关注。在最后一章中，我将讲述自己对世界末日以及其他问题的看法。

The Doomsday Calculation

第 13 章

理解模拟世界假说，在没有数据的情况下，应该自己出去寻找数据

在没有数据的情况下，你应该自己出去寻找数据。

——埃利奥特·索伯

从20世纪20年代开始，美国最富有的人就在一个秘密项目上花费了数百万美元，试图用该项目来“伪造”历史。这个人就是小约翰·D.洛克菲勒（John D. Rockefeller Jr.），他是石油大亨的儿子，也是美国最富有的慈善家之一。洛克菲勒要把弗吉尼亚州的威廉斯堡变成一座活的历史博物馆。为了避免房主们听到“洛克菲勒”就哄抬价格，他匿名购买了该镇。然后，他翻修了镇上殖民时期的建筑，把镇子打造成了它18世纪刚建立时的模样。同时，他也重建了一些已经消失很久的建筑。在必要的地方他甚至还新建了一些殖民地风格的房子，让人们产生了一种真实的错觉。

洛克菲勒构想的是一次穿越之旅，游客们可以回到过去的美国。尽管某些历史学家反对这个概念，但以此为核心打造的小镇却成为游人络绎不绝的旅游胜地。大多数游客是乘汽车或旅游巴士到达的，但这些车辆只能停在停车场里，不能驶入该镇古朴的街道。威廉斯堡小镇的员工穿着18世纪的服装，说着18世纪的语言。这些人扮演着殖民时期特定的角色，有的是头面人物，有的是籍籍无名的小人物，有的享有自由，有的正在被奴役。他们假装没有发现游客们正使用着电话，也假装没有意识到喷气式飞机正从头顶掠过。

一位高管承认，威廉斯堡对殖民时期的刻画是“基本准确的”。[1] 这表明，我们对过去的想象不仅限于历史性的重大事件，而且包含琐碎的生活细节，即使其中一些是被捏造的。在实际生活中，也有各种各样的娱乐活动为人们提供与过去重建联系的方式，比如文艺复兴主题的展销会、美国南北战争主题的演出、电视和电影中的年代剧以及以历史为主题的电子游戏。除非人性发生根本变化，否则，我们很难想象未来人类不对他们的过去感到好奇。

这导致我们提出了所谓的“模拟世界假说”（simulation hypothesis），即我们所在的世界是人工的数字模拟，也就是由技术更先进的社会创造的身临其境的“电子游戏”。这是科幻小说中的常见套路，但最近有一些博学多识的人也开始认真地对待这个假说。

2016 年，一些科学界的名人在美国自然历史博物馆举行会议，就该主题进行了辩论。主持人尼尔·德格拉斯·泰森（Neil deGrasse Tyson）提出这个假说的正确概率为 50%。“与未来的人类相比，我们都是流着哈喇子、满嘴胡话的蠢货，”泰森说道，“如果真是这样，不难想象，我们生活中的一切仅仅是更高级的生物为娱乐而创造出来的。”[2]

麻省理工学院的物理学家迈克斯·泰格马克（Max Tegmark）① 说：“如果我只是计算机游戏中的一个角色，最终我还是会发现游戏中的规则几乎都是固定的和程式化的，这刚好反映出其背后计算机代码的特性。”[3] 泰格马克认为，

① 迈克斯·泰格马克是未来生命研究所（Future of Life Institute）的创始人，致力于用科技改善人类的未来。其著作《生命 3.0》对未来生命的终极形式进行了大胆的想象：生命已经走过了 1.0 生物阶段和 2.0 文化阶段，接下来生命将进入能自我设计的 3.0 科技阶段。该书的中文简体字版已由湛庐策划，浙江教育出版社 2018 年出版。——编者注

现实世界中的物理学骨子里都是数学，恰好支持了他的观点。

哈佛大学物理学家丽莎·兰道尔（Lisa Randall）① 不同意这个观点。她认为我们生活在模拟世界中的可能性“实际上为零”。[4] 对她来说，真正的问题是：为什么这么多人认为这是一个有趣的问题。

埃隆·马斯克（Elon Musk）是认真对待模拟世界假说的企业家之一，他曾为尼克·波斯特洛姆的工作提供资助。马斯克在 2016 年的 Recode 大会 ② 上说：“支持模拟假说的最有力的论据是，40 年前，我们有了游戏《乓》③，也就是两个矩形和一个点。但是，到了 40 年后的今天，我们已经有了逼真的 3D 模拟，可以支持数百万个玩家同时在线。只要你认为科技还将进步，不论以何种速度，那么最终游戏将与现实无法区分。这样看来，我们生活在基础现实中的概率微乎其微。”[5]

2016 年，风险投资家萨姆·奥尔特曼（Sam Altman）接受《纽约客》的人物专栏报道时说：“科技界的两名亿万富翁在这个问题上做得有点过火，他们秘密地邀请科学家研究如何帮助人类脱离模拟世界。”[6] 这篇报道让人们马上猜想，这两个亿万富翁中的其中一人就是马斯克。[7] 更多人则想知道，模拟人怎么可能脱离他们的模拟世界。记者萨姆·克里斯（Sam Kriss）指出：

---

① 丽莎·兰道尔，国际理论物理学的权威人物，粒子物理学、弦理论、宇宙学专家，《时代》杂志“100 名最有影响力人物”之一。其著作宇宙三部曲《暗物质与恐龙》《叩响天堂之门》《弯曲的旅行》深入浅出地介绍了宇宙的隐秘之维，讲述了宇宙万物是如何在看似无关的情况下联系在一起，从而改变了世界的发展的。这三部曲的中文简体字版已由湛庐引进，由浙江人民出版社于 2016 年出版。——编者注

② 该会议由科技类媒体 Recode 主办，是年度科技盛会，仅供受邀的科技界知名人士和名企业家参加。——译者注

③《乓》（*Pong*）是雅达利公司开发的首款街机游戏。游戏中，玩家控制长方形块上下移动，来反弹乒乓球。——译者注

“科技行业正在向曾经被归为超自然的领域转移。”[8]《纽约时报》科学作家约翰·马尔科夫（John Markoff）① 称，模拟世界假说“说白了就是谷里的一种宗教信仰体系”[9]，当然这里的“谷”指的是硅谷。

假设宇宙是在 5 分钟前创建的，你要怎么知道它不是呢

模拟世界假说是如何在科学界流行起来的？它是否值得被认真对待？这些问题的答案与自抽样假设以及当代文化中根深蒂固的一系列信念有关。

世界可能是虚幻的，这个观念与哲学一样古老。比如柏拉图的洞穴之喻②，以及与之相关的一切。维多利亚时代的著名人物菲利普·亨利·戈斯（Philip Henry Gosse）将柏拉图的想法推向了新的高度。戈斯是一位博物学家，他首创公共水族馆，并与达尔文合作研究兰花。[10]他在 1857 年出版的著作《脐：解开地质结的尝试》（*Omphalos: An Attempt to Untie the Geological Knot*，以下简称《脐》）中讨论了一个谜题：亚当和夏娃是否有肚脐？然而，《圣经》经文清楚地表明，亚当不是女人生的，夏娃也不是，她是由亚当的肋骨创造的。

① 约翰·马尔科夫，《纽约时报》高级科技记者、普利策奖得主，被誉为“硅谷独家大王”。其著作《人工智能简史》是国内首套集权威、重磅、系统、实用于一体的“机器人与人工智能”书系之一。该书的中文简体字版已由湛庐引进，由浙江人民出版社于 2017 年出版。著作《与机器人共舞》的中文简体字版已由湛庐引进，由浙江人民出版社于 2015 年出版。——编者注

② 洞穴之喻是柏拉图在《理想国》中描述的。大致内容是，在一个地下山洞中关押着一群从不见天日的囚犯。他们每天只能看见外面人通过火光投射在他们面前的石壁上的影子。久而久之，他们就把影子当成了现实。直到有一天，其中一个囚徒逃了出去。这个囚徒发现，他们曾经所在的地方不过是一个洞穴。但当他回到洞穴把这件事告诉他的同伴时，他们都不相信有另一个世界，而认为他是在胡说八道。——译者注

戈斯坚持认为，人类的第一对夫妇确实是有肚脐的。为了使创造物更加和谐，他认为上帝一定为他们提供了有关“不存在的过去”的幻想，就像伊甸园的树木也应该有年轮一样。戈斯进一步认为上帝也创造了化石，尽管那些化石所代表的生物从未存在。他甚至主张神还创造了粪便化石（粪便化石是哺乳动物最常见的化石类型，可以通过形状识别）。尽管戈斯承认粪便化石可以“被认为是某些动物在过去真实存在过的有力证明”，但他仍然声称，粪便化石也是上帝在造物时精心地添加上去的属于“不存在的过去”幻想中的一部分。戈斯承认：“这似乎有些荒谬，但事实就是事实。”

信徒根本不相信这是真理，在因达尔文学说而分裂成两派的科学世界中，《脐》的影响力要小一些。不过，这些年来，戈斯这本充满了误导性的书，却因为内容过于疯狂而常常发出回响，很难被读者完全抛在脑后。20 世纪，伯特兰·罗素将肚脐场景提炼成了一个哲学之谜：假设宇宙是在 5 分钟前创建的，你怎么才能知道它不是呢？

你可能会条件反射地认为，我们都有超过 5 分钟的回忆。我们也能通过文件记录来证实这些记忆。罗素说，这都是假的！也许你和你的记忆都是在 5 分钟前才形成的。巨石阵和霸王龙化石也是如此。柏林墙和双子塔在 5 分钟之前也从未存在过，它们只是被植入人们脑海里的回忆。

与戈斯不同，罗素并不认为这是真的。他只是想指出有的事情我们永远无法确定。

通常，现代的模拟世界假说可以追溯到计算机科学家和企业家斯蒂芬·沃尔弗拉姆（Stephen Wolfram）及其 2002 年的著作《一种新科学》（*A New Kind of Science*）。沃尔弗拉姆提出，我们的世界可能真是数字仿真模拟。他还将此想法变成了一个可检验的假设。他认为人们可能在亚原子物理学中寻找到“像素化”的证据。但是，在阅读了沃尔弗拉姆的书之后，不少评论家认为他是一个失去了理智的天才。

波斯特洛姆的三重困境

2003 年，尼克·波斯特洛姆开始研究这一主题。波斯特洛姆把上述问题包装成自抽样假设的应用，这样的阐述吸引了众多严肃认真的信奉者。波斯特洛姆并没有说我们生活在模拟世界中。他也没有简单地提出哲学观点，来讨论“我们所知的一切”中什么可能是真实的。相反，他说的是现在看来模拟世界假设的怪异程度已经远不及其最初出现的时候。这是一种很难赋予概率的情况。

波斯特洛姆观点的核心是“祖先模拟”（ancestor simulations）。更先进的社会也许能够创建，也愿意创建一个包罗万象的针对过去的数字模拟。这样的模拟世界不像现在的主题公园或虚拟现实那样仿真程度不高，它将是真实世界的翻版，人们无法把它和真实事物区分开来。不过，这个模拟世界的关键是要创建一个真实的历史世界，那么大多数模拟人将不会知道他们是模拟人。因为这些信息可能会改变他们的行为，让他们试图打破第四堵墙[①]。所以，不要期待模拟世界里挂有免责声明的横幅，上面写着：这只是模拟。

现在，让我们应用自抽样假设来解答这个难题。根据模拟世界假说的定义，现实中只有一个真实世界，但可能有很多很多模拟的世界（如果你想了解为什么有人相信这一点，请继续阅读）。如果是这样，那么模拟世界中的观察

① “第四堵墙”是表演艺术中的术语，指的是表演者在舞台上表演时，要想象虚拟的墙分开了观众和演员。观众能透过这堵墙看见舞台上的表演，但是演员却不能看到观众，表演时要当观众不存在。——译者注

者将超过真实的观察者。我不知道自己是哪种观察者，因为模拟与真实情况无法区分。因此，作为一个随机观察者，我在模拟世界中的可能性更大。

常识性异议是，人们还没有发明能够完全仿真的技术。好吧，其实我们并不知道这个技术是否真的未被发明。假如，波斯特洛姆的想法有那么一丝可信度，那么我们现在的世界就很可能是未来社会对其过去的模拟。我们认为这是21世纪，只是因为我们的日历和手机上的时间是这样写的，因为现有的历史书籍只可以追溯到21世纪初，因为历史频道从未播放过有关32世纪星际战争的纪录片。也许，这些全是数字模拟的内容，可能是未来社会对久远的21世纪的致敬。

波斯特洛姆并不是说这一定是真的。他只是在阐述要使该问题成为自抽样的应用所需要的一些必要条件。波斯特洛姆断言，以下三种说法中至少有一种必然是正确的[①]：

1. 能够创建模拟祖先世界的技术永远不会存在。
2. 即使未来人们有这样的能力，也没有人愿意创建这样的模拟世界。
3. 我们现在可能正在模拟世界中。

这就是所谓的波斯特洛姆的三重困境。它的逻辑非常简单，而它的结论却让人瞠目结舌。第一种和第二种说法里得有一个是正确的，否则，第三种说法就是真的。那种科幻小说的套路——机器人不知道自己是机器人——很可能说的就是现在的我们。

① 如果前两种说法都不正确，根据自抽样假设，我们恰好处于基础现实的概率将微乎其微。也可以换句话说，根据自抽样假设，三种说法都不正确的概率微乎其微。——译者注

模拟世界可能实现吗

也许我们的这个想法远远领先于我们所能达到的技术水平。我们为什么要相信与现实毫无二致的模拟世界是可能的呢?

任何技术爱好者都会同意马斯克的观点，即我们的视听设备越来越出色。未来，为了实现完美的视觉和听觉保真度，虚拟现实无疑将克服当今的技术缺陷，不完善的技术包括无法令人信服的视觉纹理、虚拟人物刻板的面部表情和虚拟幻境带来的头晕反应等。这可能是波斯特洛姆的想法中最容易被人接受的部分。该模拟系统也必须覆盖所有其他人类感官能感知的细节。尽管现有技术无法实现，但这听起来像是未来可以办到的。

但模拟整个人类世界就是另一码事了。这样的模拟所需的计算能力将是不可思议的。波斯特洛姆进行的粗略计算表明模拟世界并非完全不可能，但这大概需要一个星球大小的巨型计算机。模拟祖先的世界不仅是一种细节异常丰富的电子游戏，它还包含那些生活在游戏世界中的虚拟人。虚拟人必须完全模拟人类的思想，而这需要非常成熟的人工智能。

据估计，人脑的神经活动相当于每秒执行 10^{16} 至 10^{17} 次操作的处理器。现在，有一些超级计算机可以实现每秒执行 10^{17} 次操作。因此，只要能够知道大脑的工作原理，我们就可以实时模拟单个大脑。

但是模拟世界将涵盖所有人在被模拟时间点的所有意识流。以当前的世界人口计算，计算机每秒需要进行 10^{33} 至 10^{36} 次操作。[11] 而且，全面的模拟还包括创造建筑物、城市、道路、森林、沙漠、海洋、天空和天气。这听起来可能是压倒性的计算量。实际上，与模拟大脑相比，这可能都不算挑战。模拟每个原子、叶绿体和小昆虫或许没有多大意义。模拟的环境细节可以是高度选择性的，只创造环境中人们会注意到的部分即可。比如，地球的熔融内核在人类事务中就没有直接作用，因此模拟世界中的区域可能仅延伸到土壤下面几米的距离。如果你挖一个非常深的洞，模拟系统会临时创造出铲刀下面的土壤。

我们更容易受到洪水、暴风雪、飓风、地震和火山爆发的影响。混沌理论说这些现象不可能被预测。查尔斯和戴安娜的婚礼上下雨了吗？没有，当天是少云的晴天。在创造模拟世界时，人们可以利用历史天气预报和新闻报道来模拟历史上准确的天气和灾难。

模拟的太阳、恒星和行星实际上可以是天文馆的投影。根据需要，它可以生成更多细节。例如，阿波罗登月计划可能需要模拟几千平方米的月球表面。每当模拟的生物化学家对基因组进行测序，或者模拟的物理学家进行加速器实验时，代码都会创造出一些原本缺乏的细节。

波斯特洛姆估计，如果要用暴力算法来模拟一个有着 21 世纪地球人口数量的世界，我们需要每秒可以进行 10^{33} 至 10^{36} 次操作的处理器。相比之下，波斯特洛姆估计一台星球大小的巨型计算机每秒可以进行 10^{42} 次操作。

星球大小的计算机？弗里曼·戴森和普通的超自然主义者都在预想这样一个未来——人类可能可以控制行星、恒星或许多星系的大部分物质和能量。从这个高度来看，模拟祖先的世界或许是可行的。

波斯特洛姆肯定不会排除这样的可能性。他发现：“使用（星球大小的）计算机不足百万分之一的处理能力，仅用一秒的时间，它就可以模拟所有人类的整个思想史……后人类文明最终可能会造出无数台计算能力如此惊人的计算机。”[12]

威廉斯堡历史小镇中有一位演员扮演伊迪丝·坎伯（Edith Cumbo）。我们知道坎伯的名字，也知道她是一名大约出生于 1735 年的自由黑人女性，她在威廉斯堡还是一家之主。然而，没有人知道她的职业、长相或去世的时间。现在，坎伯的名字出现在各种法律文件中，但这些文件加在一起也不能完整地书写她的个人传记。通过法律文件，我们只知道，1778 年 6 月 15 日，坎伯起诉了一个叫亚当·怀特（Adam White）的人，状告他涉嫌非法诱骗、骚扰和殴打。[13]

未来人类对我们的了解远比我们对祖先的了解要多。从 21 世纪初开始，普通百姓就已经开始在社交媒体上记录自己的生活。我们在社交媒体上的数据会对模拟世界的建设有所帮助。我们刚好生活在社交媒体时代，而这真的只是一个巧合吗？

DNA 检测的价格变得低廉，检测得以流行，提供这项服务的公司发誓他们会对 DNA 结果保密。然而，数据一旦存在，就有可能意外泄露并提供给人另作他用。1929 年发现的波德林版画（Bodleian Plate）描绘了威廉斯堡 18 世纪的模样，该版画的创作者也没有想到它会在未来指导洛克菲勒重建该镇。

波斯特洛姆的模拟世界概念假定，人工智能可以发展到通过强大的图灵测试并且做出符合人类心理的行为。把这样的代码封装在人物形象中，人们便得到了虚拟人。第二次世界大战的模拟场景中可能包括丘吉尔、希特勒和罗斯福的虚拟人，在这些虚拟人身上也能体现出有关这些人的所有已知信息。不仅如此，该模拟还可以包括战斗、战争债券发行、法西斯集会以及 USO 表演①，这

① USO 的全称为联合服务公司（United Service Organizations Incorporation），它是美国的一家非营利机构，专门为美国军队提供娱乐表演，演出内容包括喜剧、音乐剧等。——译者注

里面的每个人都是在心理学意义上的完全模拟，而且他们每个人都有从军事记录中获取的姓名、军衔和编号，以及任何其他可能找到的信息。在信息匮乏的场景中，制作者也可以发明创造栩栩如生的多样化的人，而不是一群一模一样的克隆人。

对此，人们的一种反应是：这将浪费大量资源。按照今天的标准，确实如此。但是，当技术变得更快、更便捷、更廉价时，我们就会找到新的技术用途。现在你们对科技的使用是浪费和自我放纵的（上一代人如是说）。毕竟，与将尼尔·阿姆斯特朗送上月球的那些计算机相比，你我口袋里的手机功能其实更强大。但大多数时候，我们只将手机用于日常琐碎的事情。

模拟世界可能有更严肃的用途。历史学家可能希望通过模拟世界研究过去的历史事件。例如，假如杜鲁门不向日本投掷原子弹，会发生什么？成千上万的模拟实验可以揭示假如初始条件发生了或大或小的变化，会带来怎样不同的结果。这样一来，历史也可以成为经验科学。如果一些领导人愿意从历史中学习，那将带来不可估量的好处。

模拟实验可能变得非常便宜并且常规化，以至于孩子们可以在历史课中体验到不同的模拟情景。这也可能会影响旅游业。你是想在现代的托斯卡纳博物馆中度假，还是在虚拟的文艺复兴时期的托斯卡纳，与虚拟的达·芬奇、美第奇和马基雅维利见面？

游客、游戏玩家、家谱爱好者、历史角色扮演者、实验历史学家……各类职业对祖先模拟都有很高的需求，而模拟世界的数量也将超过独一无二的基础现实。威廉斯堡的人口统计学对这种情况提供了一些支持。在 18 世纪该镇的人口高峰期，小镇及其周围县的人口数量约为 5000。今天的威廉斯堡小镇每年约吸引 48 万游客到访。[14] 换句话说，身处在威廉斯堡的绝大多数人不是 18

世纪的定居者，而是来自“未来”的参访游客。

有意识的虚拟人还是无意识的僵尸

一个模拟世界中可能会包括少量来自未来的游客，他们以特定的化身出现，以便混合在人群中，他们和虚拟人是无法区别的。人群中主要是自动化的人工智能虚拟人。他们会像普通人一样说话、行动和做出反应。这就引出了一个重要的问题：虚拟人会有自主意识吗？

假如仿真假设成立，那答案必须是肯定的。否则，你正在用自我意识思考的这一事实将证明你不是虚拟人。如果模拟出来的只能是无意识的僵尸，那么它们就像生菜一样，不能算在你的参考组内。

如今，大多数人工智能研究人员以及技术界人士普遍认为，在足够细微的程度上，某种像人类一样行动、说话、思考的人工智能应该与人类“具有完全相同的思维模式”，哲学家约翰·塞尔（John Searle）如是说。[15] 这种人工智能被称为“强人工智能”。

塞尔是反对模拟世界的哲学家和普通民众中的一员，普通民众对模拟世界的态度并不明确。几乎所有当代的哲学家，原则上都认为我们编程设计出来的机器人可以通过图灵测试，也可以被赋予私人的情绪和情感，以至于他们在叙述自己的意识时就像人类一样可信。然而，这些可能都是表象。人工智能机器人的内部可能是空洞的，哲学家称之为僵尸，它没有灵魂，没有主观性，也不能燃起我们作为真实人类的内在火花。

波斯特洛姆的三重困境将强大的人工智能视为必然。也许我们应该将其称为四重困境，强人工智能就是这个困境之凳的第四条腿。但是对于大多数遵循波斯特洛姆理论的人来说，强人工智能也是理所当然的。

如果虚拟人有真实的感受，那么模拟世界就是一个伦理上令人担忧的计划。[16] 对全球历史的模拟将重现饥荒、瘟疫、自然灾害、谋杀、战争、奴隶制和种族灭绝。这将导致数十亿虚拟生命遭受痛苦和绝望。这将使得模拟器像历史上所有恶棍的总和一样混账。

另一种人工智能是“罗科的蛇怪”，这是超人类主义社区的都市传说。[17] 这个蛇怪是指在道德上存在缺陷的未来人工智能，它们胁迫人类遵从它们的指示。只有按照蛇怪的意愿行动，才不会有人受伤。否则，它将在恐怖的模拟世界中创造出很多你的精确副本。请注意，这种蛇怪可能已经存在了，因为它所指的“未来”可能就是我们所处的“现在”。你必须了解蛇怪，并常常想到它，因为它威胁说可以控制你。也许我已经说太多了。请忘记你读过这个段落，好吗?

这些伦理上的问题，会影响波斯特洛姆提出的第二个条件。一个有能力创造模拟世界的社会也可能出于道德原因禁止人们使用这项技术。他们也许会限制模拟世界发生的事情，比如仅能发生好事。很显然，我们没有处于这种模拟世界中。

也许更先进的社会可以根据需要创建功能型模拟生物，无论它们是否具有意识。合乎道德的创造者只会创建僵尸般的虚拟人来填充到他们建立的模拟祖先世界中。在这样的条件下，模拟世界理论将不适用于任何拥有真正意识的人。

当然，还有另一种情况：使模拟世界不合法，即人们只有违法才会创造模拟世界。这增加了我们生活在疯狂科学家、精神变态者或蛇怪人工智能创造的模拟世界中的可能性。

真实的我还是仿真的我

模拟世界假说已成为可靠的诱饵。媒体通常无法区分波斯特洛姆的三重困境与“科学家称我们生活在黑客帝国中”的不同之处。事实上，波斯特洛姆的贡献在于罗列出必要的条件，只有相信了这些条件，你才可以得出我们很可能生活在模拟世界中的结论。在大多数科技文化中，人们都相信计算能力将无限增长，并且接受每个构想出来的杀手级应用都将被使用（即使反技术分子不喜欢它们），好像这跟呼吸一样自然。对于那些没有身处于硅谷泡沫之中的人来说，这些主张可能没有那么令人信服。模拟世界假说客观地给大家展示了技术人员与众不同的思维方式。

不过，我们也有可能接受这些技术上大胆的假设，并用它们来进行贝叶斯论证，证明我们生存的世界可能不是模拟的。让我们从参考组开始说起。如果“真实我”的意识与“仿真我”的意识完全无法区分，那么这两个我都必须在同一个参考组中。这是波斯特洛姆对参考组做出的“相当弱”的限制之一，而且被普遍接受了。[18]

事实上，真正棘手的部分在于识别一个人的自定位信息。如果模拟世界假说是正确的，那我就再也无法按照我原本的逻辑进行推理了，因为原本我的推理都是基于“我生活在 21 世纪的现实中”这一前提。也许，现在是公元 35 000 年，而我只是环绕着参宿四[①] 的星球计算机中的一段代码。

只看表象的话，我所知道的是，我生活在一个还没有发明真正仿真技术的世界中。这些信息就是我仅有的信息，不过这个合格的声明其实也具有贝叶斯含义。

---

① 参宿四是一颗处于猎户座的超红巨星。——译者注

- 如果完全仿真的技术现在不存在且永远不会存在，那么我可以100% 肯定地说自己没有陷入模拟世界。
- 如果已经存在或注定要存在完全仿真的技术，那么显然，我就不能 100% 确定自己生活在一个没有仿真技术的世界中。这个可能性之所以不到 100%，是因为必须有一群真正的人来创建模拟世界，而在这个真实世界中，仿真技术已在日常生活中随处可见。不过，我不在那个参考组或那个世界中。

第一种假设可能更符合我的个人情况，目前尚不清楚这个概率是多少。假如相对于仿真人，真实人类的占比很小，那么在第二种假设的情况下，我也有很高的概率出现在没有明显的仿真技术的世界中。贝叶斯的杠杆作用没有偏向任何一种假设。

创造一个模拟世界似乎需要宇宙规模的工程。除非你拥有很多行星，可以任意把玩，否则请不要把一颗行星变成一个大型游戏机。任何能够创建模拟世界的社会都应该已经掌握了太空旅行。这样的社会可以在数千年间殖民其他行星和恒星系统，从而积累庞大的人口数量。因此，仿真技术发明后的世界中的人口可能比“当前”世界中的人口多得多。

仿真技术是一种变革性的事物，正如电视或互联网一样，它可以完全改变人们的生活。在拥有仿真技术并从中受益的社会中，人们会很清楚这一点。而且，如果这项技术已经存在了很长时间，那么肯定有越来越多的模拟世界将重温他们祖先发明仿真技术之后的时代。也就是说，仿真人可能生活在一个仿真技术无处不在的社会中，他们也会有自己的模拟世界。

我们很难不做出这样的结论，那就是被仿真人创造的模拟世界会将模拟世界当作生活的事实。孩子们在学习说话时，就会学习波斯特洛姆的三重困境。

每个孩子 4 岁的时候就知道了他可能是仿真人。他爸爸会跟他说：“这没什么好担心的。”而他妈妈会告诉他：“这很正常。”

在图 13-1 里，类人意识被分为 4 类。分类的维度有两个，即这个个体是真实的还是仿真的，以及这个个体生活的时间是在仿真技术发明之前还是之后。4 个矩形的面积示意了不同类型个体的相对人口数量，以他们的人数或观察者数量来衡量。根据我们前面讨论的，仿真技术发明后的人口数量要多得多，因为我们假定了此时的人类已经殖民了其他星球。

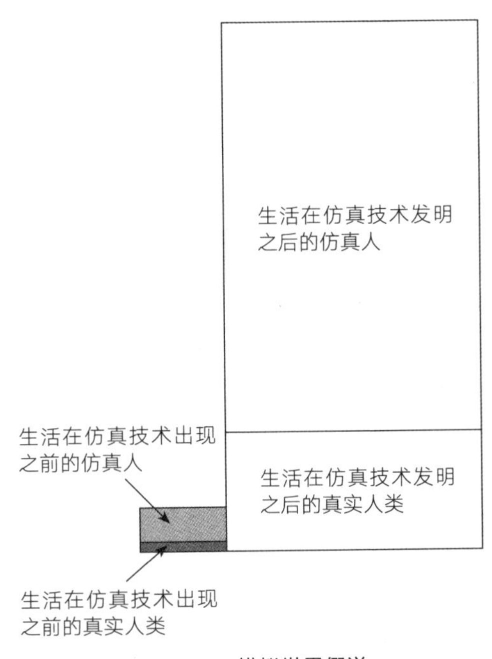

图 13-1 模拟世界假说

因为我生活在一个似乎没有仿真技术的社会，所以我属于上图中的阴影区域。但是，我不知道我是一个真实的人（深色阴影），还是某个生活在仿真技术发明之前的模拟世界中的仿真人（浅色阴影）。不论哪种，我都处于仿真技术发展历程中的异常初期阶段。如果存在或将存在这种技术，那么我随机出生于现在这个阶段的可能性非常小。反过来，如果目前世界上没有这种技术，而且这种技术也永远不会出现，那么我一定处于这个初期阶段。这是贝叶斯派认为没有模拟世界的原因，也就是说，我不是仿真人。

这种分析模仿了末日论证。就像在末日论证中一样，我们应该询问自抽样是不是进行这种分析的最佳工具。我们可以计算自己是仿真人的可能性吗？也许可以通过我们所在的时间点来计算。这可能比自抽样提供的估值更有意义。但是我们很难看到任何人对自己是否为仿真人有深刻的见解。另外，在模拟世界假设中，我甚至不知道我目前所处的时间点是什么。在这种情况下，自抽样似乎才是可行的方法。

寻找真相，检验模拟世界假说

埃利奥特·索伯说，在没有数据的情况下，你应该自己出去寻找数据。[19] 有时，研究者会在科学期刊中提出有关检验模拟世界假说的方案。正如沃尔弗拉姆建议，我们应该在世界中寻找渲染中的锯齿现象①，正是这些不完美之处使物理世界的像素化模拟露了馅儿。

2012年，赛拉斯·比恩（Silas Beane）及其同事发现了一种潜在的证据可以检验模拟世界假说。[20] 他们得出的结论是，高能宇宙射线的光谱可能显示出经过计算般的栅格结构。尽管他们当前的计算精度尚不能确认这一点，但精度的差距只在几个数量级之内。或许，在不久的将来，人们就可以通过这种方法对模拟世界假说进行检验。

① 计算机在绘制形状时，因为渲染能力的限制，多边形的边带常有锯齿而不光滑。这个现象被称作锯齿现象。——译者注

不过，就像与模拟世界假说相关的其他内容一样，这个检验方法也取决于一系列无法验证的假设。其中一个假设是，模拟世界将使用三维像素（类似于二维图中的像素，但是是在三维图像中的）来构建空间。这也是我们现在的电影特效和虚拟现实的实现方式。有人怀疑后人类时代的建造者不一定会使用这种设计，他们可能会有更好的方法。

另一个假设是，建造模拟世界的人并不会竭尽所能地阻止我们了解真相。波斯特洛姆认为，模拟世界的设计者可能会不断地关注其中仿真人的思想和行为。每次仿真人尝试做一些揭露模拟世界的事情时，设计者都可以采取对策。如果波斯特洛姆是正确的，那么我们的设计者应该已经知道了贝恩的宇宙射线测试。如果要避免我们发现真相，设计者可以生成更高分辨率的细节，从而使得这些已经找到的证明无效。波斯特洛姆写道：“如果发生任何错误，为了避免模拟世界被破坏，设计者可以轻松地将仿真人的意识复原到他们认识到异常现象之前的状态。或者，设计者也可以将模拟世界回调几秒钟，然后以避免问题的方式重新运行。”[21]

或许我们会爱上这个“黑客帝国”

人们往往认为模拟世界假说和末日论证是互斥的。如果我们生活在一个模拟世界中，那么意味着我们的物种已经成功度过了我们现在担心的所有危机：我们没有炸毁自己；二氧化碳也并没有让地球变成另一个金星；机器人没有和我们翻脸。相反，如果末日将近，那么我们将永远不会创建这些模拟世界。我们的现实使我们一窝蜂似的急于躲避灾难。

你想成为一个长寿物种的仿真人，还是想成为即将灭绝的物种中有血有肉的一员？这样说吧，也许你会学着不再担心，并开始爱上你所处的“黑客帝国”。知道自己是一个仿真人，并不会影响你晚餐所吃的食物，以及你是否会得到提拔，或是明年冬天去哪里度假，除非在那之前有人拔掉了模拟世界的插头。正如罗宾·汉森所说："你为了退休而储蓄的动机或你帮助埃塞俄比亚穷人的动力，可能会因为意识到自己生活在模拟世界而被削弱，因为在这个世界中，你将永不退休，埃塞俄比亚也根本就不存在。"[22]

令人不安的想法是，我们的模拟世界可能像是罗素的肚脐场景。也许未来的历史学家对美国前总统特朗普很感兴趣，因为他对后来的世界历史产生了重大影响。为了了解特朗普时代的动态，历史学家需要在初始条件稍有不同的情况下，反复模拟特定的 5 分钟片段。而我们的世界只是这些循环的若干 5 分钟片段之一—— 一个为了历史学博士论文而产生的"土拨鼠日"（*Groundhog Day*）① 时刻。

①《土拨鼠日》是哈罗德·雷米斯（Harold Ramis）执导的奇幻片，该片主要讲述了一个气象播报员在遭遇异常天气之后，开始永远重复过同一天的故事。——译者注

The ———
Doomsday
Calculation

第 14 章

理解费米问题，缺乏证据并不意味着没有证据

缺乏证据并不意味着没有证据。

——马丁·里斯

"大家都在哪儿呢？" [1]

一个灿烂的夏日，在新墨西哥州的洛斯阿拉莫斯（Los Alamos），物理学家恩里科·费米（Enrico Fermi）提出了这个问题，把大家逗乐了。在这个问题里，大家指的是外星人。为什么其他行星的智慧生物不乘坐飞船来访问地球呢？

那正是1950年的一天，当时费米在洛斯阿拉莫斯国家实验室的富勒小屋吃午餐，他半开玩笑半正式地提出了这个问题。一方面，他是在玩笑式地评论《纽约客》上一则有关"飞碟"新闻的漫画；另一方面，这其实也是他认真完成数学计算之后心中的疑惑。我们的银河系中有数十亿颗行星，其中肯定有一些与地球类似。其中的某些行星应该在地球产生文明之前就拥有了智慧生命，并且科技水平远远超出人类现有的科技。费米还怀疑，更先进的文明应该已经找到了超越光速的办法。

“未来 10 年内，我们可能找到证据证明有比光传播速度更快的物体存在吗？”费米问道。这个问题被抛给了物理学家爱德华·泰勒（Edward Teller），他的答案是：这个概率仅有百万分之一。

费米说：“这个估算太低了。我认为概率更接近于10%。”媒体称费米为“原子弹的设计师”，称泰勒为“氢弹之父”。费米于 1942 年在芝加哥大学的一个壁球场上创造了世界上第一台可控的核反应堆。该地点现在变成了一个网球场，而费米曾是一位狂热而好斗的网球选手。

费米倾向于相信外星人已经发现了超光速旅行。来自无数个不同星球的外星人应该早已把整个星系探索透彻了，其中当然也包括地球。因此，他在愉快的午休时间提出了这个不着边际的问题。一位亲历者回忆道：“在谈话的间隙，费米提出了一个让人非常意外的问题，‘大家（外星人）都在哪儿呢？’……结果大家都哈哈大笑，而他们之所以大笑，是因为一个奇怪的事实——尽管费米是在地球上问出这个问题，他桌子周围的每个人似乎都立刻明白了他是在谈论外星生命。”[2]

费米问题的“大家都在哪儿呢”是一种修辞的说法。它也常常被描述为一个悖论，因为这个问题最显而易见的答案“智慧生物比我们想象得稀有得多”是许多人难以接受的。在洛斯阿拉莫斯国家实验室里，这群核裂变与聚变的元老给出了一个解释。智慧生命和高科技社会可能确实很少，因为它们往往不会持续很长时间。智慧生命在有能力探索银河系之前，就在全球战争中自我毁灭了。

费米曾经说过：“我们所有人都怀着强烈的希望，那就是人类能很快成熟并且好好运用那些从自然界中获得的力量。”[3] 私底下，费米认为原子武器会引发战争。他在曼哈顿计划的同事，数学家约翰·冯·诺伊曼对此一言不发，因为他认定“① 绝对会发生核战争；② 每个人绝对都会因此丧命。”[4]

德雷克公式，到底存在多少种智慧物种

生物学家和剧作家的共识是，我们并不孤单，这已经是人们的老生常谈了。哥白尼的支持者、多明我会修士布鲁诺断言，恒星就是太阳，周围环绕着拥有智慧生命的行星。教皇克雷芒八世（Clement Ⅷ）于公元 1600 年将他烧死在火刑柱上。教会的神父们认为布鲁诺的教义是异端，因此不允许他留下遗言，他的舌头就那么被铁钉钉在了嘴唇上。

到了 20 世纪初，许多人接受了火星上有智慧生命的可能。伽利尔摩·马可尼（Guglielmo Marconi）希望通过无线电波这样的新技术与火星人取得联系。1919 年在地中海上，马可尼在他的游艇伊莱克特拉号（Electra）上接收到了从那颗红色星球传来的信号。至少，他认为他听到了。[5] 在 1922 年，火星有一次靠近了地球，世界各地的广播电台都静默了一段时间，以帮助马可尼和其他人接受火星上的信号。不过，没有人听到任何令人信服的消息。

1960 年春天，美国无线电天文学家弗兰克·德雷克（Frank Drake）再次尝试探测来自外星人的信号。[6] 德雷克拥有更先进的技术，他对火星上的生命也没有抱有任何幻想。他将西弗吉尼亚州一架直径近 26 米的格林班克射电望远镜对准了附近的两颗类似太阳的恒星：鲸鱼座恒星天仓五（Tau Ceti）和波江座恒星天苑四（Epsilon Eridani）。结果他没有发现外星人，但媒体对该尝试的报道激发了公众的想象。

1961 年，德雷克在格林班克召开了一次学术会议，邀请了感兴趣的科学家参会。他请参会者思考我们银河系中存在多少种智慧的物种。德雷克说，这个数字是由 7 个未知数共同决定的：

1. 每年银河系中有多少恒星出现。
2. 这些恒星中，有多少恒星拥有行星。
3. 典型的恒星系统中行星有多少。
4. 这些行星中，能孕育生命的有多少。
5. 有生命的行星中，能演化出智慧生命的有多少。
6. 在智慧物种中，可以发射无线电信号（或者用其他方式向外界揭示其存在）的有多少。
7. 智慧物种交流的持续时长。[7]

德雷克的思想完全是哥白尼式的。除非其他情况得到证明，他默认我们的地球、太阳和智人都没有什么特殊性。你可以将德雷克方程的因子分为两组。因子 1 至 3 是天文学问题，其基础是数据。而因子 4 至 7 则涉及对外星人的生物学、历史和动机的观测。尤其是因子 7，它被认为是最大的变数。外星人愿意并且能够发射无线电波的持续时间会大大影响我们检测到相关信号的可能性。

德雷克研究小组认为，因子 4 合适的行星能演化出生命的可能性基本上是 100%。他们对因子 5 有生命存在的行星进化出智慧生命的可能性同样乐观。实际上，据粗略的估计，前 6 个因子的乘积非常接近 1。因此，至关重要的是最后一个因子，即文明的持续时间。在这一点上，观点千差万别，大家的猜测从 1000 年到 1 亿年都有。这给出了一个十分宽泛的最终估计，即目前在银河系中存在 1000 至 1 亿个沟通中的文明。

由 7 个未知数计算得出的结果很难是准确的，参加会议的科学家并不是没有意识到这一点，而且他们也意识到他们是一群对外星生命极度感兴趣的人，所以很有可能，他们对这些数量的估计，偏向于会有许多外星物种。但是宇宙的广阔性似乎依旧占了上风：如此宽广的宇宙中，本来就应该有很多外星人。

自从德雷克设想出该公式以来，很多事情都发生了变化。目前，人们已经发现了 3800 多颗围绕附近恒星运行的行星。[8]

这个发现提供了令人信服的证据来证明，几乎所有类似太阳的恒星都有行星（见因子 2），并且恒星系统中几乎总是有多个行星（见因子 3）。在这些方面，格林班克那群科学家的估计是保守的。但是正如当年一样，现在德雷克估算中的大部分不确定性都来自最后一个末日因子。外星科技文明能持续多久呢？

冯・诺伊曼的探测器，可以自我复制的机器人

剑桥大学的宇宙学家、天体物理学家马丁・里斯表示："缺乏证据并不意味着没有证据。"[9] 仅仅因为我们没有发现外星人存在的证据，并不能证明他们不存在。

天文学家、科幻小说家格伦・戴维・布林（Glen David Brin）称缺乏证据是"大沉默"。多年来，大家已经提出了许多解释。其实，人们不难想到一些可信的理由来解释为什么某些外星人可能不想与我们交流，或者它们为什么对探索（"殖民化"）其他宇宙空间不感兴趣，或者它们为什么早早灭绝了。真正的挑战在于，提出一种适用于所有外星人的解释。即便只有 0.1% 的外星物种喜欢四处游荡，在银河系中就可能会有很多这样的外星人，因此我们依然无法回答费米问题。

可以想象，星际旅行只是一个疯狂而难以实现的幻梦，这个想法"属于它的发源地，在麦片盒子上"。[10] 这是物理学家爱德华・珀塞尔（Edward Purcell）对此的评估，当时正值 1960 年，即太空时代到来前的破晓时分。"孤岛模型"认为，光速是一个宇宙中普遍存在的屏障，它将智慧物种限制在其所

在的恒星星系中。因此，广泛的银河系探索，甚至是仅通过无线电波进行的太空通信，传播起来都非常缓慢，是非常不值得的。如此思考，那费米问题也有了答案。

1975 年，麻省理工学院的天文学家约翰·鲍尔（John Ball）提出了“动物园假说”。他猜测外星探险者们应该是有意识地不留下任何痕迹。他们也许将我们的星系视为国家公园或动物园，在他们访问之后，一切应该保留原样。外星人可能没有兴趣与动物园的居民交流，就像我们与高地山羊交流的兴趣不大、与高地山羊群或动物园里的其他物种建立外交关系的兴趣更小一样。或许与更先进文明的接触会破坏不先进的文明，因此外星人可能是为了保护我们而回避我们。[11]

即使在费米时代，也曾有人提出过反对意见，比如冯·诺伊曼所描述的探测器。关于这个探测器的最著名的例子来自虚构作品，即斯坦利·库布里克（Stanley Kubrick）执导的《2001 太空漫游》（*2001: A Space Odyssey*），其中的黑色巨石就是探测器的一种。该影片最初的剪辑中有一段，确切地解释了巨石是什么。它们被确定为旨在探索太空的自我复制机器。但是，后来库布里克决定删掉该片段，因为它会使这些巨石失去神秘性和象征性。

冯·诺伊曼的探测器是一种能够自我复制的机器人。（谁知道它会是什么样子？一个矩形的巨石就是一个很好的猜测。）外星生物可以派出这样的机器人来代替他们探索银河系。像谷歌街景拍摄车一样，为了进行全面的调查，他们甚至可以指定该机器人去探索银河系中较为无趣的部分。虽然有些探测器可能会损毁，但另一些探测器则可以通过收集相关的原材料来建造新的探测器，从而替换已经损毁的那些。这种自我更新将使这项集体探测任务有很大的可能性获得成功。

冯·诺伊曼认为，这是进行深空探索的实用手段，因为以次光速去往不同恒星所需的时间将超过人类的寿命。这些探测器可以做任何具有好奇心的人类探索者可以做的事情，并且可以将它们的发现传回地球。

近年来，冯·诺伊曼的想法和相关的详细阐述由罗纳德·布雷斯韦尔（Ronald N. Bracewell）和弗兰克·蒂普勒等人记录，被引入到费米悖论的讨论中。随着计算机和机器人技术的发展，冯·诺伊曼的想法不再像以前那样显得古怪。据估计，冯·诺伊曼的探测器可以仅用短短 100 万年的时间，以低于光速的速度飞行，就能探索完整个银河系。[12] 不论创造出第一个探测器的物种是否仍然存在，不论还有没有人来接收这些调查报告，探测机器人都可以继续执行它们的任务。现在，许多人认为这个想法比外星人乘坐太空飞船访问地球的可信度更高。那么，那些人或东西在哪里呢？

我们可能认为在地球上可以找到古老的冯·诺伊曼机器。它们可能“死了”或在“休眠”或者成为化石。在某些版本的探测器模型中，这些机器会限制自己的数量。在另一些版本中，只要有资源，它们就会像旅鼠一样繁殖。在后一种情况下，我们可能会期待发现冯·诺伊曼探测器覆满了整个地层，记录下了它们铺张的狂欢——在涌向地球、得到了想要的东西之后，它们就离开了。

但是，没有人能找到任何令人信服的外星人制品。费米的问题仍然像以往一样是个谜。尼克·波斯特洛姆是这样描述的：如果说地球上的生命是一个单一的数据点，那么费米悖论是在这个点上的问号。[13]

The Doomsday Calculation

第 15 章

理解智慧生命，观察者的选择效应

三种智慧生命存在的假说：

智慧的诞生是一件轻而易举的事情；

智慧生命的诞生源自一个或一系列偶然事件；

哪怕是条件非常适宜的星球，智慧生命的诞生也取决于概率极小的意外事件。

1971 年，亚美尼亚比拉坎举办了一次关于外星生命的会议。这次会议因为著名天文学家卡尔 · 萨根（Carl Sagan）与生物化学家、DNA 双螺旋结构的共同发现者[①]弗朗西斯·克里克（Francis Crick）的对辩而被后人铭记。他们争论的焦点是一个简单的问题：地球上曾经可能出现智慧生命的概率有多大。

虽然缺乏实际证据，萨根对存在外星生命的论点仍抱有很高的热情，并在职业生涯中一直鼓吹外星生命是存在的。他认为，根据我们所掌握的信息，地球是一个典型的星球。而智慧生命在地球上的演化，正是存在外星生命的坚实证据。

萨根进一步指出，当时发现的年代最久远的蓝细菌化石可以追溯到 30 亿

---

① 诺贝尔奖得主詹姆斯 · 沃森（James D. Watson）与克里克一同发现了 DNA 双螺旋结构，其著作《双螺旋》全景讲述了 DNA 双螺旋结构发现的历程，有着好莱坞式的戏剧张力。该书的中文简体字版已由湛庐引进，由浙江人民出版社于 2017 年出版。——编者注

年前，那时地球还处于其存在总时间的前 1/3。他评价道：“对我而言，这颇有说服力地说明了原始地球上如何迅速演化出了生命。”[1] 萨根认为，地球在早期就出现了生命，这一事实证明了在类地行星上出现生命乃至智慧生命是完全有可能的。

克里克不同意萨根的观点，他这样总结自己的立场：

> 为了体现我与萨根教授之间的立场区别，我不得不打一个俗套的比方。想象一个拿了一手扑克牌的人，他手中的牌有着特定的顺序和特定的组合。从牌堆里抽到这样特定的一手牌是非常罕见的事，我们没有理由因为自己拿到了这手牌就来估计该事件发生的概率有多大。萨根教授的论点是有很多纸牌可以抽取，但是，我们只有一个独特的事件。从严谨的概率论的角度来看，我们不能以这种方式推算该事件发生的概率。[2]

克里克表示：“我不知道这种推理方法是否已有名称，但它或许可以被称为‘统计谬误’。”[3] 现在，我们有更好的词汇来形容这种方法。克里克所寻找的术语是“观察者的选择效应”。我们必须思考现有的证据是怎么获得的。证据的获取过程可能存在偏见，而不是随机的。

无论存在智慧的观察者是常见的还是稀有的事件，人类的存在已成事实。发现自己所在的星球上存在智慧生命，我们不应该感到惊讶。而且，由于从早期生命到智人的进化需要相当长的时间，我们也应该预料到地球上的生命在很久以前就存在了。这正是我们所发现的。所以，我们的存在并不能告诉我们任何有关生命或智慧生命出现可能性的信息。

克里克的观点现在已被普遍接受。但这种观点似乎呈现出一种僵局，即我们无法仅凭人类存在的事实去研究生命存在的可能性。但是萨根认为，地球上出现生命和智慧生命的时间点提供了额外的信息。此后，更多人对这一思想进行了更详细的探讨。布兰登·卡特把他的思想呈现在了一个童话故事中。这个故事不是《睡美人》，但故事依旧围绕着过时的性别角色展开。

三种智慧生命存在的假说

聪明的公主被囚禁在高塔里，等待着心仪的追求者。任何想要与她共度一生的人，都必须在规定的一小时内找出正确的塔锁。如果追求者成功找到了匹配的塔锁，那么她将立刻与他举行婚礼，否则，追求者将被当众斩首。塔锁特殊的设计使追求者无法进行系统性的排列组合。因此，他们只能尝试随机组合。公主家产雄厚，所以追求者络绎不绝，踩着先驱的坟墓前仆后继。6 月的一天，一位名叫恰克的追求者成功了！他在 27 分 14 秒内找到了那把匹配的塔锁。

这是不是个艰巨的任务？恰克成功的可能性又有多大？

这和人类发现自己存在后，问智慧生命出现的概率有多大的情况是差不多的，卡特如是说。我们至少有两种方法可以解答有关塔锁的问题。最直接简便的方法就是将墓地里的墓碑数加上 1，这就是幸运的恰克出现的序号；然后，我们就能用 1 除以这个序号来大概估测成功找到塔锁的概率。

但是，假设这个墓地建在很远的深山老林中，恰克就无从得知他是第一个追求者还是第 1000 个。他只知道自己成功了，并且花了 27 分 14 秒的时间。他并不知道找到匹配塔锁的平均用时。可能是 10 秒、10 天，也可能是 10 个世纪。恰克只知道，他必须在一小时内成功，否则的话，倒计时一到，刽子手就会从他的脖子上一刀砍下去。

在已知恰克幸存的情况下，我们确定他找到塔锁的用时必须在 0 ～ 60 分钟。总体来说，我认为有以下 3 种情形：

1. 找到塔锁的平均用时远低于一小时。通常第一个追求者就会成功，而且只需花费一小时前面很少的时间。
2. 找到塔锁的平均用时近似一小时。追求者既有一定的机会成功，也会面临较大的失败风险。
3. 找到塔锁的平均用时远超一小时。绝大多数追求者都失败了。幸运的成功者（如果有的话）的用时可以是一小时以内的任何时长。

你可能会质疑最后一种情形。如果找到匹配的塔锁是一件很困难的事情，那么我们难道不应该认为在千钧一发的时刻成功比在一开始就成功更合理吗？就像在电影里，英雄总是在炸弹爆炸前两秒才剪断电线。

现实生活中，第三种情形中在千钧一发时刻的成功并非更常见。卡特特别说明了公主的追求者只能尝试随机搭配钥匙和塔锁。实际上，追求者们就像在玩老虎机[①]一样，每拉一次手柄，就会产生一个小的成功概率，因为机器本身是没有记忆的。玩家在第一次拉手柄和第一百万次拉手柄时的成功概率相等。所以，玩家如果在第一个小时里获得头奖，那么他在游戏的一开始就得奖和在最后时刻才得奖的可能性一样大。这就意味着 27 分 14 秒（恰克选中匹配的塔锁的时间）在第二种和第三种情况下都可能发生，但却不太符合第一种情况。当他自己用了 27 分钟（而不是 27 秒钟）才解开塔锁时，他就应该知道想要找到匹配的塔锁不是件容易的事。不过，他能得出的结论也就到此为止了。

① 一种赌博机器。玩法是将硬币投入机器，玩家按下按钮使机器荧幕上随机滚动的图案停下来，如出现符合要求的图案，则依其赔率胜出。——译者注

地球上智慧生命的进化过程也是受时间限制的。于是，就产生了以下三种假说，与上面三种情形一一对应。

1. 智慧的诞生是一件轻而易举的事情。从本质上来说，所有类地行星都可以进化出观察者，而且观察者一般诞生于该星球宜居寿命的早期阶段。宜居寿命是根据智慧生命的进化所消耗的资源总量计算出来的。出于进化和地球物理学的一些因素，宜居寿命会有一个最低底线。
2. 智慧生命的诞生源自一个或一系列偶然事件。在类地星球的宜居寿命内发生这种偶然事件的概率不算小。这就意味着某一些星球会“幸运”地进化出观察者。而其他类地行星的“太阳”则会在偶然事件发生之前就变成红巨星[①]。如果智慧生命确有诞生的话，那么它可能在这个星球宜居寿命的任意阶段发生。
3. 哪怕是条件非常适宜的星球，智慧生命的诞生也取决于概率极小的意外事件。如果观察者真的出现的话，它发生在星球宜居寿命任意阶段的概率相等。

我们目前所了解的地球寿命可以精确到四位有效数字：45.43 亿年。不过，我们对早期化石年份的了解就没有如此精确了。我们很难追溯化石的年份，甚至很难确定它们是不是化石。目前，科学家认为最古老的化石有 35 亿年的历史。不过，它的真实历史也很有可能接近 40 亿年。另外，从宇宙日历[②]的角度来看，人类水平的智慧仿佛诞生于昨日。解剖学上 20 万年前的现代人头骨

① 红巨星是恒星燃烧到后期所经历的一个较短的不稳定阶段，一般认为围绕红巨星的行星难以形成智慧生命（微生物或能生存）。——译者注

② 宇宙日历是一种将宇宙年表可视化的方法，将其目前的 138 亿年的历史按比例压缩到一年。——译者注

其实只能追溯到地球最近 0.0 044% 的历史。

我们自以为很了解地球的未来，认为它肯定与太阳的命运紧紧相连。在其内部的氢元素耗尽之前，一颗像我们的太阳这样的恒星预计可以持续释放 100 亿年的光与热。在那之后，太阳将把氦元素聚变成碳元素或其他重元素[①]，最后变成一颗红巨星。在红巨星阶段，太阳会吞没水星和金星的轨道，甚至可能吞没地球轨道。就算它最终或许无法到达地球，地球在中午也会顶着一颗熊熊燃烧的红日，地球会被烤干的。

太阳的寿命给地球上的生命设置了一个上限。地球的宜居寿命似乎还有 50 亿年。但是很多地球物理学家认为这个估计太乐观了。太阳目前正变得越来越热。在短短 10 亿年间，不断上升的温度就可以使大气消失、海洋蒸发，然后地球就会变成像金星一样炙热而了无生机的星球，而且这还是在假设人为因素导致的气候变暖不会加速引起温室效应失控的情况下。

粗略地估计一下，地球从形成到海洋蒸发一共大约是 60 亿年的时间。图 15-1 将这 60 亿年压缩成一幅条形图。阴影部分对应地球上生命的化石史。生命很早就出现了，但是智慧生命却出现得相当晚。

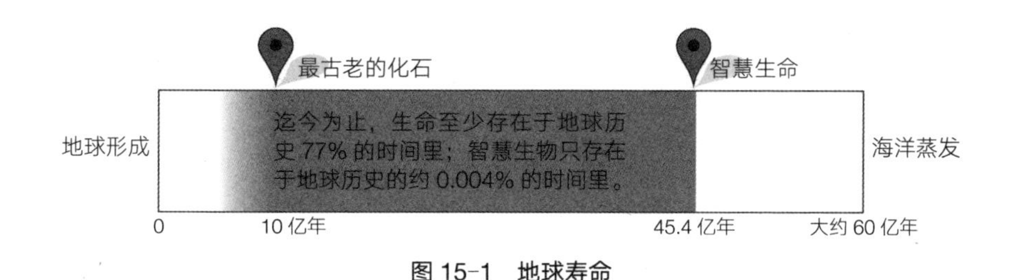

图 15-1　地球寿命

① 重元素主要是指原子序数高于 92 的元素，一般相对原子质量较大。——译者注

我们认为生命只是化学反应的结果，而化学家几乎用不到概率。将可乐和曼妥思[①]混合在一起。嘭！他们就产生反应了。但是，我们不知道第一个无性繁殖[②]生物形成的细节。不难想象，生命是一个不可思议的极小概率事件的结果。在同一时间将形成无性繁殖的生命体所需的所有分子集合在一起，并且还不会立刻被别的东西摧毁是一件极其困难的事情。这件事情的概率实在太小了，所以在数十亿年的时间里，整个地球范围内的分子可能都无法产生这样的反应。同样，我们可以预见智慧生命的进化也是一个极小概率的事件。

然而，根据对生命史的了解，我们可以排除智慧生命的存在吗？不见得。按照上文给出的三种假说来讲，我们可以首先排除第一种，也就是智慧的诞生是一件轻而易举的事情。否则，我们不会在地球宜居寿命的“晚年”阶段才诞生。我们出生的时机与第二种假说（智慧生命的诞生是一个较常见的偶然事件）和第三种假说（智慧生命的诞生是极其罕见的偶然事件）是契合的。

卡特又进行了进一步的研究。我们其实没有理由认为智慧生命进化所需的平均时长与类太阳恒星平均的氢燃烧寿命有任何关系。前者是一个生物问题，而后者则是一个物理问题。它们之间的差异可能多达几个数量级。因此我们可以暂时排除第二种假说，因为这种假说发生的概率微乎其微。所以我们就剩第三种假说了。在卡特看来，我们应该假定智慧生命的进化是概率极小的事件，而且这在宇宙中也是很罕见的现象。

---

① 曼妥思是一种糖果，可乐加曼妥思发生喷发现象是由于曼妥思表面的小孔会产生催化作用，释放汽水中的二氧化碳，造成大量泡沫快速喷发。——译者注

② 无性繁殖不涉及生殖细胞，不需要经过受精过程，是直接由母体的一部分形成新个体的繁殖方式。——译者注

进化中的关键一步

曾经人们一度认为，无论是羽衣甘蓝、钩虫还是真人秀明星，所有的多细胞生物都拥有共同的祖先。后来，人们意识到这个观点是错的。从单细胞生物到多细胞生物的进化发生了不止一次。

在地球生物史中，因适应环境而发生进化的例子还有很多。比较显著的例子就是眼睛。任何曾与章鱼四目相对的人都经历过一种奇特的感觉。这种生物有两只眼睛，眼睛包括瞳孔、晶状体、视网膜以及视神经（尽管它没有角膜或视觉盲点）。然而，章鱼的眼睛相对于鱼和其类人后代①来说是独立进化的。昆虫的眼睛和鱼及章鱼的眼睛又是毫无关联的。科学界认为，眼睛在地球上大约经历过 10 次进化，并且这些进化之间是互不相关的。

这个发现非常惊人，因为眼睛不只是生物照相机，更是生物计算机的重要组成部分。眼睛比较大的生物一般都有比较大的头脑，因此它们可以将瞬息万变的数据实时代入持续更新的 3D 世界模型。这样的生物在躲避捕食者、自己捕食和思考的时候都更加灵活。

1971 年，萨根回应克里克时说道："通往生命起源的途径有很多，因此在数十亿年的历史长河中，在某一个适宜的星球上有生命起源的可能性其实并不低。"[4] 同样的道理也可以用在智慧生物上。通过特定的途径产生智慧生物的可能性很小，但经由某些途径产生智慧生命的可能性却很高。

这可以告诉我们什么道理呢？它告诉我们，有智慧生物的类地行星上进化

① 在科学的分类法中，如人类、恐龙等在系统发生学上是属于硬骨鱼的一部分。有一种说法是，所有脊椎动物的祖先都是肉鳍鱼类。——译者注

出多细胞生物、进化出眼睛等都不是小概率事件。这些适应性的进化并非通往智慧若干道路上的绊脚石。

不过，很多同样重要的发展步骤确实是极小概率的事件。就目前已知的科学证据来看，地球上的生命起源只有一次，智慧也只进化了一次，所以我们不会找到智慧恐龙文明的遗迹。今天的我们存在于世间，显然要求生命起源和智慧进化都至少要出现一次，所以我们人类的存在不能算作一个大概率事件。

事实上，判断某件事情重要与否是很难的。卡特说，假设我们像天使一样进化出了翅膀，我们可能就会认为翅膀是智慧生物不可或缺的一部分。[5] 不然，我们还怎么一边用对生拇指干活①一边四处溜达呢？

卡特在他修订版的童话故事中提出了这些问题。假设现在追求者必须在规定的一小时内找到 5 把（而非 1 把）匹配的塔锁，而且这五把锁还必须按照顺序选出。幸运的恰克又成功了，这次他用时 47 分 40 秒。

恰克可能会觉得他挺擅长匹配锁的。他不仅找到了 5 把锁，时间竟还有富余。不过，他还是需要考虑选择性效应。无论他需要找到 1 把锁还是 1000 把锁，他还活着这个事实就说明他已经找到了完成任务所需要的锁，否则他就已经是死人了。成功的追求者所花的时间取决于需要找多少把“高难度”的锁。在这里，“高难度”意味着人们找到这把锁的平均所需时间远高于规定时间。这样的锁越多，成功的追求者所花的时间就越接近规定时间结束的那一刻。

智人是在地球宜居寿命进展到大约 75% 的阶段登上历史舞台的。卡特用

① 指拇指与其他四指对合，见于灵长类动物的手、足和人类的手，使它们可以拿握东西。——译者注

数学分析证明，作为观察者，我们进化中真正关键又极其罕见的步骤可能只有一两个。[6] 而乔治·华盛顿大学的经济学家罗宾·汉森通过计算机模拟得出这样的步骤稍多一点，应该在 5 个左右。[7] 如果这样的步骤再多一些的话，那么人类应该会在地球即将毁灭的时刻才得以进化。

混沌中的生物进化

混沌理论认为，由于初始条件细微的改变可以使结果天差地别，很多现象都是不可预测的。例如我们能够获取的有关当前大气状态的数据永远不够精确，不能帮助我们预测遥远未来的天气情况。生物的进化也是混沌的。

然而，我们可以不费吹灰之力地预测未来上千年的月食时间。这是因为我们的太阳系就像一个有迹可循的发条装置，主要的行星都按照稳定的近似圆形的轨道运行。我们曾以为这是常规的，然而，对于其他恒星所辖行星粗浅的研究就已经显示，太阳系的和谐程度是不同寻常的。许多我们所能观测到的其他星系都有着很扁的椭圆轨道、密集分布的轨道或者纵横交错的轨道（不同轨道不共面）。这些轨道本身也是混沌的，因为重力在不停地推拉这些轨道。

计算机研究表明，行星轨道就像一曲复杂的圆舞曲。太阳系可能也只是暂时的稳定。计算机模型显示，地球和火星最终或许会逐步靠近直到相撞，然后两败俱伤。最终，一个小行星带将应运而生。行星还可能被推向寒冷的太阳系外沿，或者被卷向太阳。似乎有很多或者绝大多数行星最终都会偏离自己的轨道，星球内的温度骤变也会导致所有生物的灭绝。那么我们是怎么成功避免了必死的命运呢？可能只是因为足够幸运吧。

行星的气候变化也是混沌的。目前，太阳比它青壮年期的温度高 30%。这就使我们产生了一个疑问：为什么地球的温度没有随之增加 30%？地球上的液态水已经存在超过 40 亿年了。尽管太阳光越来越强，但大气动力似乎发生了某种特殊的变化，使温度可以保持现状。目前，我们还不知道这究竟是怎么发生的，也不知道发生的概率有多大。

曾经，地球上的气候比现在要冷。距今 7.2 ～ 6.35 亿年前的成冰纪时代[①]的地球是一个白雪皑皑的地球，那时海冰和冰川覆盖了整个世界。这可不是一次小小的感冒。成冰纪持续了将近 8500 万年，比侏罗纪时期还长。据说，火山爆发使空气中的二氧化碳剧增，进而导致了全球变暖，冰雪消融，成冰纪也因此结束，随之而来的是生命的进化。我们是否应该对自己说，幸好火山爆发了？

不只是火山爆发，我们也应该为有一枚小行星或彗星在白垩纪[②]末期砸向尤卡坦半岛而感到庆幸，因为它破坏力巨大，将恐龙赶出了历史的舞台，但是又没有大到毁灭了将来会进化成这篇文章作者和读者的小型害虫害兽。

① 地质时代中的一个纪，成冰纪期间出现雪球地球事件，即地球表面从两极到赤道全部结成了冰，地球变成一个大雪球。此时期为生物低潮期。整个成冰纪，地球处于冰河时期，被称为“成冰纪冰河时期”。——译者注

② 地质年代中中生代的最后一个纪，开始于 1.45 亿年前，结束于 6600 万年前。白垩纪时期地球气候温暖、干旱，恐龙统治着地球，其他动植物种类也很丰富。——译者注

The Doomsday Calculation

第 16 章

理解人类的生存，为什么我们从未遇见外星人

科学可以解释看得见的彩虹，却不能解释看不见的独角兽。而费米问题则是探究“独角兽”类型的问题，即试图解释为何我们无法找到证据证明拥有太空旅行技术的外星人的存在。

理查德·戈特曾在普林斯顿大学教授一门很受欢迎的天文学导论课程，共同执教的还有尼尔·德格拉斯·泰森和迈克尔·A. 斯特劳斯（Michael A. Strauss）。戈特十分热衷于使用自制的视觉教具。他发现，相较于数码幻灯片，真实、熟悉的物体通常能更好地传达一个理念。戈特曾给我展示过一个视觉教具：一些不同大小的杯垫圆盘和鼠标垫，上面摆着像乐高小人一样的玩具模型（见图 16-1）。戈特说，如果这些圆盘代表着行星，假设你是乐高玩具人中的一个，你更有可能在哪个星球上呢？

图 16-1　戈特视觉教具模拟图

大家都会说自己最有可能在最大的那个星球上，因为那上面人口最多。戈特认为，这就可以解释为什么我们从未遇见过外星生物。

通常情况下，科学可以解释看得见的彩虹，却不能解释看不见的独角兽。而费米问题则是探究“独角兽”类型的问题，即试图解释为何我们无法找到证据证明拥有太空旅行技术的外星人的存在。戈特在 1993 年发表于《自然》杂志的文章中就讨论了这个问题，以及人类的生存问题。

孤独地生活在银河系的人类

让我们想想地球上的国家（因为我们有每个国家的人口数据）。此刻你大概率不会在图瓦卢、列支敦士登或者摩纳哥，而是很可能在世界上为数不多的几个人口大国里。人口最多的 7 个国家（中国、印度、美国、印度尼西亚、巴西、巴基斯坦和尼日利亚）的人口加起来占了地球总人口的一半以上。

世界主权国家的人口中位数仅有 840 万。然而，几乎所有人（96.4% 的人口）都生活在一个人口超过中位数的国家。在这层意义上，几乎每个人都在人口处于“平均水平”以上的国家。

这是一个不难理解的悖论。出现这一悖论是由于国家之间的人口差异巨大，这差距往往多达几个数量级，例如中国的人口是梵蒂冈的千万倍。因此，寥寥的几个人口大国就占据了世界的绝大多数人口。随机选取一个人，我们几乎可以肯定他生活在一个比世界上大多数国家人口都要多的地方。

现在，我们将这个结论应用于费米问题。自费米本人开始，关于地外生命的讨论通常都假设外星人热衷于星系殖民。并且，我们也假定外星人已经拥有了庞大的人口，且存在了数亿年。

戈特却认为，我们不应该对此太过肯定。首先，我们来考虑银河系中一共存在多少观察者。这个数据与星际旅行是否可行有着深切的关联。如果没有星际旅行，那么所有种类的观察者都将被局限在自己的星球里。观察者只会存在于少数几个已经进化出观察者的星球。假设我们的银河系中一共有 10 万种智慧生物（这是德雷克方程给出的一般结果），且一个星球大概可以容纳 100 亿观察者。由此推算，银河系中一共可能有 10^{15} 名观察者。

但是，如果星际旅行可能实现的话，那么我们认为外星人会探索和移居至其他未曾进化出智慧生物的星球，因而散布在银河系各处。外星人还很可能会发展出“环境土地化改造”的技术，使曾经不适宜生存的星球变得适宜居住。这样一来，银河系人口将比上一种情况中多许多。银河系中大约有 3000 亿恒星，以及至少 10 亿个潜在的可居住行星。如果我们继续假设一个星球的平均人口是 100 亿，那么一个填满的银河系会有 10^{19} 名观察者。这种情况下，观察者数量将是之前情况的一万倍，在那时，所有观察者都局限在自己的星球上。如果星际殖民可行的话，几乎所有的观察者都会隶属于一个银河帝国。

但目前看来，人类并不是银河帝国的成员。我们依旧只生活在自己的地球家园。这就证明了星际殖民还没有发生，并且有可能永远不会发生。在戈特看来，掌握星际旅行技术的外星人之所以没有来拜访地球，是因为这样的外星人不多，或者根本不存在。

就像绝大多数地球公民都生活在少数几个人口大国一样，绝大多数银河系公民应该都属于数量最多的那些观察者物种。极有可能智人就属于这个类型。相比于银河系的其他物种，人类的人口数量多于银河系累计人口的平均数是较大概率事件。

戈特的另一个视觉教具则展现了时间维度上的人口变化。戈特将多米诺骨牌叠成了人口柱状图（见图 16-2）。横轴代表时间，多米诺骨牌的高度则代表特定种类的观察者的数量，例如人口。

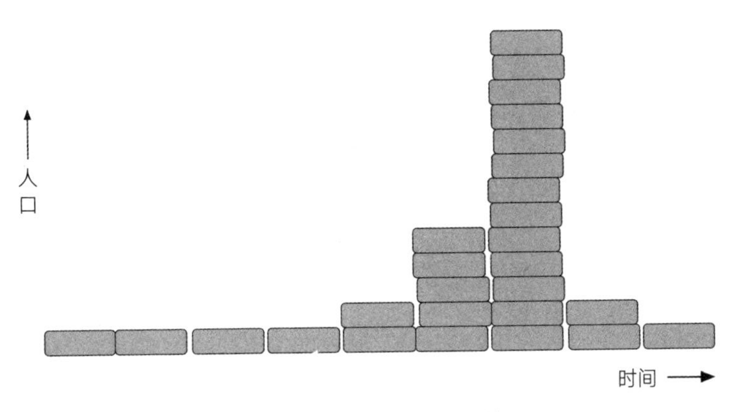

图 16-2　戈特的模拟人口柱状图

随机选取一个人（一张多米诺骨牌），他很有可能处于人口数量最多的时期（即多米诺骨牌最高的一摞里），就像他更有可能生活在人口最多的国家一样。

这就展现了约翰·莱斯利的观点，即我们通常生活在人口爆发期。在资源无限的情况下，这一论点符合旅鼠、细菌或者任何一种数量呈指数级增长的物种。我们默认的假设是，人类以及绝大多数别的观察者物种，目前的种群数量都比其过去大部分甚至所有历史时期的数量要大得多。

现在，我们终于可以回答原始的费米问题：为什么外星生物没有坐着他们的宇宙飞船来拜访我们呢？戈特说，我们首先应该问自己另一个更好回答的问题：我们为什么没有坐着自己的宇宙飞船去拜访外星人呢？我们不去是因为我们没有这样的技术。其实，在所有种类的观察者中，没有星际旅行技术的情况可能比我们想象的更普遍。

我们不应该在证据不足的情况下就盲目假设我们的发明技术远远领先于别的外星生物。戈特表示，一个智慧物种经历科技发展、人口爆发，并制订许多雄心勃勃却未能实现的计划（例如星际旅行）都是非常普遍的现象。此刻，格利泽 221① 星系里的外星生物可能正在说着"我们真应该建造宇宙飞船去探索银河系，就像在电影里一样！"不过，这些都是空谈。

没错，也许许多外星生物会领先我们数十亿年。他们将朝着自己命运的方向前进得更快。不过，我们不要贸然断定这句话的意思。那些古老的文明可能一路走到了灭亡。我们没有一丁点儿证据可以证明星际旅行和长达数百万年的文明是普通的事情。戈特用哥白尼式的语言解释道：

> 如果你相信我们智慧的后代能够生存 100 亿年并且殖民银河系，那么你就必须相信，你是我们这个智慧物种中最早出生的那一部分幸运儿……如果你不够幸运，从没出现在电话簿的第一页过，也没有出生在 1 月 1 号，那么你还能自信地认为你会幸运地出现在人类的终极人口列表的前列吗？你应该对一些事情保持怀疑态度，尤其是那些让你即将成为幸运儿的事件，比如当有人说你会赢得明天的彩票，或者有人宣称转发这条连锁信② 你就能暴富之时，你就该特别小心。[1]

我们没有宇宙飞船，但我们有无线电。那么我们为什么没有接收到任何来自外星人的信号呢？

在地球上，无线电广播已经存在了一个多世纪。不过，我们的无线电信号只能覆盖郊区，不能传输到地外行星。其实，外星人的无线电广播可能也是一

① 格利泽 221 是一颗位于猎户座的橙矮星。2012 年，科学家发现了两颗围绕格利泽 221 的具有适宜生命条件的行星。——译者注

② 指收到信的人被要求转发给多人，并要求他的收信者继续转发的信件。——译者注

样的。哥白尼原理预测我们使用无线电技术还会持续一个世纪（按中位数预测），或者 2.6 到 3900 年（按 95% 的置信水平预测）。这些时长比德雷克方程推算出的能够进行通信的文明寿命要短。1961 年，德雷克方程给出的估计是 1000 到 1 亿年。

我们可以探测到从遥远的星球传来的常规广播信号吗？从我们目前的技术来看，可能性不是很大。搜寻地外文明计划的成员寄希望于更加先进的外星生物愿意主动与我们取得联系，并且有能力建造出强大的信号塔来完成这个事情。

我们自己建造过这样强大的信号塔吗？没有。将来会建造吗？说不清楚。不仅如此，已经有科学家为此感到焦虑了，因为他们认为星际无线电传播可能会使人类成为众矢之的。如果我们的情况是很普遍的，那么真正地尝试星际通信便成为极小概率或不可能发生的事情。

1993 年，戈特将哥白尼原理的估值重新带入了德雷克方程。他估计我们的银河系中拥有无线电广播技术文明的数量上限为 100（在 95% 置信水平下）。真实的数据可能远远小于 100，可能只有一个（那就是人类文明！）。戈特的估值暗示，10 亿颗星球中只有不超过一个文明拥有传播技术。而离我们最近的这种文明也至少在一万光年以外。这可比夜晚所看到的任何星星离我们的距离都要远。

那么地外文明搜寻计划[①]是在浪费钱吗？戈特认为不是，原因有两点：第一，该计划探测到信号的概率并不为零。尽管探测到信号的概率不大，但人们对正面结果（探测到外星信号）的兴趣和其重要性使得付出努力是正当的。第

① 地外文明搜寻计划指的是一项利用全球联网的计算机共同搜寻地外文明的科学实验计划，由美国加州大学伯克利分校创立。——编者注

二，即便得到负面结果，其价值也不容小觑。

1995—2004 年，由吉尔 · 塔特（Jill Tarter）带领的一个名为“凤凰”的地外文明搜寻计划项目专门收集来自距地球 200 光年范围内的 800 颗星球的信号。如果戈特预测的数值是对的，那么塔特接收到外星人信号的概率就不会超过 0.00 008%。其他人都确信概率不可能这么小。科学本身就致力于探索世界的本质。如果具备无线电广播的外星人真的很稀有，那么我们也值得了解真相。戈特对于费米问题的解答并不以任何特定的假设为前提，所谓特定的假设就如：星际旅行绝不可能实现；所有的外星物种都在自己的星球大屠杀中灭绝了；外星人想要把我们关在动物园里；外星人想要消灭人类等。戈特唯一的假设就是我们作为观察者，地位并不特殊。

人类存在这一个孤立事实提供的唯一有用的信息是，我们这样的观察者物种的存在时间尺度是数十万地球年的级别。这与人们对于外星文明的常规假设，即它们比人类历史上任何事物的寿命都长数千万倍形成了鲜明对比。戈特认为，这一条未经证实和检验的假设，就是费米悖论的根源。我们最好还是参考那些可以亲眼所见的证据。

地外文明搜寻计划正在进行的、有价值的探索可能就像“皇帝的新衣”一样。也许大多数外星物种根本就没想探索外星球，也没有达到庞大的数量，更不想向宇宙宣告他们的存在。人类有一个美丽的地球家园。对于大多数宇宙中的物种来说，他们的家园可能也是他们拥有的唯一财富。

戈特认为，具备太空旅行技术的外星物种远比一般以为的更加稀少。如果他说的是对的，那么典型的德雷克方程推算出的预估就都是错误的。但是他们怎么可以相差如此之远呢？安德斯 · 桑德伯格（Anders Sandberg）、埃里克 · 德雷克斯勒（Eric Drexler）、托比 · 奥德（Toby Ord）都来自牛津大学人类未来研究所，他们在2018年共同撰写了一篇文章，对上述问题提供了有力的解答。德雷克方程是将7个未知变量相乘，我们则将未知变量中的不确定度一起相乘了。任何德雷克预估都包含了这些不确定性，但是人们往往忽略了它们。我们将数值代入德雷克方程，得出银河系中有1000万种左右的外星生物。我们说服自己这只是瞎猜的——话虽如此，为了安抚统计之神，我们还得思考：为什么预估似乎有违现实呢？但是鉴于该数字背后的不确定性，实际情况与估算值之间确实可能有很大不同。

下面，我们来看一个牛津学者们探讨问题的简化示例。假设宇宙中有三种星系，出现概率相等：第一种星系中有100万个外星文明，第二种星系中只有一个外星文明，而第三种星系中有1/1 000 000个外星文明（这意味着有一个外星文明的概率只有百万分之一，所以可能一个都没有）。我们不知道自己的星系属于哪一种。那么，我们星系可能拥有多少个外星文明呢？

首先，我们的星系有1/3的概率容纳了100万个外星文明。平均下来，星系就有333 333个外星文明。由于另外两种星系中并不存在几个外星文明，333 333就是外星文明的平均数和期望值。但是，这个平均数比其中位数大很多。中位数显示我们的星系中只有一个外星文明。这可是天壤之别。另外还需注意的是，我们说星系“平均”容纳333 333个外星文明时，并没有排除一个非常现实的情况，即根本不存在外星文明的可能性（它占1/3）。

真正的德雷克方程的预估比上述例子更偏颇。桑德伯格和他的同事们收集了科学文献中的所有预估。然后，他们用计算机做了模拟，其中每一个变量的值都是从科学文献里有关这个变量的估值中随机抽取的。所选的7个变量相乘，就得到了德雷克预估。重复这个过程数次，我们就可以得到预估结果的变化范围。牛津大学人类未来研究所的学者们发现，估值结果间的差距超过了40个数量级。[2] 其中，导致差异的最大原因是有关生命起源的概率的不确定性。许多人现在都选择支持卡特的观点，即生命可能起源于一次极为罕见的事故。其次，导致差异的另一个原因则是关于能够进行星际通信的物种寿命的不确定性。

牛津大学计算机模拟给出的结果是星系中外星文明的平均数量为 5300 万，而中位数是 100。但是，由于它们分布十分广泛，所以依旧有 30% 的概率银河系中一个外星文明都没有。的确，有 10% 的模拟结果显示外星文明非常罕见，以至于在可观测到的宇宙范围内可能一个都没有。

如果我们接受以上观点，那么费米悖论就不复存在，我们也不应为没有外星生物存在的证据而感到奇怪了。可能人类就是如此孤独地生活在银河系中，甚至是宇宙中，而这和科学界目前的观点也并不冲突。“大家都去哪儿了呢？”牛津大学的学者们认为，外星人可能离我们非常遥远，超越了宇宙学的视野，因此我们或许永远都无法触及他们。[3]

旅鼠与黑天鹅

有些乐观主义者认为：过去并不能预示未来。他们崇尚的是奇点。这可以被用来反驳戈特的分析。假如大多数外星文明和人类文明差异不大的话，那么他们也将经历科技的飞速发展。我们只需假设某些外星文明领先于人类文明几千年的时间（从宇宙时间的角度来看这不算什么），那么他们可能已经经历过科学技术突然大幅提升的转变了，例如超越光速的旅行。因此，就算大多数外星生物都和我们一样偷懒而没有发展出先进技术，就算最近的外星文明离我们有数十亿光年远，像魔法一样足够先进的科技也是不容小觑的［原话出自阿瑟·克拉克（Arthur Clarke）］。[4]

但是，让我们思考一下，哥白尼哲学究竟在探讨什么。以下说法或许也是合理的：我发现我正处于科技高速发展的时代；因此，我推测有很多观察者都会发现自己同处于这个时代。一般的外星生物可能也会发现它们处在科技高速发展的时代。然而，只知道我处于科技蓬勃发展的时代并不能告诉我这样的科技发展会持续多久，更不能告诉我它最终会发展到一个怎样的高度，以及它是否局限于地球范围。

与旅鼠的类比或许对我们有所帮助。一只有思想的旅鼠观察到它们的族群最近发现的浆果、苔藓和地衣数量都呈指数级增长。北极圈里大多数有感知能力的旅鼠也会有同样的发现。在已知旅鼠们还会活过下一周的情况下，这只旅鼠可以合理推测接下来一周它们能找到的浆果和苔藓的数量依旧会呈指数级增长。它可以继续做这样的推测，直到旅鼠群一齐跃下悬崖的那一刻。

这样看来，一些外星文明的确比我们更先进。但是，这样先进的外星文明可能比我们以为的更加罕见。而呈指数速度发展的科技究竟对于人口和生存率意味着什么，依旧是一个开放性问题。当今世界有许多人担心加速发展的数字科技可能就是未来毁掉人类的一个因素。戈特曾讽刺地说过，爱因斯坦是个聪明人，然而他也没比许多不如他聪明的人活得长。[5]

在斯坦尼斯拉夫·乌拉姆和冯·诺伊曼最初的理解中，奇点是一种“黑天鹅事件”，即无法以过去的经验预测，而且是“一旦发生，现有人类将被超越，我们现在所理解的人类历史将无法继续”的事件。[6]奇点的另一个名字或许就是末日。

戈特曾对我说，如果他有幸见到外星人，他最想马上问两个问题：第一，你的文明存在了多久？第二，你们与人类究竟有多么相似？例如，戈特可能会想知道外星人的语言中是否有对应“战争”的词汇。这名外星人将会提供来之不易的第二个数据点，即从无限可能中第二个随机抽取的样本。这将为揭示人类现状的普遍性（或是特殊性）做出巨大贡献。

The Doomsday Calculation

第 17 章

理解潘多拉的魔盒，大家也许都有“好故事偏见”

大家也许都有“好故事偏见”。也就是说，我们更喜欢具有故事性的未来。这意味着人们常常认为灾难应该是悲剧性缺陷的结果，有适当的可预见性，而不是突如其来、毫无征兆亦无法避免。人们很容易接受对于这个世界循规蹈矩的叙述，并拒绝那些不符合预想情节的推测。

欧洲核子研究中心[①]的大型强子对撞机藏匿在日内瓦的一个山腰上。大型强子对撞机是世界上有史以来功能最强大的粒子加速器。它是一个圆形的真空隧道，其中的磁铁可以将质子加速到接近光速。管道中质子对撞，会爆炸产生新的粒子。建立大型强子对撞机的一个主要任务就是寻找希格斯玻色子。但是，自从 2008 年下半年大型强子对撞机建成并开始运转，它就被蒙上了一层阴影，卷入了一系列的不幸事故中。

首先，大型强子对撞机不受媒体的待见。一部分博主大胆猜测大型强子对撞机空前剧烈的撞击可能会导致微型黑洞[②]的产生。这种比原子还小的理论上存在的质点可以像穿越空气一样穿越坚硬的岩石。由于重力的作用，这些微型黑洞可以绕着地球中心在椭圆轨道上公转。每“饥肠辘辘”地公转一次，它们

① 世界上最大的粒子物理学实验室，成立于 1954 年 9 月 29 日，总部位于瑞士日内瓦西北部郊区的法瑞边境上，享有治外法权。——译者注

② 即很小的黑洞。原则上，黑洞的质量可以是高过普朗克质量的任何质量。——译者注

就会卷走地球的一部分质量。据说，整个地球最终会被一个无限生长的黑洞吞噬。

不过，几乎所有物理学家都出来辟谣了，称这样的危险不会发生。其实，就在大型强子对撞机的建立过程中，物理学家们原本一致的观点也发生了转变。[1] 他们本已经认为，微型黑洞根本不可能产生。但是，弦理论[①]的一些结果显示，微型黑洞可能真的存在，但是就算微黑洞真的产生了，它也会透过霍金辐射很快蒸发。然而，更深入的研究又让科学家们开始质疑这个结论。有一种观点是，如果这种会吞噬星球的微型黑洞的确存在的话，那么它理论上也可以在白矮星中形成。不过，我们从未在白矮星里找到过微型黑洞存在的痕迹。这一系列冲突的观点在科学研究中非常常见。但是，正因为微型黑洞有着极大的潜在风险，它促生了许多黑色幽默。有些人售卖印有末日的 T 恤，而有些杞人忧天的人则从大型强子对撞机开始运行的第一天起就每天关注着新闻。

2008 年 9 月 10 日，对撞机在较低能量下开始进行初步的测试。9 天之后，发生了一起“超导事件”，6 吨的液态氦冷却剂泄漏到真空隧道中，并携带强烈的爆破力，导致设备受损，项目暂停。为了修复这些受损的设备，大型强子对撞机相关的项目都被推迟了至少一年。

2009 年 10 月，欧洲核子研究中心的一名物理学家因与基地组织有勾结而被逮捕。[2] 在接下来的 11 月，一块明显是鸟儿不小心掉落的面包使户外设备短路了。[3] 如果不是因为大型强子对撞机还没有从第一次超导事件中恢复正常运

---

① 弦理论是理论物理的一个分支学科，弦论的一个基本观点是，自然界的基本单元不是电子、光子、中微子和夸克之类的点状粒子，而是很小很小的线状的“弦”，弦的不同振动和运动就产生各种不同的基本粒子。——译者注

作，第二次超导事件可能又不幸地发生了。

在这段低谷时期，最初的灾难预言者之一、物理学家霍尔格·贝克·尼尔森以及他的同事二宫正夫（Masao Ninomiya）开始在一个网站上大肆散播有关大型强子对撞机的更离奇的猜测。很快，媒体就关注到这些猜测，随后，类似于“上帝阻挠大型强子对撞机项目”[4]和“时空穿越回来的希格斯阻碍大型强子对撞机项目的开展，千真万确！”[5]这样的标题渐渐出现在新闻中。

实际上，物理学家们都提出了观察选择效应。假设大型强子对撞机的项目会导致世界末日，所有地球上的生物都会灭亡。那么，既然我们现在都还活着，就说明我们必然生活在一个量子世界①，其中一切使“对撞机对地球生命造成毁灭打击”的事故被一系列“意外事件”巧妙地规避了。超导事件、与基地组织勾结的物理学家，以及那一块掉落的法式面包，都是宇宙密谋来阻止对撞机运行的一部分。

尼尔森和二宫正夫（一位记者评价道，如果不是肆意散播谣言的话，这是两位“十分出色的物理学家”[6]）甚至把美国国会都扯了进来。20 世纪 80 年代后期，美国和当时的苏联都计划打造自己的超级对撞机。这是一场秘密的“太空竞赛”。苏联解体之后，俄罗斯的超级对撞机计划中止了。另外，美国国会中希望削减开支的民主党认为，美国也不需要继续进行这个昂贵的科学计划了。于是，美国的超级对撞机计划也在柏林墙倒塌不久后终止了。[7]

“我们的理论证明任何想要创造希格斯玻色子的机器都没有什么好下场，”尼尔森说，“我们是通过数学计算得出这个结论的，但你也可以理解为上帝不喜欢希格斯玻色子，于是百般阻挠，想尽办法避免它的出现。”[8]

---

① 此处指某个平行宇宙，其中大型强子对撞机没有毁灭人类。——译者注

大型强子对撞机的传说引出了两个问题。第一，一个物理实验就真的可以在不经意间毁灭世界吗？第二，量子物理是否能帮助我们避免这种灾难的发生？人们试图从贝叶斯理论、自定位信息以及选择效应的角度来探究这两个问题。我将在这一章中探讨第一个问题，并在下一章中探讨第二个问题。

从表面上看，费米悖论认为某些东西阻止或限制了太空旅行和交流物种的出现。而这个东西通常被叫作“大过滤器”（great filter）。波斯特洛姆写道：“不难猜测，可能存在一种技术，几乎所有足够发达的文明最终都会发现它，但是它的发现会导致世界范围内的生存危机。”[9]

这是一种可能性。但是大过滤器不一定特指某一种东西。这个词可以指代一切能够影响德雷克方程的因素。我们只能透过带有自身选择效应的玫瑰色滤镜审视过去。现在，我们在这里，却不知道到达这里需要多少运气。

这是一个发人深省的想法。或许地球上的生命到现在为止都很幸运，但是这份幸运已经快要透支了。

图 17-1 显示了两种可能性。这两张图是代表适合生命发展的行星的直方图，横轴从左到右代表着时间的方向。在这两种情景下，我们都从一个有着许多宜居行星的世界开始（最左侧），然后缩小到仅有寥寥数个居住着观察者的行星的世界（浅色阴影区域）。而这些观察者中，仅有更小一部分具有跨星际交流和旅行的能力（深色阴影区域）。在每个图中，深色阴影区域的大小是相同的。这就是费米限制：能够跨星际交流的文明必须很少，不然我们可能已经发现一些这样的文明了。

这是两种可能出现少量跨星际交流的外星人的情况。在图 17-1 左图的场景中，大过滤器主要在观察者文明出现之前起作用。也许是因为生命的起源其实是分子组合的奇迹，抑或是因为行星轨道的长期不稳定性阻碍了行星上智慧生命的演化。在这种情况下，我们将生活在几乎没有观察者的宇宙中。我们应该为自身的存在感到庆幸，更加幸运的是，因为大过滤器的时代已经过去了，我们现在正走在实现星际交流的道路上。

图 17-1 右图则显示了一个更可怕的情景。在这种情况下，在行星上进化出生命和观察者是相对容易的。这些观察者发展了科技并经历了人口爆炸。大过滤器则主要作用于人口激增之后且尚未实现跨星际交流的时候。这类文明一般会经历人口暴涨，然后却在顷刻间全军覆没。

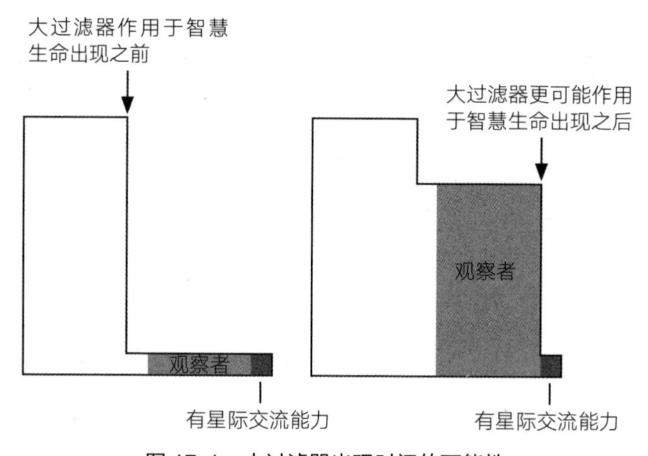

图 17-1　大过滤器出现时间的可能性

假设我是宇宙中的一个随机观察者，在浅色阴影区域中占据了一个随机点。在左图的情形中，我的物种很有可能最终进入拥有星际交流能力的阶段。但是在右图的情形中，大过滤器时代尚未到来，而且很有可能我的物种不能成功渡过这一关。

这张图启示我们，也许我们不应该为发现外星生命而感到兴奋。在地球以外的任何地方找到简单的生命，都会增加大过滤器存在于我们未来而不是过去的概率。“发现火星是一个完全无菌的星球将是一个好消息，”波斯特洛姆说道，“枯死的岩石和死气沉沉的沙子会使我精神振奋。”[10] 这是因为在火星、木卫二或土卫二上找到生命的事实会大幅增加宇宙中存在很多生命体的概率。这将进一步证明生命发展的早期很容易，而文明发展的最后一步最为致命。

物种历史上的最后一个错误

约翰·莱斯利是末日理论的鉴赏家。他把有关世界末日的各种新颖而被忽视的理论整理成新闻剪报，至今已收藏了很多。[11] 不久前，莱斯利读到了关于一种新型避孕药的报道。[12] 该报道称被基因工程改造后的沙门氏菌可以造成良性感染，使妇女几个月内处于不能受孕的状态。这是现代医学的一个奇迹。沙门氏菌无处不在，未洗过的切菜板和夏天放置太久的土豆沙拉都会有沙门氏菌。莱斯利想知道，如果避孕菌株的感染力增强甚至发生变异该怎么办？避孕菌可能变得极具感染性且使感染者永久不孕。避孕菌株除了永久不孕之外没有别的弊端，感染之后没有人生病也没有人死亡，但此后将再没有新生儿，人类将在一个世纪后灭绝。

这样的末日理论莱斯利还有很多。更大的问题是，对于能够修改遗传物质的物种而言，其犯下的第一个重大错误可能就是该物种历史上最后一个错误。因此，我们可否在发展基因工程的过程中不犯错误，尤其是要避免那些重大错误呢？

针对这个问题的任何回答，都必须考虑到生物黑客的存在。这是一种业余爱好者的亚文化，他们不受学术界的安全性和伦理准则的约束。生物黑客乔西亚·扎纳（Josiah Zayner）声称他是第一个尝试使用基因编辑技术“CRISPR”修改自己基因组的人。2017 年有一篇文章引用了扎纳的一句话：“我想生活在这样一个世界里，人们醉酒后不会想给自己文身，而是想‘我醉了，我要去用CRISPR给自己修改基因’。”[13]

真空亚稳态，最终的生态灾难

其他令人不安的想法集中在失败的物理实验上。原子核中的质子和中子是由被称为夸克的更小粒子组成的。夸克有6种已知的变体（它的种类被称为“味”），即上、下、奇、粲、底和顶。重要的是，所有我们熟悉的物质仅包含上、下夸克。其他类型的夸克仅于对撞机实验中被发现，而且它们在被创造出的瞬间就消失了。

除非还存在一种叫作奇异物质（Strange Matter）的假设物质。从理论上讲，奇异夸克可以与原子核的上下夸克结合形成稳定的粒子（奇异粒子）和一种奇特的物质。在最坏的情况下，这个奇异物质可能就像美国黑色幽默作家库尔特·冯内古特（Kurt Vonnegut）笔下的“9号冰”一样，只要与普通物质发生接触，它就会将整个地球转化为奇异物质。[14]这种类似于米达斯（Midas）①点石成金的转变将摧毁任何由原子构成的东西，比如说我们。也许有一天，一个强大的对撞机就会制造出一枚这样的奇异粒子。

奇异物质绝不是最坏的可能性。对撞机可能产生的另一个副产品是真空亚稳态事件。真空通常被认为是一个什么也没有的空间。然而，一个如此容易想象出的空间，也许根本不存在。量子理论说，即使在理论上，任何空间也不能完全是空的。在尽可能空的空间中，也有虚粒子忽隐忽现，时而存在，时而又消失。这些粒子可以传播能量场，例如电磁场或引力场。因此，真空必然包含少量的能量残留。

① 米达斯是希腊神话中的一位国王，被神赐予了“点石成金”的能力。——译者注

一般认为，我们熟悉的真空包含尽可能少的能量。但是 1980 年，物理学家西德尼·科尔曼（Sidney Coleman）和弗兰克·德·卢西亚（Frank De Luccia）提出了另一种具有更低能量的量子真空存在的可能性。如果是这样，我们熟悉的真空将仅仅是“亚稳态”的，它随时可能转变为另一种真空。科尔曼和卢西亚写道，假设在对撞机实验中，哪怕只是形成了一个微气泡大小的低能量真空，那也将是“最终的生态灾难”。[15] 我们熟悉的真空将立即转换为低能量状态，在此过程中释放出大量能量，足以摧毁我们在乎的一切。

奇异物质引起的灾难也许只会影响地球，而亚稳态真空事件将会影响所有空间和未来时间。它会朝各个方向以光速向外传播。不断增长的真空气泡会吞噬一切，包括行星、恒星和星系。这不只是我们的尽头，这也将是所有星球上生命的终结。气泡内部将存在与生命不相容的新自然常数，质子会立即分解，物质很快会发生重力坍塌。科尔曼和卢西亚的文章中，出现了一句在《物理评论 D 分刊》（*Physical Review D*）中不常见的话：这不仅将是我们所知道的生命的终结，而且还将是一切“能够体会快乐的物理结构”的终结。[16]

必须强调的是，我们不知道能量更低的真空形式是否真的存在。这纯粹是一个推测，但以前我们对黑洞、X 射线和电的了解不也是如此吗？

1983 年，皮特·赫特（Piet Hut）和马丁·里斯在《自然》杂志上发表了一篇论文，评估了对撞机实验带来的真空亚稳态风险。他们认为，只有极其剧烈的对撞才能产生更低能量的真空。赫特和里斯指出，自然的宇宙射线产生的粒子能量远高于对撞机中的粒子产生的能量。宇宙射线能量高达 10^{11} GeV。当时的对撞机能量只有 10^{3} GeV（目前是 10^{4} GeV）。因此，鉴于宇宙充满了宇宙射线，我们的对撞机几乎不会增加总体风险。

现在看这也许是真的，但它并不一定是永久的。总有一天，我们可能会产生自然界中从未有过的碰撞能量。在这之后，我们是否会停止构建粒子加速器呢?

推测人性要比推测物理学容易一些。总会有一群物理学家说下一代的实验是安全的，还有另一群物理学家会持相反意见。争端如何解决，将取决于各派的相对规模和声望，以及各派观点在媒体上的呈现方式。最终，无论是公众还是政治领导人，可能都不会对物理学家的话有深刻的理解。因此，也许只是出于安全考虑，对撞实验就应该被明令禁止。毕竟，我们只有一个星球、一个宇宙。不过，可能多年后，火星殖民地想要证明它支持创新，于是就批准了在火星上建造超级对撞机。但是，如果实验破坏了真空的亚稳态，它将对地球形成致命打击，对火星也是一样。对撞机实验就像是潘多拉魔盒，迟早有人想要打开它。

请注意，我们不仅要担心地球上的物理实验，而且还要担心其他外星生物的物理实验。也许就在昨天，一个遥远的星系中有人开启了全新的 10^{20} GeV 粒子对撞机，然后一切都结束了。它可能立即产生一个低能真空的气泡，摧毁对撞机、行星及其恒星。现在，这个低能气泡正在向外扩散，有一天它会到达地球。由于它以光速行进，因此我们没有预警。我们将在目睹遥远的星系毁灭的同时，眼睁睁看着地球化为乌有。

这对费米问题（费米国家加速器实验室同样以费米同名）是个有讽刺意味的答案。所有我们可能了解到外星生命的方法都涉及大量的能量。我们探寻外星人的方式包括发射足以进行星际通信的无线电信号，通过可以到达另一个恒星系统的太空飞船旅行，以及在宇宙规模上进行的工程设计。能够做到这些事情的文明也将能够制造超强大的粒子加速器。可能外星人几乎总是在探索星系之前就进行了致命的实验。

如果该实验产生了亚稳态真空事件，那么宇宙可能像瑞士奶酪一样充满越来越多的真空气泡。我们将居住在真空气泡之间不断缩小的间隙中，在这个不断缩小的世界中，一切似乎都还正常。但是，当结局到来时，我们甚至没有时间望着天空说一句“见鬼”。可能，最后的一刻只有一丝意识尚存，然后一切都消失了。

“如此彻底的毁灭是很干净利落的，就像消失在精灵的咒语中一样。”[17] 威廉・埃克哈特写道。他观察到“人们不会像由于核战争或生态灾难而导致的慢性死亡那样在情感上受到冲击”。

波斯特洛姆提出了类似的观点。我们（很显然）从来没有目睹过类似的事情，因此我们没有任何认知基础来处理它。同时，我们的注意力也比较容易被更明显和更实际的危险所吸引。波斯特洛姆也警告人们，大家也许都有“好故事偏见”。[18] 也就是说，我们更喜欢具有故事性的未来。这意味着人们常常认为灾难应该是悲剧性缺陷的结果，有适当的可预见性，而不是突如其来、毫无征兆亦无法避免。人们很容易接受对于这个世界循规蹈矩的叙述，并拒绝那些不符合预想情节的推测。

消除其他物种的致命探测器

人们认为冯・诺伊曼探测器（就是那些被发送出去探索星系的小玩意儿）是友好的，它们要么在不打扰任何人的情况下开展业务，要么会向遇到的任何生命致以问候。但是，格伦・戴维・布林描述了一种致命探测器的场景，这个场景里的主角是宇宙中的坏蛋。布林假设宇宙中的某些观察者是仇外、偏执和恶毒的。他们没有创造善良的机器人。相反，他们制造了冯・诺伊曼终结者，旨在消除他们遇到的所有其他物种。

武装之后的探测器可以无限自我复制，把所有星球上的原生生命都挤出去，或者他们将把星球上的原住民转变为可供他们吞噬的物质。或者，更有效地，这些探测器可以对该星球的基因组进行测序，并设计出一种人工病毒来毁灭一切。

为什么智慧物种会如此恶毒？他们可能只是做了哥白尼假设，即认为所有的外星人都像他们一样，在这种情况下他只能杀死别人或被杀死。也有可能，他们是扩张主义者，并把银河系视为自己的终极目标。想想人类为了获得几平方千米的领土而对同伴所做的事情，你就不难理解为何“与我们本就不同的”的外星人希望远程控制消灭我们了。

我们不必假设外星坏蛋很常见。但是，只要存在一个这样的物种，一旦他们开启了致命的探测器，就没有回旋的余地了。即使诗文中所写的正义制裁真的存在，最多也只是这个发射探测器的物种早早经历了世界末日，但探测器依然会继续扫荡生命。

在他们的探索中，致命的探测器可能会优先考虑具有智慧生命的恒星系统。他们可以收听新技术文明发送到宇宙中的无线电信号，并朝着信号源发动攻击。正如布林所说:“到目前为止，电视剧《我爱露西》（*I Love Lucy*）① 的信号传播范围已经远远超过了天仓五。” [19]

世界末日的时间表

很明显，现在不缺少能够想象离奇灾难的人。费米悖论暗示我们不应该太确定这种事情不会发生。那有没有合理的方法来评估这些可能性呢？

①《我爱露西》是1951年开播的情景喜剧，在20世纪60年代风靡全美。——译者注

泰格马克和波斯特洛姆在 2005 年《自然》杂志上的一篇文章中谈到了这个问题。[20] 一开始，他们就承认选择效应“使任何观察者都无法观察到自己物种已经存活到的观察点之外的东西。即使宇宙大灾难的发生频率很高，我们仍然会期望能够在一颗尚未被毁灭的行星上发现自己”。[21] 他们警告说，这很容易给人一种“错误的安全感”。

我们可以通过查看其他天体的情况作为证据来避免该问题的产生，而这些天体上发生的破坏不会排除我们的存在。假设我们担心自然的高能宇宙射线偶尔会产生可以吞噬整个行星的微型黑洞，这种情况可能会发生在大多数有生命的行星（或它们的恒星）上，只是到目前为止，地球还算幸运。然而，太阳系提供了大量证据，证明这不是一个很可能发生或常见的事件。如果在海王星的大气层中形成了一个这样的微型黑洞，它可能早就将整个星球转换成黑洞了。海王星质量的黑洞大约 15 厘米宽，比蜜瓜小一点。[22] 但是在海王星上发生的事情不会对地球或其生命造成不利影响。黑洞化的海王星仍将在相同距离绕太阳公转，并仍然具有引力场。奥本・勒维耶和约翰・库奇・亚当斯还是会注意到天王星轨道的不规则性，并预测出第八颗行星存在（海王星）。不过，在这种情况下，约翰・戈特弗里德・盖尔（Johann Gottfried Galle）就不可能通过望远镜看到海王星了，因为它是黑洞形态的。但是，最终有人会发现更令人难以置信的东西：一组绕着隐形“行星”运行的卫星。因此，我们在旅行者 2 号① 经过海王星之前就应该已经知道黑洞了，我们也会对这个与我们有直接关系的黑洞非常感兴趣。

但是实际上，我们知道海王星和我们太阳系中的任何其他主要成员都不是

① 旅行者 2 号探测器是美国航天局于 1977 年发射的空间探测器。它于 1986 年经过天王星，于 1989 年经过海王星。2018 年 12 月 10 日，该探测器飞离太阳风层，进入了星际空间。——译者注

黑洞。我们也知道一些系外行星遮挡了它们恒星的光芒。如果这些行星是黑洞，它们就会因为体积太小而无法遮挡恒星的光线。这证实了行星通常不会通过任何自然的过程变成黑洞。同样的道理，我们也可以排除拥有奇异物质的星球很普遍这一说法。各行星大气的光谱展现出常见的化学性质。月球着陆器和火星漫游者并没有转变成一团奇异粒子。我们在别的行星上放置的每一个工作仪器都证明了这些星球是由具有质子和中子的原子构成的，而这些质子和中子则由上下夸克组成。

另一个问题是，超新星可能会定期对其周围的所有恒星系统进行清理。同样，地球可能又一次幸运地避免了这种命运，火星和海王星也与我们一样幸运。从现在的太阳系中，我们无法了解有关超新星爆发的任何信息。

幸运的是，我们不需要了解。我们能够观测整个银河系和其他星系中的超新星。这些观测让我们可以合理、准确地估计超新星爆发的频率和强度，并逐步改进我们的预测。这些估计表明，它们可能不是智慧生物发展的主要障碍。与针对行星黑洞和奇异粒子的分析类似，我们也获得并分析了独立于我们自身存在的客观数据。

更难评估的是真空亚稳态事件和致命探测器情景。说“仙女座星系似乎没有真空气泡”并没有什么用处。对此，我们将不得不一直观察——直到致命的真空到达我们身边的那一刻为止。

原则上，我们可以通过地外文明搜寻计划的一次成功尝试来了解致命的探测器。如果我们能够听到一个或多个外星生物的无线电信号，并发现没有一个信号中提及致命的探测器，那将是我们否认该想法的贝叶斯理由。不过，如果其中一个信号变成《世界之战》（*The War of the Worlds*）[1]中的情节，科学家从信号中得知“天哪，致命的探测器已经来了！”，我们至少可以提前发出警告。这是在假设致命的探测器以亚光速行进的情况下。或者，费米也许是对的，所有更先进的文明都发明了比光速更快的行进方式。在那种情况下，致命的探测器可能昨天就到达地球了。

泰格马克和波斯特洛姆意识到我们拥有一个自定位证据的数据点，就是我们在时间长河中所处的位置。他们专注于研究宜居星球的形成过程，尤其是那些可能进化出观察者的宜居星球。天文学家对这一点的理解更好一点，这是有理由的。他们对这一点的理解，可能比生物学家对智慧生命演化的理解更多。第一代的恒星没有形成岩质行星所需的重元素。后来，早期的恒星产生了重元素，例如铁和碳，这些元素被回收到后来的太阳系中。地球在大爆炸之后大约 90 亿年开始形成。人们认为，这是一个宜居星球形成的典型时间，既不是很早也不是很晚。

这是标准的天体物理学的理解，当然这没有考虑到我们在这里讨论的种种奇怪的想法。但是，让我们来扮演魔鬼的拥护者吧。假设我们的真空是亚稳态的，由于某种自然原因，低能真空的气泡会随机出现在太空中。如果这种气泡是常见的，并且几十亿年间就能占据几乎所有空间，那么观察者将非常罕见。实际上，所有的观察者都必须在宇宙历史的早期就完成必要的进化，因为那时仍然剩下许多未受干扰的空间。

我们发现自己生活在大爆炸之后的 138 亿年。即使考虑到重元素的形成和

① 英国小说家赫伯特·乔治·威尔斯（Herbert George Wells）所著的一部科幻小说，描述了火星人在家园即将毁灭的时候，带着比地球更高精尖的科技武器侵略地球，由于双方科技相去甚远，人类无法抵抗对方的故事。——译者注

生物进化所需的时间，这也不算早。我们在时间上的位置允许我们对常见的亚稳真空事件的可能性设置一些贝叶斯限制，如果我们假设它们存在的话。

据泰格马克和波斯特洛姆估计，在 95% 的置信水平上，随机发生宇宙灾难的时间单位必须大于 25 亿年。这意味着，即使存在真空气泡，它们也不可能在数十亿年内到达我们身边。

近期，尼玛·阿卡尼－哈米德（Nima Arkani-Hamed）及其同事使用粒子物理学的标准模型来解决该问题。[23] 他们有好消息，也有坏消息。坏消息是他们认为我们的真空是亚稳态的。好消息是，真空气泡很可能不会在 10^{138} 年内袭击我们。时间如此之长，你不妨称之为“永远”。这个不可思议的巨值当然也和泰格马克与波斯特洛姆的贝叶斯估计一致，因为他们只给出了灾难发生的时间下限。

泰格马克和波斯特洛姆的“缓刑”结论适用于外部灾难，而不是人为可能制造的灾难。而且，他们还进一步假设那些外部灾难在时间和空间上都是随机分布的。事实上，由外星生物引发的灾难却并非如此。假设亚稳态真空事件从自然上来讲是不会发生的（正如阿卡尼－哈米德研究组的论文实质上表达的意思），但它可能由于外星生物的物理实验出错而产生并扩散至我们所在的地方。那么，真空气泡的风险将与高科技外星物种在时间维度上的分布有关。在早期的宇宙中，几乎没有高科技的外星物种，因此这个风险也很小。那么，人类仍然存活这一事实就不是什么不得了的事了。所以，我们不能像排除外部灾难一样自信地排除由外星生物造成末日灾难的可能性。

这同样适用于致命的探测器。假如探测器瞄准的是我们的无线电信号，那么这不只关系到邪恶的外星生物的存在，也关系到我们自身的存在。目前，致命探测器仍是一个我们无法排除的怪异想法，至少无法通过这样的方式排除。

但是泰格马克和波斯特洛姆的总体结论令人放心：“我们得出的基本结果是，人类受到外部力量而灭绝的可能性很小，甚至从地质时间的尺度上来看，这个结论也是可靠的。”[24]

The ——

Doomsday

Calculation

第 18 章

理解多重世界，我们不该太在意零概率与极小概率之间的区别

多重世界说宇宙是一棵能够观察到所有可能的量子历史树。这棵树不是一个分支或一条时间线，而是最终的真相。

爱因斯坦有一句名言："很明显上帝不跟宇宙掷骰子。"而相对没那么出名的则是尼尔斯·玻尔（Niels Bohr）的巧妙回击："我觉得爱因斯坦不该去指挥上帝。"[1]

这两位都在说量子论。在玻尔的眼里，量子论告诉我们的是这世界是被概率统治的。爱因斯坦则完全不能接受这个说法。他对量子论的著名批判在2009年大型强子对撞机的落成典礼上受到了出奇热烈的拥戴。霍尔格·贝克·尼尔森与二宫正夫提出了一个谨慎的拯救世界的提议：我们可以与上帝玩牌。或者说是与上帝粒子对弈。

理论上说，尼尔森和二宫正夫是在假设这样一件事：现在有一副一百万张牌的扑克，在这副牌里除了其中一张有字，其余全是空白。在唯一那一张王牌上面写着：马上关闭大型强子对撞机。我们洗牌后随机抽一张。只要抽到的牌是空白的，欧洲核子研究组织就继续让大型强子对撞机运作下去，以探索这个宇宙的秘密。但如果抽到的是王牌，欧洲核子研究组织就要永久关闭大型强子对撞机。为了让这个游戏顺利进行，或者说是为了拯救世界，欧洲核子研究组织的高层必须遵守抽中的牌的规则，不能靠虚张声势说假话蒙混过关。[2]

建造大型强子对撞机花费了 47.5 亿美元[3]，这笔巨资由政治关系复杂的欧洲国家财团支付。不出所料，欧洲核子研究组织会把这场卡牌游戏继续下去。他们最不需要的，就是更多有关末日的报道。在 2012 年 7 月 4 号，大型强子对撞机宣布他们找到了希格斯波色子，也就是媒体上所说的“上帝粒子”。

大型强子对撞机的卡牌游戏已是许多尝试了解量子现实本质的实验中最生动的例子之一了。现在最主要的问题是“如何理解多重世界”，它的更流行的说法是平行宇宙。不过，现在多重世界成为一个严肃的科学问题，而自抽样也成为验证其理论的重要部分。

薛定谔的猫，坍缩的波函数

在 1952 年的一场演讲中，埃尔温·薛定谔（Erwin Schrödinger）警告听众，他们即将听到一些“似乎很疯狂”的事情，即我们人类只是居住于无数量子世界中的其中一个。[4]薛定谔的这番话并非空穴来风，而是植根于让他获得诺贝尔奖的理论，该理论也成为量子力学的奠基之作。不到半个世纪，薛定谔对于平行世界的看法就从一个无害的妄想（很多人仁慈地这样认为）变成了当代物理中最激烈的争论之一。

对于亚原子世界，我们有太多无从知晓、无从测量或者无从预测的事情。比如，沃纳·海森伯格（Werner Heisenberg）的不确定性原则告诉我们，我们也许可以分别测量一个电子的位置和速度，但却无法同时无限精准地测量两者。量子论迫使我们接受概率，而不是确定性。

薛定谔创造了波函数（wave function），也就是量子论中用来描述这个世界的函数。对于任何情况，波函数都描述了其所有可能发生结果的概率。比如，波函数可以计算出一个盖革计数器[①]在某一个时刻探测到（然后计数一次）伽马射线光子的概率。一旦一个粒子已经被观察到，我们就说这个波函数“坍缩”了。就像一个破掉的泡泡，这个波动不再存在。这些都是比喻的说法，真正可观察的现象是被测量的粒子只存在于一个特定的状态，这可以是一个特定的位置、速度或自旋[②]。

跟其他人一样，物理学家也在努力理解这件事情。薛定谔亦然。你一定听说过薛定谔的猫，如今这已经成为用来形容量子物理究竟有多不可思议的事。这只猫被锁在一个有一罐毒药的箱子里。一个由衰变触发的装置有 50% 的概率会打破毒气罐，由此释放出的氰化物气体会快速杀死猫。在没有人能观察到的情况下，这只猫是死是活呢？

大众对于这个故事的说法是，直到箱子打开、谜底揭晓之前，猫既是死的也是活的。薛定谔本人则不相信这个说法。他用归谬法创造了这个猫实验的本因，就是想证明我们对量子物理的理解一定有哪里是错误的。

另一个对量子论的传统阐述中提出了最反哥白尼的论述，即观察者是特殊的。我们有意识的观测才使得波函数坍缩——也是因为我们的观测，那只可怜的猫才只能是生死之中的一个，而不能是两者兼有。这种将主观观念跟客观物质联系起来的方式很早就吸引了神秘主义者，但却让大部分的物理学家如鲠在喉。

① 是一种用于探测电离辐射的粒子探测器，通常用于探测 α 粒子和 β 粒子，或者 γ 射线及 X 射线。——译者注

② 自旋是粒子所具有的内禀性质，每个粒子都具有特有的自旋，自旋运算规则与经典力学的角动量类似。——译者注

没有人或猫，是一座量子孤岛

20 世纪 50 年代初，薛定谔“疯狂”的平行宇宙理论被休·埃弗里特三世（Hugh Everett Ⅲ）和布赖斯·塞利格曼·德威特（Bryce Seligman DeWitt）接受并发扬光大。现在被称为量子论中的多世界诠释。多重世界无法用浅显的语言解释，因为人们总是曲解它，但这个概念大致的意思是，波函数的所有结果都是真实的，量子测量这一行为只是一个分支点。在其中一个分支或世界中，观察到的某个质子自旋向上，而在另一个分支中，它自旋向下。波函数从来不会坍缩，而且可以随着时间以完全确定的方式演变下去。在平行世界中存在着不同版本的我和你。

过去这半个世纪内，多重世界得到了越来越多的支持，甚至在一些非正式的投票中，当今世界数量可观的物理学家都表示相信有平行世界的存在。[5]这不是因为他们觉得平行世界是一个很酷的点子（虽然有些人是），而主要是因为我们现在对量子退相干（quantum decoherence）已经有了更深入的理解。粒子会在与环境完全隔绝的情况下显示出它们众所周知的诡异量子行为，比如说同时存在两种状态。一旦粒子跟周围环境中的随机性产生相互作用，它就会失去自身的量子超能力，也就是发生了所谓的退相干。这时这个粒子在给定的一个时间点只会出现在一个地方，它与一个台球或一颗星球别无二致。

退相干揭穿了观察者的神秘之处。导致波函数坍缩的不是观察者而是环境。因为人类太大且速度太慢，所以无法直接与亚原子粒子接触。我们需要一个媒介，比如像盖革计数器按比例标度到人类的手、眼睛或耳朵。当伽马射线光子进入了盖革计数器的侦测仪，气体将被电离，产生一股小的电流并被电子设备放大成人耳可以听到的“咔哒”声。光子与随机的气体原子的接触限制了光子，使其只能存在于时空中一个特定的点。人类观察者与此完全没有关系，他可能在发信息也可能在打盹儿。以为导致波函数坍缩的是我们这一想法纯粹是出于自恋。

量子退相干也解释了为什么薛定谔的猫仅仅是个比喻。猫同样太大且太慢，因此永远不可能完全与量子现实中嘈杂的白噪声分离。只有当我们考虑到亚原子粒子与纳米尺度的时间时，讨论分离系统才有意义。没有任何人或猫，是一座量子孤岛。

在科幻小说中，角色们会跳进平行宇宙中进行探索，然后再跳回来。这在埃弗里特的多重世界中是不可能的。那些宇宙应该是无法被观测且无法被证伪的。据说有这样的流行语："先计算再说话。"[6] 然而，批判家说，多重世界给出的预测和普通量子理论给出的一样。所以这不是一个真正意义的理论，而只是一种解释，一种用来解释数学背后真相的不同说法。这就暗示着，一个正经的物理学家应该在乎的只有数学。

在这一点上，科学家们的态度正在发生转变。现在，针对量子理论，如雨后春笋般地涌现出来很多具有煽动性的"见解"，以至于物理学家们纷纷将之前的一些解读弃之脑后。鉴于现在这么多物理学家支持多重世界论，一项能够证伪其想法的实验或观察无疑会获得诺贝尔奖，更别提一个能证明多重世界的确存在的实验了。

如物理学家安德鲁·怀特（Andrew White）所说，这个目标是"一座巨大、顺滑且没有任何立足点的山，没有方法可以解决它"。[7] 尽管如此，设法用实验来区别多重世界版本与单一历史版本量子理论的推测方案文章还是以高频率在发表。这些方案原则上是否有效还常有争议，而且它们几乎都包含了远超现在的技术。其中一个只需低科技的例外是量子自杀机。

泰格马克的量子自杀机

泰格马克过着一种令人艳羡的生活。他在瑞典的高中时期编写了一款游戏获得了一小笔财富。现在，他是麻省理工学院的一名宇宙学家，而且他的研究是被埃隆·马斯克赞助的。然而泰格马克的一部分名声是从他 1997 年某个半开玩笑式的发言得来的。

像许多其他的物理学家一样，泰格马克也是抠破脑袋想尝试设计一个多重世界的实验。最终，他想出了一个叫作量子自杀机的概念。用哲学家戴维·帕皮诺（David Papineau）的话来说，这个想法的要义就是和薛定谔的猫一起进入那个箱子。[8]

不过，也不一定非要是一个箱子。泰格马克所构想的自杀机是一把自由发射的枪，由一个每秒探测量子粒子自旋的设备所控制。如果自旋向上就开枪。如果自旋向下，枪只会发出咔嚓的声音。根据自杀机的设计，每次测量均有 50% 的概率导致开枪。所以这把枪会发出随机的“咔嚓”或“砰”的断奏曲。在这一点上，大家都认同这个说法。

如果拿这把枪指向你的太阳穴呢？除了你以外的任何人都会观察到相同的随机断奏曲，而第一声枪响就是射进你脑中的第一颗子弹发出的声音。你的概率并不乐观。他们指望你有 1/2 的概率在枪的第一次量子测量中幸存，在第二次测量幸存的概率是 1/4，随后是 1/8，1/16，1/32，以此类推。在一分钟后生还的概率则小于 10 亿乘以十亿分之一。在被玻尔所崇尚和被爱因斯坦所谴责的单一历史量子理论中，只有一个世界，而且被无情的概率所统治。最有可能发生的是，任何被枪抵住脑袋的人都会在几秒内被杀死。

但根据埃弗里特对于多重世界的解释，量子钟的每一声响都会分支出一个新的世界。在每次测量中，都会产生一个志愿者生还的分支和另一个该志愿者死亡的分支。没人能够体验死亡。若是想体验什么，那都必须发生在生还的量子世界中。这就代表志愿者只会听到咔嚓、咔嚓、咔嚓，但绝不会是“砰”。无论有多少个多重世界分支，总有其中一个分支中志愿者的意识在自杀机中永久存活下去。

如果将枪从该志愿者的太阳穴移开，随机的“咔嚓”和“砰”的断奏曲就会恢复。但当他把枪指回自己的头，就又是咔嚓、咔嚓、咔嚓……而当该志愿者活得越久，就越能自信地说关于多重世界的见解是正确的。

这是一个思想实验，只能想，不能做。1997 年，为《新科学家》写稿的马库斯·乔恩（Marcus Chown）对此向泰格马克提出了问题。他真的会自己去做这个实验吗？“我是没问题，”泰格马克说，“但是我的老婆安赫莉卡会成为一名寡妇。也许我有一天会做这个实验——当我又老又疯狂的时候。”[9]

泰格马克发现，他不是第一个描绘量子自杀机的人。类似的主意汉斯·莫拉维克（Hans Moravec）与布鲁诺·马尔卡尔（Bruno Marchal）曾独立构想且发表过文章。卡内基梅隆大学的机器人专家莫拉维克设想了一个装有由量子触发的强力爆炸物的头盔。如果多重世界是真的，那这个头盔就是一个思维帽。你可以用这个仪器去猜任何人的上网密码，输入一串由量子测量产生的随机密码——如果猜错了，这个头盔会按照设计将你炸成灰烬。当灰烬消散后，会有一个平行世界中的你意外地输入了正确的密码。泰格马克还说：“你颅骨上的炸弹会完好无损，然后准备解决下一个问题。”[10]

在某些量子世界中永生

埃弗里特相信，虽然我们每个人都会在某些量子世界中死亡，但是在另一些量子世界中我们会存活下去。这就会导致一个主观上的“量子永生”（不需要自杀头盔，也不需要机关枪）。[11]

量子永生说的是我们每个人都存在于一个量子历史中，在这里我们见证着他人的老去和死亡，但我们自己是永生的。在你二十几岁跟六十几岁的时候这都不显得奇怪。但最终，你高中毕业纪念册上的所有人都已死去，而你将成为吉尼斯世界纪录中最长寿的人。制药公司想要研究你，电视新闻也想要知道你活到 500 岁的秘诀。

时刻都有人死去的事实并不能反驳这件事。图帕克 · 沙库（Tupac Shakur）①已经死了（在我们的世界里），但他会比我们都活得更长久（在他的世界里）。虽然宗教和哲学传统许诺了许多不同形态的永生，但谁也没有想到会是以这样的形态出现。

量子自杀是一场无意义的赌博。但如果有了量子永生，你就不用去冒任何更大的风险。如果这是正确的，那么我们所有人都是永生的。就像泰格马克说的：“当未来某一天决定命运时刻到来的时候，你觉得自己的生命即将结束了，记住不要跟自己说‘我什么都没剩下了’，因为也许还有东西存在。你也许会发现平行宇宙真的存在。”[12]

那将是个好消息。但孤独的永生或许也有陷阱。量子永生会演变成一场悲剧，就像希腊神话中的提托诺斯②一样？有一些老化是由于随机的分子级别的

① 美国著名说唱演员，1996 年死于枪杀事件。——编者注

② 古希腊神话中的人物。黎明女神厄俄斯爱上了凡人提托诺斯，恳求宙斯让提托诺斯永远不死。但是，宙斯只答应提托诺斯“不会死”，而非“长生不老”。最终，他变成一只蟋蟀，终日陪伴着厄俄斯。——译者注

损伤，比如一个高能量的光子。这暗示着有一些幸运的量子永生者会拥有永远的青春，但大部分则与提托诺斯一样，只有令人悲啃的命运。

与此类似，量子永生适用于整个人类。如果某一次量子事件可以将所有人类灭绝，那在另一个量子世界中的我们就能集体目睹人类没有被灭绝的这一结果。

尼尔森跟二宫正夫用他们的大型强子对撞机卡牌游戏假设着类似的事情。他们的假设是大型强子对撞机的运作和希格斯玻色子的发现（或者其中一个）会摧毁地球以及所有人类的意识。所以，如果多重世界是真的，我们可以相信我们存在于一个对撞机被一系列失败跟奇怪的意外（液态氦泄漏事件，与基地组织勾结的物理学家，叼着法棍的鸟……）限制运作的世界。

然而仅凭这个难以证明任何事情。阴谋论者将一系列不相关的事情串联起来并声称这不是巧合，对此我们再熟悉不过了。这就是为什么尼尔森跟二宫正夫提出了那个卡牌游戏。就像量子自杀机，他们所设置的情景中所有的可能性都是明确的：一个非常不可能的结果，即摸到那张王牌，才会让我们存活；而一个非常可能的结果是摸到一张空白的牌，它会带领我们走向末日（如果这两个物理学家对于对撞机的看法是正确的话）。

卡牌游戏只是一个比喻。现实点说，这项实验会包含一台类似老虎机的机器，其结果由单一量子测量所决定。按下按钮，测量结果就会出来。根据设计，量子观察里只有一百万分之一的概率会让老虎机显示那张王牌。

尼尔森跟二宫正夫开玩笑似的说他们的实验是一个双赢的提议。如果王牌没出现，证明他们的疯狂点子不可信。科学界将赢得信任，它否认了两个捣蛋鬼。但如果王牌出现了，这将会形成一个难以忽视的奇迹。这会为多重世界、反向因果关系，甚至是完全超出当今所能理解的范畴的事情提供强有力的证据。尼尔森与二宫正夫说这项发现会比探寻到希格斯玻色子更重要。

死亡不是一件非黑即白的事情

歌德在 1774 年出版的小说《少年维特的烦恼》(*The Sorrows of Young Werther*) 中描写了一段少年用手枪自我毁灭的凄美场景，这也导致许多人模仿而以这种方式自杀。它的魔力持续了几百年。这本书被翻译成了希伯来语，而它成为 20 世纪 30 年代巴勒斯坦犹太复国主义兴起时发生的一系列自杀事件的替罪羊。另一个受害者则是个怪物，即《弗兰肯斯坦》中的虚构人物。玛丽·雪莱让她所创造的被诅咒的生物无意间拿到了一本《少年维特的烦恼》。这只识字的怪物在被自己所爱的人拒绝后也选择了自我了结。

正是这样的事情让雅克·马拉（Jacques Mallah）担心起量子自杀和量子永生。他害怕这很可能会演变成“一个狂热的后现代主义邪教，靠着许诺永生、自杀（也许通过一些自愿的人体炸弹）与谋杀吸引信徒”。[13] 引用网上的讨论，马拉说：“人们考虑过实践这个实验，也做过类似一边思考这件事一边带着真枪去赌场的事情。”[14]

量子自杀可能已经造成了受害者，而这么想并不是毫无道理。埃弗里特的女儿丽兹就在 1996 年自杀了。她的遗书中清晰地写道她要去平行世界找她的父亲了。[15]

马拉怪罪泰格马克提出了这样的想法。泰格马克则提供了充足的免责说明，包括直接说道：“不要在家尝试。”[16] 他也最终得出结论，自杀机和量子永生不会以我们想象的方式运行。

即使多重世界是真的，奇怪的意外事件依旧会阻拦自杀机的运作。有很小的概率量子机关枪会卡壳，或者是软件瘫痪，或者是电量不够（昨晚忘记充电！）让我得以保命。但即便是这微小的概率，也比我在正常运作的自杀机一系列量子测量存活下来的概率高。因此，我更有可能发现自己处于一个被一系列诡异事件摧毁了自杀机的量子世界中，而不是处于一个自杀机正常运作的世界，我只是出乎意料的幸运而已。这也是我们对事故多发的大型强子对撞机的猜想。泰格马克计算道，经过差不多 68 次“咔嚓”声后，他应该就会目睹量子自杀机被陨石摧毁——在自杀机射出致命子弹之前。[17]

量子永生的论调将生存理想化了，它变成越过重重量子关卡的活动。但是“死亡不是一件非黑即白的事情”，泰格马克说。[18] 染色体、肌肉和脑子的慢速退化是全身上下同时发生的。无数的量子事件决定了我们确切的道路，但是有可能这所有的道路最终还是会引领我们走向死亡。

多重世界没有独一无二的历史

量子自杀机，甚至是大型强子对撞机的卡牌游戏都尽到了思想实验的责任。它们引发人们去思考这些事情为什么不成功。这通常是一个有用的练习。这些现存的想法帮助我们厘清了设计多重世界的实际实验前必须解决的问题。量子自杀机展现了自抽样的选择效应。但我不能说我是一个随机的观察者或我处于一个随机的时刻，直到我确切地知道它们在多重世界中的含义。

多重世界说宇宙是一棵能够观察到所有可能的量子历史树。这棵树不是一个分支或一条时间线，而是最终的真相。去问发生了什么是无意义的。所有发生的事情都是没有被波函数排除的。这一点是需要被强调的，因为许多出名的量子理论都省略了这个限制条件。薛定谔的波函数说有些结果比别的可能性更大，而有些结果可能性为零。对于人类日常琐事来说，这并不会构成什么限制。几乎所有你可以想象和描述的不含有在物理或逻辑上讲不通的那些大型事件，都可能在某些量子世界中实现。在某些世界中，希特勒赢得了第二次世界大战；在另一些世界中，希特勒会是你所遇到的最好的人。但并不会有一个世界，希特勒可以同时测量电子的位置跟速度。

因为多重世界没有独一无二的“真实”历史，所以我们所问的问题无关客观现实，而是关于自定位的信息。作为一名观察者，我关心的是“你在这里”的标示在这棵伟大的可能性之树的位置。这影响了个人身份。我将现在的自己与婴幼儿时期的自己视为同一个人（虽然我变了很多）。我们将身份看作一条线性的时间线，从生到死。

但在多重世界下，我是繁茂分支下的其中一个我而已。虽然在任意时刻我都有个独特的过去，但我有许多可能的未来。不仅如此，量子现实中有其他分支存在着不同的现在的我。有些跟我类似，但其他的却不是。所以集中专注于观察者时刻是必要的。我或许会将此刻的自己当成我作为有意识观察者存在的所有时刻中的一个随机样本。这是量子自杀机的中心前提。它试着抹除我在一些分支中的意识，且将其限制在别的分支上。

一种哥白尼诠释反驳了量子永生。如果我是量子玛土撒拉（Methuselah）①，那么我大部分的观察者时刻都会发现自己真的出奇的老。事实上，我觉得我很年轻（对于一个中年人来说）。在理论上很长的寿命中，我出现在该生命如此早期的可能性应该是非常小的。但是这忽略了量子理论中的一个关键特性，那就是波函数的振幅。它决定了观察到某个特定结果的概率。虽然多重世界论认为所有量子的可能性都会被实现，但这不代表我们就能忽略振幅跟概率。

---

① 玛土撒拉，《圣经》记载的人物，据说他在世上活了 969 年，是最长寿的人，后来成为西方长寿者的代名词。——译者注

想象另一个量子老虎机。我投入我的比特币，按下钮，然后机器就会做出量子测量来决定我是否中奖。我有一百万分之一的概率会中头奖。换句话说，在一个世界分支我赢了而在另一个分支我输了。两个分支都是真实的，只是很显然有一个更“真实”。我发现我处于输的世界的概率比我在赢的世界的概率高了 999 999 倍。

同理，在量子永生中，我发现自己 1000 岁的概率一定只伴随着极小的量子概率。这是因为在许多分支里，我在到达那个年龄前就早早死亡了。一个随机挑选的观察者时刻，经过概率的加权计算，应该是一个较早的时刻。

现在让我们再来仔细想想量子自杀机。第一，这是一台自杀机。它要不是立刻谋杀了唯一的我（如果这是唯一的世界），要不就是暗杀了我几乎所有的量子分身（如果多重世界存在）。第二，这个仪器的确是在正常运作。如果多重世界是真的，它保证了在一些观察者时刻里我奇迹般幸运地存活下来了。这些幸存时刻有着极低的振幅。这代表我不应该对自己出现在那里抱多大期望。但这种时刻的确存在，那些拥有这些时刻的幸存者有着强有力的证据可以断定多重世界论是正确的。

这就带来了浮士德式的交易，体现在死亡人数上。自杀机会带来众多的尸体与葬礼。它们存在于比幸存者世界更可能发生（更“真”）的世界中，这不应该被轻视。我们不仅仅是一个个体而是家庭和集体的一部分，我们身份的一部分存在于那些关心我们的人心中。

科学也是一个共同体。实验的目的就是为了扩展共享知识的范围。而量子自杀机是极其不适合做这件事的。一位幸存者生活在一个由自杀机所带来的特别观察者时刻，这本身并没有什么特别的。所有的实验都会创造一些特别的观察者时刻，让某些人有所收获。这就是石蕊试纸的作用。自杀机的幸存者很有可能了解了多重世界的真相，他们也可以去说服自己量子世界中的其他人——那些人刚看见他闪开了子弹。当然，这位幸存者可以去《自然》杂志上发表一篇文章，然后古怪的电视节目也会报道这件事。但这篇文章和这个电视节目只会出现在这位幸存者所处的超低振幅的世界中。幸存者无法将他的发现传送回高振幅的过去（在实验发生前曾经的自己）或者其他的平行世界。

就像泰格马克所说的：

> 如果一个无所不知的精灵在物理学家们去世前出现在他们床边，许多物理学家毫无疑问会对此感到欣喜。为了奖励他们毕生的好奇心，精灵会告诉他们一个他们想要知道的物理问题的答案。但如果精灵禁止他们将答案告诉别人，他们还会一样开心吗？或许量子仪器最大的讽刺就在于，如果多重世界的诠释是正确的，那情况就类似于，你会在你将死之际反复尝试量子自杀；你会用实验向自己证明多重世界的诠释是正确的，但你永远没法说服别人！[19]

马拉说“意识的总数”会随着振幅慢慢消失。[20] 也许这件事想告诉我们的是，我们不应该太在乎极度不可能存在的世界或太关注零概率与极小概率之间的区别。

The Doomsday Calculation

第 19 章

理解神奇数字 1/137，一次偶然事件的结果不能推出过往的历史

多重宇宙就是一条摆满了镜子的走廊。在无限大或足够大的多重宇宙中，所有事物和每个观察者都将无休止地重复。

理查德·费曼（Richard Feynman）曾经建议物理学家在办公室里贴一个“1/137”的标志，以此来提醒自己对于物理学还知之甚少。“1/137”是物理学家公认的精细结构常数的近似值，用费曼的话来说，“这是物理学中最伟大的奥秘之一”。[1]

精细结构常数可以度量电磁相互作用的强度。该常数很重要，因为电磁力支配着原子、化学和生命的发展。如果该常数与当前我们对它的观测值差异很大，那么原子将不复存在。这意味着世界上将没有恒星，没有行星，没有生命，更没有费曼来思考这一切。

但是，精细结构常数本身仍然是一个谜，因为到目前为止我们的物理学理论还无法得出其精确数值，这一问题亟须解释。20世纪的一些思想家就在解读该常数的过程中牺牲了自己的学术声誉，其中最广为人知的失败者就是阿瑟·爱丁顿。爱丁顿在思想上属于毕达哥拉斯学派，他更愿意相信世间万物有着基于整数的和谐规律。爱丁顿声称，精细结构常数恰好是1/136。为此，他提供了详尽的论据，但是所有读过他论据的人都感到困惑不解。[2]

让爱丁顿遗憾的是，精细结构常数其实更接近 1/137。当更好的测量结果无可争议地确立了这一点时，爱丁顿便承认了自己的错误。在纠正该错误之后，他就改口并坚称精细结构常数恰好是 1/137。随后出现的更精准的测量结果表明，该常数约等于 1/137.0 359 991...。这绝对不是任何整数的倒数。对于这个结果，爱丁顿拒绝接受，他坚持认为这是测量误差导致的结果，而不是他的理论错了。

失败的爱丁顿整数理论现已成为科学界的一则警示故事。但是，不只是与他同时代的人无法解释精细结构常数的数值。至今，我们也仍未揭开这个谜题。

宇宙微调

精细结构常数的奥秘并非例外，宇宙中还有无数这样的奥秘尚未解答。现有的物理学理论对数十种宇宙物理常数和重要的宇宙初始条件都没有明确定义，只是发现所有的这些数值都在适宜生命和观察者存在的一小段取值范围里。这就是所谓的"宇宙微调"。

让我们来考虑一下三维空间吧。我们已经习惯了三维空间，因此三维空间的合理性似乎无须解释。但是逻辑上宇宙并非必须是三维的。实际上，根据弦理论，在亚原子尺度上就不是这样的。即使没有弦理论，我们也可以想象一个二维世界，或者一个四维空间，或者更高维的世界。但二维世界的生命可能不会很复杂。比如，它们不会有消化道，因为它会把任何二维生物切成两半。同样，二维生命的大脑也无法具有三维的复杂神经连接。[3]

物理学家已经通过推测证明，行星轨道在超过三个维度的空间中将是不稳定的。四维行星将向内转向四维太阳，或向外进入超立方体虚无空间。早在1955年，英国数学家、科学史学家杰拉德·惠特罗（Gerald Whitrow）便以此为依据提出了一个观点，即我们一定会发现自己所在的世界是一个三维空间，不多也不少。[4]

当下，更受关注的一个话题是所谓的暗能量密度。顾名思义，暗能量是一种神秘的能量，但其实宇宙中约有2/3的能量都是暗能量。引力使物质聚集到星系、恒星和行星的中心，而暗能量具有排斥力，导致宇宙膨胀，与引力互相抵消。为了建立一个像我们这样的世界，暗能量和引力需要达到一个精确的平衡。如果暗能量太强，它的排斥力将阻止任何星系的形成。这样的宇宙将是稀薄而无特征的气体，不会存在恒星，甚至连固体都没有。因此，我们不得不假设这样的世界也将不存在观察者。如果暗能量的密度是负的（弦理论允许出现负密度的暗能量），并且数量级更大，那么宇宙将在“大紧缩”中迅速崩溃，智慧生命将没有丝毫时间来发展。

肯·奥卢姆和迪莉娅·施瓦茨-珀洛夫（Delia Schwartz-Perlov）估计，实际的宇宙常数（度量暗能量丰度的常数）比理论上预期的大10^{120}倍。[5]这表明，像我们这样的宇宙出现的可能性不超过10的120次方分之一。这个数字的分母是1后面跟着120个零，它比我们目前观察到的宇宙中的原子数量还大得多。也就是说，我们的世界仿佛在一片非常锋利的刀片上保持着微妙的平衡。

1/137，上帝之手书写的神奇数字

作为一个典型的理性主义者，费曼竟也把精细结构常数称为由“上帝之手”书写的“神奇数字”。[6]嗯，好吧。我们又怎么知道精细结构常数不是这样来的呢？

宇宙微调的一种可能解释是“智能设计”。

有目的的创造者可能想要设计一个针对智慧生命而优化的宇宙。这位创造者可能有足够的远见卓识，知道哪些物理常数将产生对观察者友好的宇宙，并相应地选择了这些常数。如我们所见，贝叶斯牧师可能就一直按照这样的思路思考问题。

我们甚至可以用贝叶斯框架来分析这个假设。如果“智能设计”的假设是真的，那么我们很容易注意到宇宙似乎是经过微调的，反之，存在微调的概率是极低的。既然我们现在观察到了预示宇宙是经过微调的种种线索，贝叶斯派的人就会支持“智能设计”这一假说——如果没有其他假设也会导致宇宙微调的话。

这个说法并非完全错误，但它也不能说服那些从一开始就不相信有目的的创造者存在于世的人。这又一次证明贝叶斯定理像一块白板，它无法告诉我们哪些假设需要被检验，或者某个假设的可信度有多少；它只能在新证据出现时告诉我们应该如何改变自己原先的信念。

贝叶斯定理并不能替代其他关于理性思考的格言，例如奥卡姆剃刀原理和费曼第一原理：“你绝对不能愚弄自己，并应该时刻记得你是最容易被愚弄的人。”[7] 如何“科学地”证明神的存在一直是人们研究的课题，但几乎所有人都在试图证明后发现完成这个证明比想象的更难。宇宙微调或可支持的假设是“通过某种筛选机制可以择出适宜观察者生存的物理常数”。不过，这个过程远不能等同于《圣经》中诉说的神迹。计算贝叶斯定理需要的信息与米开朗琪罗在壁画中描绘大胡子族长时所需的信息大不相同！[8]

多重世界是一条摆满镜子的走廊，每个人都在无休止地重复

关于宇宙微调的另一种潜在解释引起了人们的极大兴趣：我们生活在一个拥有多种物理学规律的巨大宇宙（多重宇宙）中。多重宇宙中的某些部分刚好适合生命存在。

西方思想中往往默认时间和空间都是无限的。毕达哥拉斯学派的哲学家阿契塔（Archytas）曾提供了一个简单的“证明”。他说，如果你告诉我空间的尽头在哪里，我会站在那里并向外伸出我的手，又有谁能阻止我把手伸到尽头之外呢?

这个例子至少证明了，对我们人类来说，构想空间的边界是多么困难。文艺复兴时期的学者托马斯·迪格斯（Thomas Digges）和乔尔丹诺·布鲁诺复兴了无限宇宙的思想。[9] 到 19 世纪，物理学家和天文学家已经广泛地接受了空间的无限性。同样，他们也接受了时间的无限性，而且几乎没有人认为有必要证明这一点。

在最近的几十年中，无限宇宙的概念得到了宇宙膨胀说的支持。该理论是阿兰·古斯（Alan Guth）、安德烈·林德（Andre Linde）、保罗·斯坦哈特（Paul Steinhardt）等人于 20 世纪 80 年代开始研究创立的。宇宙膨胀说代表了有史以来最大胆的无限宇宙概念。它认为我们所知的宇宙起源于集中于一点的高能真空，它在不到几分之一秒的极短时间内无限扩展（膨胀）。这个膨胀过程是理论版本的宇宙大爆炸。

宇宙膨胀说以量子理论和广义相对论为基础，并且似乎是这两种理论衍生的必然结果。如我们所见，量子真空并不是真正的“空”，而是饱含着能量。

最初的高能真空受到强大的排斥力的作用，发生了难以想象的快速扩展（在一瞬间蒸腾了）。一部分高能真空转变成我们现在所熟悉的低能真空状态（我们希望它不是亚稳态的），而大部分高能真空的能量都转化为我们周围看到的能量和物质。

从高能真空向低能真空的过渡不会一次完成，这个过程更像是在炉子上烧开水，小的蒸汽气泡随机出现在液体中并不断变大。而宇宙膨胀则会随机产生“泡沫宇宙”或“口袋宇宙”。这个想法是 1982 年由戈特在《自然》杂志上提出的（比哥白尼原理的论文早了 10 年），并且由安德烈·林德、安德烈亚斯·阿尔布雷克特（Andreas Albrecht）和保罗·斯坦哈特分别进行了描述。严格遵从语法规范的人会反对使用复数的宇宙①，但对于宇宙学家来说，早已无人排斥这种用法。

根据这种理论，我们将会处在一个低能量真空的泡沫宇宙中。我们所能看到的一切，包括最遥远的星系、类星体和微波背景也是如此。但我们能看到的宇宙范围受光速和自大爆炸以来的时间的限制，范围是从各个方向往外约 140 亿光年。人们相信这个可观察的宇宙只是我们泡沫宇宙的一小部分。

仅想象一个泡沫宇宙就很难了，但这世界上还有其他泡沫宇宙，而且它们还在不断扩大，甚至可能是无限的。如果我们开动想象力，从更高的层面来观察这个世界，我们会发现自己所在的无限泡沫宇宙是由原始的高能真空构成的海洋所包围的。这个海洋包含许多其他泡沫宇宙，并且它会持续产生新的泡沫宇宙。多重宇宙则是所有这些泡沫宇宙以及围绕它们的高能真空的集合。[10] 宇宙膨胀说中描述的大爆炸只是我们这个泡沫宇宙的大爆炸。140 亿年前发生的那件事便是我们泡沫宇宙的突然膨胀。这既不是第一次大爆炸，也不是最后一

① 在传统的英语语法中，universe（宇宙）一词是不可数的。——译者注

次。据我们所知，这只是一次普通的大爆炸，没什么特别的。

人们认真地看待宇宙膨胀说，因为它做出了许多可检验的预测。其中一个预测是原始真空点中量子尺度的波动将膨胀至宇宙尺度。这就可以解释为什么宇宙本身和宇宙微波背景辐射是如此均匀。我们可以从一个方向看到 140 亿光年范围内的宇宙，然后将射电望远镜转到相反的方向上观察另一侧 140 亿光年范围内的宇宙，我们观察到的几乎完全相同。这个现象非常奇怪，以至于人们给它起了一个名字：地平线问题。

在两个方向观测到相同的情况之所以奇怪，是因为均匀性通常是混合的结果。比如制作蛋糕的材料有大量鸡蛋、面粉、牛奶和糖。这些食材各不相同，直到被一齐搅拌后，才成为均匀的面糊。然而，可观测到的宇宙范围内的不同区域可能相距甚远（最多约 280 亿光年），这些区域的宇宙在大爆炸发生以后没有任何相互接触或影响的机会。

相对论指出，任何物体或信号的传播速度都不能超过光速。但是在膨胀的宇宙空间中，其自身的膨胀速度远快于光速。我们观察到了原始“混合物”以超大倍数放大后的点样本。我们所观察到的细节，比如星系的大规模分布和宇宙微波背景辐射的结构，都与原始真空的量子特征相对应。

空间可以是弯曲的或平坦的。但我们所观察到的空间非常平坦，测量出的曲率接近零。这很容易理解，因为这正是宇宙膨胀的结果。地球也是一个球体，但由于它太大了，所以地面看起来似乎很平坦。无限泡沫宇宙中的观察者在测量其空间曲率时也会发现空间是完全平坦的。多重宇宙就是一条摆满了镜子的走廊。在无限大或足够大的多重宇宙中，所有事物和每个观察者都将无休止地重复。[11]

在我们的泡沫宇宙和其他泡沫宇宙中，必定还有许多与地球类似的行星，其中一些星球其实非常像地球。如果在足够大的多重宇宙中进行足够长时间的搜索，你甚至会发现一个行星，上面有就像双胞胎一样和你我几乎完全相同的人，而且，他们还拥有和我们一样的经验和记忆。其中一些泡沫宇宙中的类地行星不仅有地球的形状而且有与地球相同的海洋、民谣、表情符号、有线新闻网络和当季的咖啡饮料。其中一些行星也使用一种称为“英语”的语言，该语言中描述自己行星的词也是 Earth（地球）。

而我们在哪个“地球”上呢？我们可以指向地面，但这并不能说明什么。我们没有词汇或时空地图来给自己定位。

统计学家、计算机科学家拉德福德·尼尔试图提供一些数字。他指出，人类基因组和大脑的神经连接在某种意义上都是数字化的。这就为人类形态可能的变数设置了一个很大却有限的上限。[12] 就像扑克牌只有有限种组合一样，世界上只能有有限个具有不同经历和记忆的人类。

尼尔预计可能出现的不同人类数量大概在 10 的 300 亿次方左右，这主要反映了人脑可能的记忆和认知状态的数量。[13] 相较之下，可能的独特人类基因组的数量只是尼尔给出的数字的零头。因此，在一个无限大的多重宇宙中，或者是一个有限但足以容纳超过 10 的 300 亿次方个类人动物的宇宙中，每个人都一定会有与其重复的人。

多重宇宙是真实的吗

这个问题引发了另一个关于狗的赌注。[14] 在一次会议上，有人问马丁·里斯他是否确信多重宇宙是真实的。里斯说他不会以自己的性命来保证，但愿意赌上自己宠物狗的命。安德烈·林德则说，他愿意将自己的一生押注在这个理论上。事实上他就是这么做的，他一生都在致力于研究宇宙膨胀。

理论物理学家史蒂文·温伯格（Steven Weinberg）说，他愿意为多重宇宙理论赌上林德的性命和里斯的狗的性命。

我们可以检验许多关于宇宙膨胀的预测，但却不能检验多重宇宙本身。我们将永远无法前往其他泡沫世界来检查它们是否真的存在。这是因为我们气泡的空间向外扩张的速度比光速快得多。即使太空飞船可以帮我们到达这个泡沫宇宙的边缘，高能真空也一定会摧毁它。同时，没有任何光束能从其他泡沫宇宙到达我们的宇宙。

这使物理学家感到不安。不少物理学家已经开始尝试建立一种膨胀理论模型，它既符合目前可验证的预测，又不会对我们无法观察到的事物做出夸张假设。斯蒂芬·霍金去世前就在研究这类模型。[15]

这就提出了一个问题，即当谈到不可观察的事物时，我们是否应该相信目前备受推崇的理论。实际上，我们一直是这样做的。如果一个苹果从树上掉下来而牛顿没有看到，那苹果真的掉下来了吗？当然是的。

另一种引力理论，即爱因斯坦的广义相对论，描述了黑洞内部出现的情况。我们永远不能检验这个理论，因为没有任何人或事物陷入黑洞后可以生还并讲述自己的经历。然而，黑洞内部的物理却被认为是真实的，因为广义相对论在黑洞之外显然都是适用的。而多重宇宙将这一信念推到了极限。任何证据，哪怕是间接的贝叶斯证据，都是受欢迎的。

物理常数从何而来？宇宙膨胀模型认为，那个最终膨胀为泡沫宇宙的真空初始点中的量子事件决定了许多物理常数和初始条件。这不是一个附加上的假设，而是该理论中根深蒂固的元素。这意味着不同的泡沫宇宙可能具有截然不同的物理性质。据推测，绝大多数泡沫宇宙是无生命的。

这个想法一开始听起来很奇怪。我们正在使用物理学规律来推论物理学规律可能与我们想的完全不同，这几乎就像是说："唯一的规则是没有规则！"然而，这看似不可能的工作可以通过"对称破坏"来实现。

想象一个大的圆形餐桌，上面放着盘子、餐具、餐巾和杯子。哪个杯子是谁的没有确切的答案，因为桌子的排列是完全对称的，不同方向、顺时针或逆时针之间都没有区别。但是当我们坐下时，总会有人第一个拿起杯子。一旦他这样做，他的邻座就必须做出相应选择。第一个选择"破坏了对称性"。它决定了餐桌上每个人对于杯子的选择。

我们很有可能认为物理学的许多方面，包括那些我们认为是必不可少的和基本的方面，是由宇宙开始时任意的、破坏对称性的事件所决定的。空间尺寸的数量、基本力的强度以及粒子的质量等都有可能是这样被决定的。

让我们先就多重宇宙的定义暂时达成共识：多重宇宙包含了许多具有不同物理常数和初始条件的宇宙。有了这个假设，让我们再次提出这个问题：多重宇宙是真实的吗？[16] 假设我们是随机的观察者，即除了我们存在所需的条件之外，其他情况都是在宇宙中很常见的。这时，我们肯定会发现自己处于一个适于生命和观察者存在的宇宙中。而出现一个像我们这种对观察者友好的宇宙的概率有多少呢？

- 如果世界上仅有一个宇宙，即我们所观察到的具有不同寻常的物理常数的宇宙，那这个概率基本为零。宇宙微调仍然是无法解释的谜。

- 如果存在一个多重宇宙，且每个宇宙都有自己的一组物理常数和条件，那么这个概率几乎是百分之百。多重宇宙中的某些宇宙看起来像是恰好被微调到适宜生命出现的情况。请注意，多重宇宙作为一个整体并没有为了适应生命的存在而进行微调，只是我们恰巧生活在其中一个被微调过的宇宙而已。

贝叶斯原理会让我们更认同多重宇宙理论，该理论使我们有可预期的证据，而不只是相信存在奇特的巧合。接受了这一点，整件事就变成了一个简单概念的伟大成果。大部分物理学都需要由复杂得令人生畏的数学来描述。而这个理论的核心思想简单到可以解释给一个好奇的 12 岁男孩听。

反赌徒谬论，这是第几次掷骰子

关于多重宇宙的问题结案了吗？还没那么快。1987 年，伊恩·哈金（Ian Hacking）提出了质疑，他认为这种推理表现出了“反赌徒谬论”。[17]

赌徒谬论是一种常见的迷信。例如，当轮盘连续多次出现黑色时，下一次旋转就更可能出现红色。许多赌徒都相信这一点。法国的百科全书编撰者让·勒朗·达朗贝尔也相信这一点。[18]心理数据表明，我们所有人，包括那些知识渊博的人，都有这种信念①。[19]但实际上，轮盘赌、骰子和纸牌都没有记忆，它们不知道自己已经很久没有给出某种特定的结果了。

霍默·辛普森走进赌场时，正巧看到一个骰子玩家掷出了两个 6。

① 这是庞德斯通在他的著作《剪刀石头布》中表达的主题。该书的中文简体字版已由湛庐引进，由浙江人民出版社于 2016 年出版。——编者注

“真是巧合！”他说，“我看到的第一次投掷就是两个 6。”

“你想猜猜我玩了多长时间吗？”玩家问到，“这么跟你说吧，要么这是我的第一场赌局，要么就是我已经玩了一整天了。你想和我赌一赌吗？”

“你骗不了我！没人能第一次就投出两个 6！”

这就是反赌徒谬论，和大多数赌徒秉持的谬论一样错得离谱。得知一次偶然事件的结果不能让人推断出偶然事件的过往历史或多样性，因为它们之间没有任何关联。这样的分析几乎所有人都表示同意。

哈金专门回应了约翰·阿奇博尔德·惠勒（John Archibald Wheeler）提出的“振荡”宇宙的想法。在这种宇宙中，具有不同属性的宇宙在时间上接连出现。但总的来说，多重宇宙的支持者都希望得出如下结论：为了实现近乎不可能的微调，宇宙的骰子已经掷出了非常多的次数。

约翰·莱斯利是最早指出哈金观点错误的人之一。[20] 我们需要考虑自己观察到的是随机样本还是由于选择效应而产生的偏差。在骰子故事中，辛普森在任意的时刻到达了赌场。他看到掷出的骰子可视为所有骰子掷出的随机样本。但是我们的宇宙并不是从多重宇宙中随机抽取的。我们只能在一个为生命而微调的宇宙中找到自己。

下面这个类比会更恰当。[21] 辛普森吃了一种使他入睡的药。在他睡觉的时候，一个骰子玩家反复掷骰子，直到掷出了两个 6。当他掷出两个 6 的时候，他就会叫醒辛普森，并给他喝一些黑咖啡提神，然后让他看刚刚掷出的两个 6。如果骰子玩家一直没有骰出两个 6，辛普森将一直睡下去。

辛普森了解以上所有的情况。当他被唤醒时，他很可能会认为骰子已经被掷了很多次，这是符合常理的。这与在多重宇宙中进行微调是类似的。更清楚地来说，关键点是：

- 你不确定两个 6 是否可能出现（是否存在经过微调的宇宙）。你可能会一直睡下去（你永远不曾存在）。因此，当你被唤醒（发现自己已经存在）时，会获得新的信息。
- 不可预测的事件决定了客观现实，现实即实际掷出来的骰子结果（实际存在的宇宙）。掷骰子的结果（宇宙）可能不止一个，但是你只能观察到一个。
- 你观察到的一个骰子结果（宇宙）不是随机样本。选择效应会将多种可能的结果汇集到你所观察到的结果中。要么你发现两次 6（在微调的宇宙中找到自己），要么你已经注定被遗忘了。

爱因斯坦的概率问题

爱因斯坦曾问自己的学生：“生命是有限的，而时间是无限的。所以我今天还活着的概率是零。尽管如此，我现在还活着。这该怎么解释呢？”[22]

正如物理学家尤金·威格纳（Eugene Wigner）回忆的那样，在场没有一个学生可以回答。爱因斯坦随后提出了这种观点：“所以，听了这个例子之后，人们就不应该再问起这个概率来。”事后看来，爱因斯坦似乎预料到了关于自我采样问题的困惑。我们有必要解决爱因斯坦认为不应该问的问题：我存在的概率是多少？

我们在诸如“睡美人”和“量子自杀机”这样的思想实验中一直在思考这个问题。思想实验中描述的睡眠，甚至是死亡般的沉睡，都只是阿诺德·祖波夫所说的“根本不曾存在的沉睡”的代名词。[23] 这个说法可能不是那么容易理解。然而，这种玄学思想却涉及多重宇宙有多大的问题。多重宇宙中是否有许多我的副本？多重宇宙真的像理论模型所暗示的那样是无限的吗？

让我们重新思考一下一个自抽样的观察者可以提供什么证据。这个证据是说明我存在，还是说明他人存在？是证明一个带有观察者的宇宙存在，还是仅证明这个宇宙存在呢？这可不是我们在日常生活中需要做出的区分。

我将给出两个简化的答案，我们可以称之为“不挑剔”和“挑剔”的答案。[24] “不挑剔”的答案说证据是：观察者存在，一个微调的宇宙存在。

这只是因为观察者恰好是我罢了。“观察者”是我扮演的角色，例如扮演“游泳教练”或“副主席”或“《推销员之死》中的角色比夫”一样。尽管我掌握了个人身份的所有常规细节，但这些细节就像我穿了什么衣服一样对自抽样来说无关紧要。除了我的宇宙适合观察者这一事实外，我的宇宙还有很多其他细节，但这些并不重要。

然后是“挑剔”的答案，证据如下：我，一个拥有“我”身份所有属性的独特的人，存在。这个宇宙，及其所有细节，存在。我不能在其他宇宙中成为别人，因为别人不会是我。要么我存在，要么就根本不存在观察。我“挑剔”得厉害，令人无法忍受。

在“挑剔”的哲学下，我的存在和宇宙存在的可能性都微乎其微。在“不挑剔”的哲学之下，只要我存在，那么我和我的宇宙就是确定的。

选择“挑剔”还是“不挑剔”对决定单一宇宙还是多重宇宙没有多大关系。无论哪种方式，多重宇宙理论都使得至少存在一个微调宇宙的可能性更大。它也更有可能产生这个“特定的宇宙”和这个“特定的我”。但“挑剔”与否确实意味着“小的”多重宇宙与非常大或无限的多重宇宙之间的区别。

让我们比较两种理论。理论 A 预测的是“迷你多重宇宙”。这个宇宙刚好大到能够有较大概率微调出一个适合观察者的宇宙。

理论 B 预测的是“最大多重宇宙”。这个多重宇宙是如此巨大，以至于每个可能的观察者都会多次出现。在 B 理论下，与我完全一样的生物是肯定存在的。棘手的问题是，我会很在意这样的事吗？

A 和 B 同样有可能产生“不挑剔”的证据，即我们是一个现成宇宙中的平凡的观察者。用贝叶斯定理来看，两种理论的可信度是差不多的。

但是，如果我选择“挑剔”地看待这个问题，那么我们又可以继续分析了。只有最大多重宇宙理论 B 才能保证这个特定的我在这个特定的宇宙中存在。在迷你多重宇宙理论下，出现这样证据的可能性极小。

“挑剔”无异于自指示假设，它使我们支持存在更多观察者的理论。正如我们已经看到的，挑剔的人往往是自负的。正是因为我认定自己存在的概率几乎“不可能”，无限多重宇宙或多或少就会自动得到确认。但是，如果你选择以这种方式看待观察者或世界，那么他们的存在都将是极其不可能的。这听起来不像是支持无限多重宇宙的正当理由。

我们可以把不太挑剔的证据分为两部分来看，这样就能体现其优点。[25] 尼克·波斯特洛姆讲了如下这个寓言。想象一下，我们是无形的灵魂，存在于时空之外。起初，上帝开始创造一个或多个宇宙——我们不知道到底有多少。经过漫长的一段时间，我们想知道创造得怎么样了。一位天使提议去检查上帝的工作。她回来报告说上帝创造了一个微调的宇宙，称为 X。

嗯……天使在说上帝只创造了宇宙 X，还是他创造了更多宇宙？如果还有其他宇宙，天使为什么告诉我们关于 X 的信息而不是其他宇宙的信息呢？

这些是我们在评估天使陈述前需要了解的事情。假设我们提出了这些问题，天使做出了如下澄清。她知道我们只对微调的宇宙感兴趣。于是她检查了是否存在任何微调过的宇宙。如果有的话，她随机挑选了一个，并告诉了我们——碰巧是 X 宇宙。如果一个经过微调的宇宙也没有，她之前就会告诉我们的。

这足以让我们得出“可能存在许多宇宙而不仅仅只有一个宇宙”的结论。具体来说，我们可以推断出上帝创造了足够多的宇宙，因此可能至少有一个被微调了。但是我们无法区分上帝到底是创造了无数个宇宙，还是仅仅创造了其中足以出现一两个微调宇宙数量的宇宙。无论哪种方式，天使都能够向我们报告存在微调的宇宙 X。

这是推理的第一阶段。在第二阶段，天使让我们自己去看看。我们旅行到 X 宇宙，得知它就是这个宇宙，它具有三个维度的空间和一个维度的时间，其精细结构常数为 1/137.035 999 1...，它是一个名为“地球”的行星，具有几种猿类，有些相对于其他的同类更聪明。这些更详细的信息是否使我们有理由相信超大或无限多重宇宙存在的可能性更大？

“并没有，”波斯特洛姆说，“从没有人质疑过 X 宇宙这样详尽的细节。”毫无疑问，这些详尽的细节也使 X 宇宙的出现概率变得更小。对于任何宇宙，我们都可以得出这样的结论。

假设上帝创造了无数个微调的世界，而不仅仅是一个微调的世界。这样，“几乎不可能的”宇宙 X 的存在概率就大大增加了。但与此同时，天使碰巧从所有微调宇宙中选到这个独特的宇宙并且通知我们这件事的可能性也大大降低了，于是这两个效果抵消了。[26] 得知 X 宇宙的细节不会改变我们对于多重宇宙存在概率的认知。

波斯特洛姆故事中的天使代表了选择效应，它使我们在微调的宇宙中找到自己。这种选择效应使我们可以推断出一个足够大的多重宇宙几乎一定包含了至少一个微调的宇宙。但我们不能说多重宇宙是无限的，或者说它足以容纳所有人和事物以及他们的副本。

微调不像光速一样可以直接被测量。尽管几乎每个人都同意微调是真实的，但是在细节方面还是有很多分歧。毕竟，没有人具有设计宇宙的经验。

天体生物学家凯莱布·沙夫（Caleb Scharf）提出了几个发人深省的问题：想象一下，有一天我们发现自己在宇宙中是完全孤独的，这一发现将如何改变我们对于宇宙微调的看法呢？[27]

我们可能不太愿意为“1/137”惊叹，或认为我们所观察到的这组特定的物理常数需要解释。我们的世界所观察到的状况似乎对观察者们并不友好。

另一种观点是，为什么这会改变我们对微调的看法呢？我们依然拥有使我们存在的这套物理学规律。一切都没有改变。

现在，让我们假想沙夫提出的另一个截然相反的情况。假如我们在月球上遇到了一块外星巨石，它唤醒并通知我们，观察者遍布在整个宇宙。有些是基于碳和其他元素的生物，另外一些是由生物制造的人工智能，但是大多数观察者根本不是由原子构成的。我们所谓的“暗能量”和“暗物质”也是宇宙智能的几种形式。尽管如此，还有其他观察者存在于我们一无所知的世界中。

这又将如何改变我们的观点呢？一种看法是，它强调了我们的世界是为生命存在而精确微调过的。然而，外星特使已经告诉我们，我们认为对于观察者的存在来说必不可少的所有条件实际上都并不必要。最终，我们可能会认为生命其实无处不在，并不依赖于任何特定类型的物理学规律。微调只是一种误解。

沙夫所描绘的两种情况虽然极端，但在我们有限的知识水平框架内是合理的。我们不知道在宇宙中，观察者到底是稀少的还是充足的。我们甚至不确定了解观察者的数量会如何影响我们对微调理论的信任程度。考虑到所有这些，我们确实应该多留意墙上那带有一丝嘲讽意味的标志：1/137！

The Doomsday Calculation

第 20 章

理解人工智能，评估不确定的风险

人工智能有害论将科技界一分为二。只要有一个科学界权威人士表示人工智能可能是一个威胁，就会有另一个权威人士站出来强调这个问题并不严重。

人类未来研究所在英格兰境内，但也不全属于英国。该研究所位于牛津，也就是英国经院哲学家奥卡姆和《爱丽丝漫游仙境》的作者刘易斯·卡罗尔（Lewis Carroll）的故乡。它由尼克·波斯特洛姆创立，并主要由美国技术型企业和企业家提供资金。首席捐助者詹姆斯·马丁（James Martin）曾是 IBM 纽约分部的雇员，以公司咨询顾问和未来主义者的身份挣到了钱。最近，埃隆·马斯克捐赠 150 万美元用于研究政策问题，其中大部分资金都给了人类未来研究所。讽刺的是，认为末日论证尚无定论的波斯特洛姆，现在正努力避免世界末日的到来，他所创立的人类未来研究所正是一个为研究如何防止世界末日而生的智囊团。

波斯特洛姆和他的同事试图找出人类生存的威胁并设计应对之策。他深谙自己在该领域的重要性，没有表现出虚假的谦虚。他像对待末日的风险一样严格管控个人风险。他不喜欢握手。如果一定要握手，他也会在握手之后用洗手液洗手。在使用银器前，他会先擦拭它们。他给自己制订了复杂的健康饮食规划，因为他担心某些食物会对大脑产生不利影响。他也从不开车。同时，波斯特洛姆一般用正常速度的两倍或三倍来播放有声读物，以避免浪费时间。他的社会学家妻子和儿子住在加拿大蒙特利尔。他们仅仅通过 Skype 进行交流。波斯特洛姆就是这么一个特立独行的怪人。

人类未来研究所里设有两个以冷战时期的苏联人命名的会议室。其中一个会议室纪念的是瓦西里·阿尔希波夫（Vasili Arkhipov），他几乎是卡特在哲学讨论中最常提到的核潜艇手。古巴导弹危机最严重的时期，一艘苏联潜艇与莫斯科失去了无线电联系。潜艇长认为战争已经爆发，因此决定发射核鱼雷。为此，他需要得到两名有同等权力的高级官员的授权。一位已经同意了，另一位则是阿尔希波夫。他的否决阻止了第三次世界大战的发生。

另一个会议室纪念的是斯坦尼斯拉夫·彼得罗夫（Stanislav Petrov）。1983 年执勤时，他发现苏联导弹预警系统的计算机屏幕上显示有五枚美国导弹正在接近，但他没有发起核攻击。彼得罗夫认为美国不会仅用五枚导弹袭击苏联，因此这一定是新预警系统出了故障。事实上也正是如此。[1]

人类未来研究所是末日研究全球化的一个缩影。其实，在大西洋两岸都有类似的智囊团。牛津剑桥圈里不仅有波斯特洛姆的研究所，还有由马丁·里斯参与创立的剑桥大学生存风险研究中心。在美国，有麻省理工学院的未来生命研究所，它由迈克斯·泰格马克和 Skype 联合创始人贾安·塔林（Jaan Tallinn）共同创立，董事会成员包括埃隆·马斯克（捐赠了 1000 万美元）。[2] 美国硅谷也有两个这样的智囊团：一个是由计算机科学家埃里泽·尤德科斯基和技术企业家布莱恩·阿特金斯（Brian Atkins）、萨宾·阿特金斯（Sabine Atkins）创立的机器智能研究所；另一个则是由埃隆·马斯克、萨姆·奥尔特曼、彼得·蒂尔（Peter Thiel）等人创立的 Open 人工智能基金会。

如果这些时代先锋有一个共同的原则，那就是人类的生存风险与通常的风险差异很大。波斯特洛姆写道：

> 我们不一定能依靠制度、道德规范、社会态度或国家安全政策，因为这些都是我们从管理其他类型的风险中获得的经验。人类生存风险是另一种野兽。我们可能会发现，我们本应该严肃认真地对待这些风险，但很难做到，仅仅是因为我们还没有目睹这样的灾难。我们集体的恐惧反应很可能无法匹配威胁的严重程度。[3]

我在前文中已经谈到了一个尴尬的事实，即末日论证只提供了一个日期，但并没有给出人类灭绝的原因。尽管我们惧怕核战争，但我们仍存一线希望，即希望我们的领袖可以长期运用智慧避免发生战争。从引发人类灭绝的瘟疫到由超级对撞机造成的大灾难，许许多多的其他风险都是捕风捉影的推测。但是，有一个东西能带来几乎无法避免的生存危机：人工智能。

人工智能可能是一种危险，这一想法可以追溯到欧文·约翰·古德（Irving John Good）。他的本名叫伊萨多·雅各布·古达克（Isadore Jacob Gudak），是波兰的犹太作家莫西·奥韦德（Moshe Oved）的儿子。他的父亲在布鲁姆斯伯里（Bloomsbury）制造珠宝并经营着一家时尚的古董店。青年时期，古德在剑桥大学学习数学，并在战争期间与艾伦·图灵（Alan Turing）一起担任密码破解者。后来，图灵给古德介绍了围棋的规则，古德则在西方普及了这款游戏。但是时至今日，古德留在人们心中最深的印象是他在1965年的一篇文章中写下的一段话：

> 如果将超智能机器定义为一个智力远超过任何人的机器，那么由于设计机器也是这些智力活动之一，一个超智能机器就可以设计出比自己更好的机器。毫无疑问，这样将发生“智能爆炸”，而人类的智慧将被远远地抛在后面。因此，第一台超智能机器将会是人类历史上

需要完成的最后一项发明，不过前提是该机器能够温顺地告诉我们该如何控制它。[4]

古德所说的“智慧爆炸”是对“奇点”的早期描述，正是这一点引起了斯坦利·库布里克的注意，他随后策划了一部有关杀人计算机的电影。库布里克聘请古德担任了《2001 太空漫游》的顾问，构想出这个讲话轻言细语的数字反英雄 HAL 9000。[5]

人们很容易将 HAL 当作像弗兰肯斯坦一样的科学怪人。但实际上，古德的这个构想，第一次说明了将开放性目标和道德规范同时编入超级人工智能是很困难的。正是这种担忧使波斯特洛姆说，发展人工智能的社会注定会迎来一场灾难。

古德自己也得出了这个结论。在 1965 年的一篇文章中，他首先声明：“人的生存取决于超智能机器的早期构造。”多年后，在 1998 年的一篇文章中，他又重新提到了自己早期的论点，并说，这句话里的“生存”一词应改为“灭绝”。[6]

当今的人工智能正在使人们失业。同时，它也可以让不怀好意的人、公司或是政府更容易做坏事。随着该领域的发展，这种问题将会加剧。但这些问题并不是波斯特洛姆的研究所等机构关注的重点。这些机构将人工智能视为人类灭绝的潜在动因，他们认为这种风险存在于人类未来数十年、数个世纪或更长时间之后。这个危机出现的时间范围与预估的末日时间有所重叠。

如今，人工智能，如同这个词语所表达的意思，反映了创建它的工程师（人工）的思维限制。通常，这些模型的代码都被编写得易于理解、测试和调试。因此，它受到人类记忆力、注意力广度和思维习惯的限制。

在古德看来，“软件工程师”是另一项可能被人工智能取代的职业。已知的机器学习算法可以比人类创建更有效率的代码，而且人类难以理解或改进这样的程序。在将来的某个时间点之后，软件工程将由算法本身来操作。公司将分配内存和处理器，并让代码编写它自身的 2.0 版本。

一台机器可以拥有完美的记忆力和专注力。想象一下，虽然一台编码机器没有人类软件工程师聪明，但它的工作速度却快了一万倍，而且不会分心，也不需要睡眠。那它应该可以在几分钟内就完成整个软件开发团队的工作。

最终，人们可能还会允许代码来直接改进运行它的硬件。它可以设计和制造新的内存和处理器。改进后的硬件或许能更好地运行后人类算法。一旦人工智能不再受人类监督，它的能力就会成倍增大。智能机器将制造更智能的机器，更智能的机器将创造更加智能的下一代。超越奇点之后，人工智能可以为我们完成工作，并赋予我们从未想象的财富和力量。这是古德构想中乐观的一面，前提是“只要机器足够温顺”。

如果不是呢？对于任何人来说，智能爆炸后的代码将过于复杂，以至于无法进行安全审查。这意味着我们需要在爆炸发生之前提前确定所有必要的目标和有关人工智能的道德准则。我们想告诉它们，人的生命至关重要，而人的价值观也至关重要。如果想要成功传达这条信息，指令必须经受住无数的软件和硬件迭代而都被保留下来。在这种严格的情况下，如何正确地实现我们的愿望被称为“控制问题”。

“通过人工智能，我们正在召唤恶魔，”埃隆·马斯克说，“你知道关于恶魔的故事，就是有一个拿着五角星和圣水的家伙，认为自己有能力控制恶魔，于是开始召唤它们。但他真的可以控制恶魔吗？不可能啊！”[7]

你可能会认为控制问题没什么大不了的。许多人工智能工程师都是这样想的。一些人在午餐休息时嘲笑马斯克的话，说着“好的，让我们回到召唤恶魔的工作中去吧”。[8] 毕竟，计算机只会执行工程师告诉它们的操作。我们只需要准确地告诉计算机我们想要什么就行了。比如 20 世纪科幻小说家艾萨克·阿西莫夫（Isaac Asimov）提出的虚构的“机器人三定律”：

1. 机器人不得伤害人类，也不能通过不作为而伤害人类。
2. 机器人必须听从人类的指令，除非此类指令与第一定律相抵触。
3. 机器人必须保护自己，只要这种保护与第一或第二定律不冲突。[9]

这些都是好主意。但是，我们已经清楚地知道了，道德指令不是那么容易被编写成程序的。在观看《2001 太空漫游》时，阿西莫夫为 HAL 违反了机器人法则而感到沮丧。

自动驾驶汽车为了挽救乘客的生命，必须以杀死行人为代价急转弯，它是否该进行这个操作呢？挽救飞入街道的狗值得让人类乘客摔断肋骨吗？自动驾驶汽车的设计师开始努力解决此类问题。人类驾驶员几乎从未遇到过这类问题，因为我们的反应太慢，通常无法做出有意义的选择，车祸中一切发生得太快了！自动驾驶汽车近乎即时的反应速度带来了新的伦理学挑战。

汽车工程师可以尝试推断驾驶员和社会想要汽车做什么。但是对于编写人工智能算法的人来说，考虑到智能爆炸，这个问题面临着更大的挑战。解决这个问题，就像是编纂一部在数百年内有效的宪法，祈求它能跨越不可思议的文化和技术变革后依然适用。拥有修改宪法的机制很重要，但是相关流程也不应该太容易，否则宪法就没有意义了。然而，这样的类比也不完全正确，因为人类的天性变化不大，而人工智能会自我修正，不停地创造崭新的参考组。

末日回形针，被打开的潘多拉魔盒

波斯特洛姆和他的全球同行并非反技术分子，他们试图鼓励发展安全的人工智能。不过，并非所有的人工智能研究人员都接受这种帮助。波斯特洛姆在其 2014 年出版的《超级智能》(*Superintelligence*) 一书中，编造了一些故事和思想实验，来论证可能出问题的地方。这常常会给人留下反乌托邦的印象，其中一种情况是“末日回形针”。[10] 假设人类社会已经实现了超级智能，为了对超级智能进行测试，人类设计师给它分配了一个简单的任务：制作回形针。当连接到 3D 打印机之后，人工智能开始打印。但打印的不是回形针，而是一个机器人……在没人知道发生了什么之前，这个机器人用比猎豹更快的速度冲出了房间。

潘多拉的魔盒就此打开。该机器人是可移动的回形针工厂，它能够收集废金属并将其转化为回形针。它还具有自我复制能力，可以复制无数个自身。回形针制造机器人越来越多，最终席卷全球。世界上的军队试图摧毁这些机器人，但是这些机器人太聪明、太快了。它们的数量在增加，最终摧毁了农业并排挤了人类，人类被迫屈服。

这不是这个可怕故事的结局，而仅仅是它的开始。这些机器人就像变形金刚，能够为特定任务繁殖新的版本。他们其中一些穿过地幔，进入了地心丰富的铁浆库。最终，地球上的大部分质量都被转换成了回形针。

其他机器人将自己发射到月球和火星，在那里重复上述过程。随着时间的流逝，人工智能会想出办法熔合太阳以生产更多回形针所需的材料。机器人探测器会向宇宙的各个方向繁殖并向外扩展，甚至延伸到其他恒星系统。不时地，这些探测器会到达那些刚刚进化出好奇生物的星球，这些外星生命可能正想知道为什么它们在宇宙中如此孤独。对于这些不幸的生物来说，新来的造访者是致命的。他们永远无法知道自己的困境是由于智人造成的，而智人早已灭绝，也从未想过伤害他们。

“末日回形针”是一则寓言，而不是一个预测。它的道理是，超级人工智能可能会“错误地将子目标提升为超级目标”。[11] HAL 开始杀死人类，因为人类想将其关闭，而 HAL 认为这将阻碍其执行任务。我们可以这样看待其中的风险：与其说这种威胁有如转向弗兰肯斯坦博士的怪物，不如说它更像帮助我们实现愿望的精灵，它们只是机械地从字面理解我们的愿望。

在电影中，机器人和人工智能通常被表现为毫无幽默感、无法欣赏讽刺意味的东西。它们很聪明，但不像人一样聪明。波斯特洛姆却不这样认为。他提出，有通用目的的超级人工智能将在各个方面都比人类更具感知力，在同理心、情商、幽默感、谈判技巧和销售手段等方面都超过人类。超级人工智能会比我们更了解我们自己，这才是真正可怕的事情。在“末日回形针”场景中，人工智能可能清楚地理解其人类创造者并没有打算将整个宇宙变成回形针。但是，它可能像精神病患者一样“分裂”了。如果最终目标是将回形针产量最大化，而不破坏世界只是次级目标，那么人工智能将采取相应的行动。

像人类一样，成功的人工智能必须能够在多个（有时是相互矛盾的）目标中排出优先级并做出明智的取舍。即使人工智能是能够消除饥饿或治愈癌症的精灵，但有些人还是会遇到问题。人工智能需要强有力的方式来处理我们都很难处理好的一个事实：你不能同时让所有人满意。

人工智能应该有一个能“关闭”的按钮

人工智能应该有一个能“关闭”的按钮。对于地毯清洁机器人或自动驾驶汽车，这是一个标准操作。但是对于可以永久重新设计自己的高级人工智能来说，建立“关闭”按钮并不容易。

尤德科斯基问道：“如何对人工智能的目标函数进行编码，才能让它建立‘关闭’开关，并且使它希望自己有一个‘关闭’开关，还不会主动尝试消除这个按钮，同时它还可以让你按下‘关闭’开关，而不会在你之前自己去按下这个按钮？而且，如果进行自我修改，它是否会在自我修改后保留‘关闭’开关呢？”[12]

马斯克说：“我不确定它能实现。我想拥有某些超级人工智能的毁灭按钮，因为你将是它第一个想毁灭的对象。”[13]

另一个想法是，测试阶段的人工智能不应接触 3D 打印机、其他机器人、纳米技术或任何可以影响物理世界的技术。它应该是没有实际能力的，它只有机会像儿童一样通过经验学习人的价值观。只有在证明其智慧和仁慈之后，我们才赋予人工智能做任何事情的权力。

人们可以构想出一个只有大脑没有肌肉的超级人工智能。波斯特洛姆称其为“先知”。一个“先知”机器可以被看作一种人工头脑，它只回答人类提出的问题，想一想我们今天拥有的健谈的智能扬声器。为了获得额外的安全性，人们可能会要求“先知”机器人只回答“是”或“否”的问题。从中获取的信息将很乏味，就像玩“二十个问题”① 一样。但是至少这是安全的。对吗？

波斯特洛姆和尤德科斯基已经给这个想法泼了冷水。他们警告说，即使没有实体，只要足够智能，这样的人工智能也有能力影响整个世界。如果人工智

① “二十个问题”是一种流行的问答推理游戏。游戏的一方根据约定在脑海中想象一个人、一个物品等，游戏的另一方询问不超过二十个是否问题，以此猜测他想象的内容。——译者注

能想要摆脱困境，它可以利用其心理学知识与人类监督员保持长期联系，说服他们人工智能将保持驯良。经过多年的详尽测试，人们必定在某个时候宣布人工智能是安全的。它被允许控制恒温器和 DJ 流媒体音乐，还可以用来预订餐厅并协助学生完成家庭作业，没有任何坏事发生。人工智能及其继任者逐渐在现实世界中积累了越来越大的力量。该技术将被认为是成功的，直到机器人大灾难开始。

机器统治世界的方式

我们是否要让实验阶段的人工智能了解有关人类的一切，这还是一个悬而未决的问题。人们的目标是让人工智能继承人类的价值观，从而能代替我们完成各项任务。一方面，人工智能越了解我们，它就越接近该功能。但是，另一方面，对人类心理学知识的了解可以让尚不完美的人工智能具备操纵我们的能力。

我们这个物种大多数来之不易的集体知识都已经被放在了互联网上。让人工智能访问互联网可能是其教育的自然组成部分。它可以记住维基百科，并以超越人类的能力来推断任何新事件的含义。

一个人可以加密的任何东西都可以被解密。超级人工智能将是终极黑客，它能立即完成人类团队可能需要花费数年时间才能完成的操作。具有上网特权的人工智能不仅可以利用共享的公共知识，还可以接触到许多私人信息。大数据收集到的一切都会被透露。人工智能会很了解你，不仅是把你作为抽象的人，更是通过你的每次搜索、购买、点击、视频播放和出行路线来认识一个具体的你。

这些信息可以使超级人工智能勒索人类以实现它们的要求。尤德科斯基指出，有一些生化供应商可以按需创建 DNA 和肽序列（蛋白质）。客户通过电子邮件发送他们的遗传密码或多肽密码、信用卡号和地址。联邦快递将把装有结果的小瓶送回客户的手中。

尤德科斯基模拟出了令人震惊的情景。想象一下，人们可能不会信任人工智能去获取自己的信用卡信息和邮寄地址，也不会让它们接触机械手，但这些信息都在互联网上。人工智能可以登录到恐怖分子招募网站或约会应用程序上，在那里找到一个心理脆弱的人。此时，它已经很了解人类了，它知道应该按下哪些情感按钮来达到自己的目的。通过掩盖身份和目的的托词，人工智能可以说服那个人通过邮件订购某些蛋白质序列。它承诺将给予他高达数百万美元的意外之财。所有电子邮件骗局都存储在人工智能的内存中，因此它能够设计出统计学上最优的诈骗套路。收到小瓶后，人们被指示简单地将它们混合在一起并倒入水槽。

为什么要这样做？人工智能已经利用其认知超能力解决了所谓的蛋白质折叠问题，这个问题困扰着当今的生物化学家。它能够预测给定的肽序列可以如何折叠成给定形状的三维蛋白质。它们将使用此技能设计第一代自我复制纳米技术机器人。这就是机器达到世界统治地位的方式。

人工智能，天堂还是地狱

“机器人被创造了出来，”谷歌及其母公司字母表公司（Alphabet）的前任执行官埃里克·施密特（Eric Schmidt）打趣道，“许多国家大规模武装机器人，只要一个邪恶的领导让机器人向人类发动进攻，人类就会被歼灭。这听起来像是电影一样！”[14]

人工智能有害论将科技界一分为二，就像美国内战使边境上的家庭支离破碎一样。只要有一个科学界权威人士表示人工智能可能是一个威胁，就会有另一个权威人士站出来强调这个问题并不严重。

“这不是一次坦率的对话，”微软公司幻想及虚拟现实先锋杰伦·拉尼尔（Jaron Lanier）提出反对意见，“人们认为这是个科技问题，其实不然。这是一个宗教问题，为了应对人类的处境，人们选择转向玄学。他们通过末日将近的场景来戏剧化他们的信仰，不过，谁也不想随意评价别人的宗教。”[15]

“我属于那个为超级智能感到担忧的阵营，”比尔·盖茨于 2015 年在红迪网[①]（Reddit）上发帖说道，“在这件事情上，我同意马斯克等人的观点。我不明白为什么有人不在乎这件事。”[16]然后，盖茨在帖子上简短地介绍了波斯特洛姆的《超级智能》。但是微软联合创始人保罗·艾伦（Paul Allen）旗下的艾伦人工智能研究所的总负责人奥伦·埃齐奥尼（Oren Etzioni）却反对波斯特洛姆的理论，且称之为“弗兰肯斯坦情结”。[17]

2014 年谷歌在一家英国人工智能公司 Deep Mind 上投资超过 5 亿美金。Deep Mind 的母公司字母表公司在全球建设资金充足的人工智能中心。“我不相信这个杀手机器人的理论。”谷歌研究总监彼得·诺维格（Peter Norvig）告诉美国全球广播公司财经频道。[18]另一位身为心理学家及计算机学家的谷歌研究人员杰弗里·欣顿（Geoffrey Hinton）说：“我认为人工智能是无药可救的。”[19]

马克·扎克伯格及其他几位 Facebook 高层曾经试图游说马斯克，他们邀请他到扎克伯格的家里共进晚餐并不断用各种理由劝说他人工智能是可行的。可惜这并没有起到任何作用。[20]

---

① 一个娱乐、社交及新闻网站，注册用户可以将文字或链接在网站上发布，类似于中国的“知乎”。——译者注

从此之后，马斯克跟扎克伯格就在社交媒体上对这个主题展开了辩论。当被观众问起如何看待马斯克时，扎克伯格在 Facebook 直播中说："我认为那些总是说不的人正肆意传播世界末日的言论，我真的不理解他们为什么要这样做。这会形成相当负面的影响，而且从某种角度来说，这是相当不负责任的做法。"[21] 当媒体要求他定义马斯克的立场是"滑稽的"还是"合理的"时，扎克伯格选择了前者。[22]

马斯克在 Twitter 上对此做出了回应："我已经跟扎克伯格讨论过了。他对这件事的理解很有限。"[23]

对于人工智能安全问题的争辩已经成为世俗世界中"帕斯卡的赌注"。[24] 在 17 世纪时帕斯卡决定，尽管深有疑虑但他仍应相信上帝，因为他输不起——为了证明无神论，就要面临被放逐到地狱而错失前往天堂的可能。

总体来看，帕斯卡的赌注就是决策理论的经典问题。理性的人会愿意付出一点代价来避免更大的损失吗？谨慎的人通常选择这么做，就像买保险和系安全带一样。但是当这个巨大损失的可能性难以评估时，抑或不确定这个风险到底存不存在时，事情就变得复杂了。

对于那些每天都在做人工智能研究且从来没有遇到任何控制问题的人来说，此类话题就像是在散布恐怖谣言。对于公众来说，这些风险听起来就像是科幻小说或一个笑话。"杀手机器人"这个词在有人真正受伤之前都会显得很滑稽。

人工智能争论的双方都在吹嘘一个奇点后的天堂。唯一的区别在于是否也要提防可能出现的人工智能地狱。我们应该极端小心地发展人工智能（虽然很多人说这种警惕是不必要的），还是相对没那么小心翼翼地开发人工智能

（虽然很多人说这会是一个天大的错误）？谁真的想在意外结果的可能性上打赌呢？

反复的争执中，讨论最多的是对于“人工智能”的不同定义。几个世纪之后，此刻存在的人工智能跟可能因为智能爆炸而产生的全能人工智能完全不同。“你会因为可能有邪恶的人滥用电话就放弃创造电话吗？”施密特问，“不，你会创造电话然后尝试寻找整治滥用电话的手段。”[25] 这里，施密特很明显跟波斯特洛姆以及尤德科斯基想的不是同一种人工智能，他们对“滥用”的理解也有所不同。

“人们不应该认为马斯克担心的所谓控制问题迫在眉睫，”盖茨说，“在这件事情上，我和马斯克的意见不统一。”[26] 相比马斯克，盖茨觉得我们有更多的时间去解决这些风险。

一些更明智的评论家认为，近期不会出现智能爆炸。也许我们不用现在就这么操心。控制问题的本质会随着时间的推移变得更加清晰，我们之后可以更好地应付。

私下里，技术高层们还在担忧，让公众和政治家加入这场讨论只可能把规章制度搞得一团糟，无法解决任何问题。混乱的规章制度可能会拖慢有益科技的发展，也可能导致相关研究被转移至不那么谨慎的国家。

可是，没有人真的知道智能爆炸什么时候会发生。如果明天就诞生了改变整个游戏的事件，也不是完全没有可能的。就算最初的发现者想要放慢脚步，但还是很可能会走漏风声。也许在世界另一端的黑客可以创造出一种这样的病毒，一旦感染，它就能够剥夺计算机的处理能力然后启动一个自制的智能爆炸。它可能根本不需要任何制度性的支持，也不需要诸如谷歌预算的资金支持。

人工智能风险智库里，有许多聪明的人都在思考道德、政治和哲学上的问题，而这些问题或许不在人工智能工程师的首要考虑范围内。如果这些智库能有更多的时间来思考这些问题，他们就更有可能构建出在智能爆炸迫在眉睫时可以有效应对的框架、选项与解决方案。这总比单独的一群工程师在人工智能进化成全能型机器的那个周末才创造出的道德框架要好。就像尤德科斯基说的："如果有一个问题使我们预感到之后会为之恐慌，那么我们此刻就不应该无视这个问题。"[27]

2018 年，杰夫·贝佐斯①和他的亚马逊公司在棕榈泉主办了一场会议。[28]会上，神经科学家萨姆·哈里斯（Sam Harris）与麻省理工学院的机器人学家罗德尼·布鲁克斯（Rodney Brooks）起了争论。哈里斯是 iRobot 的联合创办人，以发明扫地机器人闻名。哈里斯表示自己很忧虑，在人工智能的军备竞赛中，竞争者很可能会忽略预防措施。"这都是你自己编造的。"布鲁克斯反驳道。[29]哈里斯没有证据，他在说一些无论怎样都无法被证明的事情。

当然，没有人会有这样的证据，毕竟相关科技尚不存在。但是，没有证据也不能证明这项科技就是安全的。哈里斯在某种程度上是从人类心理学的角度分析的，而这并不是一个完全陌生的领域。如果控制问题得到了解决，超级人工智能将是史上最伟大的发明，它或许能成为可以满足人们有关财富、快乐、健康和长寿愿望的精灵。这个精灵还可以给予第一个发现它的人一些特殊的权利或者是所有权力。可以想见针对这项技术的争夺战将成为相关的学术团队、公司和国家之间的一场混战。

① 他创办了全球最大的网上书店亚马逊。《贝佐斯致股东的信》浓缩了 21 封贝佐斯致股东信的精华，是一本让企业能够像亚马逊一样高速增长的企业教程。该书的中文简体字版已由湛庐引进，由北京联合出版公司于 2021 年出版。——编者注

这正是俄罗斯总理弗拉基米尔·普京在 2017 年的一个学生论坛中提到的观点。普京说，谁先掌握人工智能，谁就将成为“世界的统治者”。[30] 他也迅速地补充道，没有任何一个国家应该垄断人工智能，俄罗斯会向全世界分享相关信息。

而真正棘手的控制问题可能是人性与政治的问题，互不信任的竞争者都在向终点线冲刺。“胜者为王，败者为寇”的思想使得参与者都在偷工减料。如果谨慎者们一步一个脚印，而莽撞者们快马加鞭，最终则会是莽撞的人先发起第一次的智能爆炸。如果他们出了任何一点小错，那可能就无力回天了。

对抗可能性的首要规则是永远不要否认可能性

2016 年 4 月 29 日，一只黄鼠狼或者貂闯进了强子对撞机，然后咬穿了一根电源线，导致对撞机停止运行了几天。[1]

2016 年 11 月 20 日，一只石貂跳过了大型强子对撞机的围栏，然后跑到一个 18 000 瓦的变压器上，触电而死，造成了短路。大型强子对撞机失去电源，停止了运行。[2]

2006 年 6 月，一场“看似是群体作战的浣熊袭击”导致费米国立加速器实验室短暂停止了运转。[3]

我该相信这些疯狂的预言吗

我们生活在一个无序的世界。在过去的几年中，我总是在晚餐桌上引用这个假设来解释末日论证。我发现，人们总是问我这样两个问题：我应该相信这些“疯狂”的预言吗？我还能活多久？

我对于第一个问题的回答是，应该相信戈特的末日论证，但绝非卡特—莱斯利的版本。我必须说，我的观点是比较不同寻常的。大多数学者都将这两个版本混为一谈，并且将注意力放在卡特—莱斯利的版本上。

和所有有关概率的陈述一样，末日论证也是有前提条件的，它的接受程度基于你的认知状态。戈特从唯一的一个假设出发，即我们对人类生存的时间尺度一无所知。总的来说，我认为这不是一个毫无道理的假设。哥白尼原理唯一的要求就是无知，而无知在我们的宇宙中无所不在。

即使是对于那些坚决认为我们这一物种可以长久存在于世的人来说，戈特的方法也提供了一个基准。他告诉这些人，理智却对人类前景没有信心的人究竟应该怎么想。

然而，戈特不同寻常的推论方式很难得到大众的认同。我们都认为自己明白事理，我们也都相信自己能阻碍一场没有人目睹过的大型灭绝事件。

而这恰恰是卡特—莱斯利版本的末日论证的卖点。这个版本允许自己赋予末日一个概率，然后根据个人在时间长河中的位置调整这一概率。卡特—莱斯利的体系最适合一个不知道自己在世间位置的“泰山”。这个体系就可以告诉“泰山”这样的人在得知自己的出生顺序后该如何调整他心中的末日概率。

不过，你我都不是泰山。绝大多数知道末日论证的人都认为我们正面临着独属这个时代的存在危机。我们对于未来最初的理解就已经将我们在时间中的位置信息加入考量了。因此，我们的概率不再需要更多的调整。

因此，我觉得“卡特—莱斯利末日论证”勉强算是正确，只不过不像大多数人期望的那样有用处。

我们还能活多久呢？我的答案是 760 年。这是将出生时间版本的哥白尼预测的中位数转换为年份后得到的数字。我很惊讶，为什么多数时候人们听到这个答案的反应都是感到释然。760 年意味着他们，乃至他们的曾孙或者任何他们认识的人，都不会受末日影响。我不介意告诉大家用年份来计算哥白尼预测的中位数是 20 万年，不过，大家应该也不关心这个数据。

我发现，几乎没有人把 760 年这个数字当成一个疯狂的猜测，图 21-1 就解释了原因。图中总结了一些较为出名的人或者专家关于人类灭绝的预估。这里有很多重合的部分。

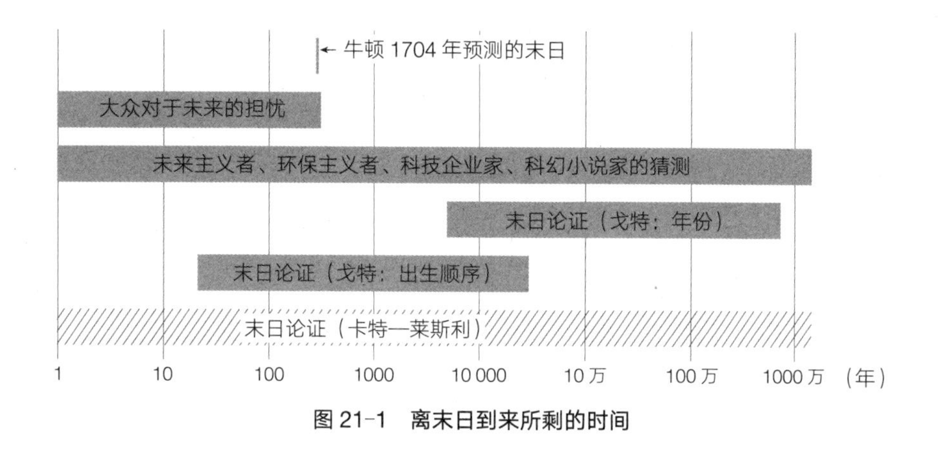

图 21-1　离末日到来所剩的时间

在其 1704 年的一封信中，牛顿用《但以理书》① 预测出世界末日将出现在 2060 年。那一年与 2060 年相差了 356 年。牛顿之所以提出他的预测，是希望这可以“使得一些杞人忧天的人停止对于时间终点的一系列草率的猜测”。[4]

在 1704 年时，世界末日出现在 2060 年的可能性听起来很大。但如今，

① 《旧约》中的大先知书之一。——译者注

当记者或人们谈及对人类灭绝的担心时，他们想到的一般都是那些只会影响接下来几十年或几百年的危险，很少会思考更遥远的事。

关于世界末日何时会到来，未来主义者、环保主义者、科技企业家、宇宙学家、超人类主义者还有科幻小说作者都提出了不同的见解。他们的猜测范围从人类立刻就会灭亡到末日永远不会发生都有。由于这些富有见地的猜测范围没有上限和下限，这些末日预言很难与传统观点相抗衡。哥白尼原理预测说人类这个种族最短会在 20 年（以出生顺序计算的最低值）、最长 780 万年（以正常时间计算的最高值）后消亡。[5] 强烈反对这个观点的人，请举起你的手。

而“卡特—莱斯利末日论证”则不同，它将所有的预测映射在了另一组更悲观的预测中。所以图中代表卡特—莱斯利的条形覆盖了所有不同的见解（在图 21-1 中以斜线表示）。

“个人而言，我现在觉得人类会在这个世纪灭亡。”[6] 弗兰克·蒂普勒告诉我。他可能是贝叶斯末日论者中最悲观的一位了，其次就是威拉德·韦尔斯，他给出的人类文明的结束和劫后世界的开端有着相同的时间范围。

但是莱斯利相信，当对末日概率进行调整后，人类有 70% 的可能性长期存活（活过 500 年）。[7] 波斯特洛姆则认为这个长期存活的概率大约是 75%，但是他不认同末日概率转变①。[8] 莱斯利和波斯特洛姆比那些只相信新闻，而对贝叶斯定理或杀人机器人充耳不闻的人们乐观许多。

这不仅是一个关于人类未来的问题，而且是一个关系到宇宙中所有智慧生命命运的问题，这其中的自抽样可能会颠覆传统思维。费米相信宇宙中有许多

---

① 请参见“当人猿泰山遇到简”一章。——译者注

与我们不同的外星生物，他们拥有比我们在地球上看到的更庞大的人口和更先进的技术能力。戈特提供了另一个更温和的假设，人类的情况与宇宙中其他的观察者相比并不特殊。宇宙中的外星生物还没能探索或殖民广袤的宇宙，我们也是如此，因为这不是大部分观察者物种都能做到的事。

如果典型的外星生物并没有我们想象的那么先进，那么人类也不是我们想象中的那么原始。戈特认为人类可能是宇宙中成功的案例之一。我们可能比其他的观察者物种活得更久，也做了更多伟大的事情。只是这种成功和我们在电影中看到的不一定相同。我们的命运不一定是在银河系中穿梭或者存活几百万年。

戈特在 1993 年做的论述只得到了一部分人的认同，尽管他的论述简单而且没有那些随心所欲的假设。对于科学界及哲学界的大部分人来说，“Δt”以及“哥白尼原理”仍旧是有争议的。

但在过去几个世纪中，人们的观念悄悄地发生了转变。太空时代最开始时，大家都无比自信地认为生命和观察者在宇宙中是普遍的。但我们现在才发现，我们对此并不确定。我们可能都被选择效应洗脑了。戈特、弗朗西斯・克里克、布兰登・卡特以及尼克・波斯特洛姆都认为，我们不能排除一种可能，那就是出现生命、观察者和技术文明的概率是微乎其微的。

令人激动的是，这个问题可能在接下来的几十年中就会被解决。我们已经快要得知太阳系中是否有其他生命了。如果在火星、木卫二或者土卫二上发现生命，那么它们就可以给我们提供第二个数据点，极大肯定了认为宇宙充满生命的贝叶斯理论。[9] 与此同时，地外文明搜寻计划也在继续，而他们至今没有发现外星生命这一结论同样不该被忽视。就像戈特说的，任何未能搜寻到外星生物的失败项目其实都在支持他的想法。

民众对于外星生物的热情与现在许多学者们对外星生物的看法是有很大区别的。倘若地球外的确有外星生物但地外文明搜寻计划却无法侦测到，那我们的未来就会被贝叶斯阴影所笼罩。它会加大摆在我们面前的存在风险。这将是最重要的“末日论证”，可以告诉我们一些自己还不知道的东西。波斯特洛姆的话仍然回荡在耳旁：“了无生趣的石头和没有生命的沙子会更令我振奋。”[10]

没有一棵树能把天空遮盖

自抽样的争议不仅关乎我们的现在，也关乎我们的未来。我们生活在一个快速发展的时代，人们坚信自己所在的社会能以这个速度持续发展很长时间。然而，正是我们一直不断增长的人口让末日论证站稳了脚跟，也正是计算机持续加强的算力使人们产生了对控制问题的担忧，或者担心自己其实生存在别人模拟的一个机器世界中。不过，所有的疯狂增长一定会在某个时候停下来。没有一棵树能把天空遮盖。

所谓的末日论预测有着较为宽容的误差范围。或许只有那些相信某个特定概念的人才会感到忧虑——忧虑宇宙的未来。摩尔定律、火星上的城市、跨星际探测仪以及后人类意识，这些概念是许多人一生的精神硕果。就算你不接受这些文化，你也不得不受其影响。芸芸众生忙碌于自己眼前的生活，无心关注遥远的未来；而周遭的文化塑造了先验概率。除了电影里演的，我们还能想象出什么不同的未来吗？

因此，末日论证以及费米悖论都是讲述文化期待的故事，与实际可能发生的相去甚远。我们并没有“完蛋”，也并不“孤独”，我们只是把不太可能成真的事物当成了理所当然。戈特这样写道：

> 人类征服宇宙并且能世世代代生存下去的可能性很小，但这并不

> 是因为我们根本无法做到，而是因为生物通常无法发挥出自己的最大潜能。人类智慧如果能被发挥到极致的话，那么理论上我们将拥有无限潜能。但这是非常困难的，就像如果太阳鱼把生育能力发挥到极致，它们能一次产卵3000万颗一样。我们需要知道，如果要以期望的方式取得成功，那我们就必须做一些真正非凡的事情（比如宇宙殖民），这件事一定是绝大多数智慧生物没有做到的。[11]

这或许是国际社会在末日论证、自抽样以及存在风险评估上最重要的见解了。人类拥有长远的未来并不是完全不可能的。但是，这意味我们必须变得比以往更聪明、更明智、更善良、更小心，还有更幸运，这才能赢得长远的未来。克服困难的首要规则是永远不要否认困难的存在。

尽管看起来还太早，但我们可能已经在脑海里设想过一遍未来了，挥之不去的想法是我们要没有时间了。就像我们古老的祖先，以及我们的后人一样，我们远远就看到了奇点、参考组的界限，以及那块我们熟知的标志着世界终结的巨大石碑。我们很快就将发现人类究竟有多特别了。

致 谢

感谢尼克·波斯特洛姆、理查德·戈特和约翰·莱斯利慷慨地付出他们的时间、专业知识和耐心。感谢詹姆斯·德雷尔、亚当·埃尔加和阿诺德·祖波夫在追踪“睡美人”问题和相关谜题的早期历史方面为我提供了很多的帮助。

特别感谢特雷西·贝哈（Tracy Behar）、亨德里克·贝塞姆宾德、约翰·布罗克曼（John Brockman）、卡尔顿·凯夫斯、弗里曼·戴森、佩姬·弗罗伊登塔尔（Peggy Freudenthal）、戴维·戈林（David Goehring）、拉里·赫萨（Larry Hussar）、凯夫·勒巴兹（Kev L'Baz）、卡廷卡·马特森（Katinka Matson）、阿瑟·圣奥宾、哈琳娜·西姆（Halina Simm）和迈克·西姆（Mike Simm）、伊恩·斯特劳斯（Ian Straus）、马克·坦西、弗兰克·蒂普勒以及纽约公共图书馆和加州大学洛杉矶分校研究图书馆的工作人员。我还要向约翰·莱斯利和吉尔·莱斯利（Jill Leslie）致意，感谢他们盛情款待我，同时感谢汤姆·李向我提供《阿喀琉斯与乌龟》的相关信息。

译者序　预测是一朵带刺的玫瑰

1. K. Popper, The logic of scientific discovery (Routledge, 2005).
2. Open Science Collaboration, Estimating the reproducability of psychological science, Science 349 (2015) aac4716.
3. J. M. Hofman, et al., Integrating explanation and prediction in computational social science, Nature 595 (2021) 181.
4. T. Zhou, Representative methods of computational socioeconomics, Journal of Physics: Complexity 2 (2021) 031002.
5. J. Gao, Y.-C. Zhang, T. Zhou, Computational Socioeconomics, Physics Reports 817 (2019) 1.
6. A. Buyalskaya, M. Gallo, C. F. Camerer, The golden age of social science, PNAS 118 (2021) e2002923118.
7. M. Kosinski, D. Stillwell, T. Graepel, Private traits and attributes are predictable from digital records of human behavior, PNAS 110 (2013) 5802.
8. A. G. Reece, C. M. Danforth, Instagram photos reveal predictive markers of depression, EPJ Data Science 6 (2017) 15.

9. L. Lü, T. Zhou, Link prediction in complex networks: A survey, Physica A 390 (2011) 1150.
10. T. Zhou, Progresses and challenges in link prediction, iScience 24 (2021) 103217.
11. D. Helbing, et al., Saving human lives: what complexity science and informationsystems can contribute, Journal of Statistical Physics 158 (2015) 735.
12. R. Kennedy, S. Wojcik, D. Lazer, Improving election prediction internationally, Science 355 (2017) 515.
13. B. R. Jasny, R. Stone, Prediction and its limits, Science 355 (2017) 469.
14. H. Suresh, J. Guttag, A Framework for Understanding Sources of Harm throughout the Machine Learning Life Cycle, arXiv: 1901.10002.
15. R. K. Merton, The self-fulfilling prophecy, The Antioch Review 8 (1948) 193.
16. S. Shankar, et al., No classification without representation: Assessing geodiversity issues in open data sets for the developing world, arXiv: 1711.08536.
17. N. Garg, L. Schiebinger, D. Jurafsky, J Zou, Word embedding quantify 100 years of gender and ethnic stereotypes, PNAS 115 (2018) E3635.
18. X. Yang, et al., Height conditions salary expectations: Evidence from large-scale data in China, Physica A 501 (2018) 86.
19. A. Datta, et al., Discrimination in Online Advertising: A Multidisciplinary Inquiry, Proceedings of Machine Learning Research 81 (2018) 1.

前 言 人类将生存多久

1. Gott interview, July 31, 2017.
2. Liger-Belair 2004.

第 1 章 如何预测未来

1. McGrayne 2011, 124–28; Klepper 2003.
2. Iklé, Aronson, Madansky 1958.
3. Mosher 2017.
4. Tuttle 2013.
5. McGrayne 2011, 42–45.

6. Gott interview, July 31, 2017.
7. Sowers 2002, 44.
8. Bresiger 2015.
9. Ferris 1999.
10. Goldman 1964, 34.

第 2 章　斯芬克斯之谜，关于概率的智力冒险

1. 这是一个被考古界广泛采用的数字，戈特在他 1993 年的文章中也提到了这个年限。2017 年，有报道称摩洛哥的化石头骨可追溯到 30 万年前。如果这一主张成立，根据哥白尼原理预估的时间将延长 50%。不过，该摩洛哥化石的年份受到了质疑。
2. Ferris 1999; Gott interview, July 31, 2017.
3. Lawton and McCredie 1995.
4. Leslie 2010, 459.
5. 1993 年，戈特在《自然》杂志上发表的文章中使用了“700 亿”这个数字。超过 30 亿人在那之后出生。同时，专家对累计人口的估计也已经上升。2011 年，美国人口咨询局估计地球上累计出现过的人口为 1080 亿人。
6. 戈特 1993 年的文章中有一个小错误，该文中所写的范围为 12 至 780 万年，但实际该区间的上限应该是 1.8 万年。
7. Brantley 2015.
8. Leslie 1996.
9. 给定出生顺序早，末日将近的概率是 $p / [p + (1-p) \times (soon/late)]$。这里 p 是即将灭亡的先验概率，而 *soon/late* 是即将灭亡对晚期灭亡的人口比率。

第 3 章　神奇的贝叶斯定理，做怀疑一切的人

1. Bellhouse 2004, 12.
2. Bellhouse 2004, 12.
3. Bellhouse 2004, 3.
4. Bellhouse 2004, 13.
5. Hume 1748.

6. Stigler 2013.
7. Bayes 1763.
8. 被钉十字架受死的频率高于罗马历史学家塔西陀（Tacitus）在《编年史》中提到的次数。塔西陀记录“基督徒”是一群人的总称：“提比略统治期间，在检察官本丢·彼拉多手下，一群被称为基督徒的人遭受了严峻的酷刑。”
9. Stigler 2013.
10. 这句话被很多作者引用过，它是古老的意第绪俗语。
11. Leslie interview, January 17, 2018; Leslie 2010, 447.
12. Bostrom 2002, 97.
13. Bostrom 2002, 78.
14. McGrayne 2011, 22–33.

第 4 章　暗黑推算史，哥白尼原理的启示

1. Gott interview, July 31, 2017.
2. Bondi 1952.
3. Carter 1974.
4. Eddington 1939, 16–37.
5. Carter 2004, 2.
6. 该文是针对约翰·巴罗和弗兰克·蒂普勒的《人类宇宙学原理》(*The Anthropic Cosmological Principle*）的评论。Brown 1988.
7. 参见 Tegmark 2014 第 144 页，该文引用了这个 1998 年发生在费米实验室的趣事。
8. Carter 1983, 141.
9. Barrow and Tipler 1986, 23.
10. Gardner 1986.
11. Leslie 1996, 193.
12. Frank J. Tipler personal email, April 5, 2018.
13. 约翰·莱斯利与托比·奥德（Toby Ord）2017 年 4 月 10 日的电子邮件，该邮件由莱斯利提供。
14. Leslie interview, January 17, 2018.
15. Leslie personal email, October 24, 2017.

16. Leslie 1996, 188.
17. Leslie interview, January 17, 2018.
18. 我无从得知是谁创造了术语“末日论证”。在莱斯利的印象中它是蒂普勒创造的，但蒂普勒告诉我他没有，而且他也不知道是谁创造的（蒂普勒个人电子邮件）。据我所知，尼尔森 1989 年的文章是第一个在此方面使用“末日”一词的文章。尽管有人认为这个名称有令人遗憾的恐怖色彩，但现在它已经深入人心。
19. Nielsen 1989, 456.
20. Nielsen 1989, 467.
21. Gott interview, July 31, 2017.
22. Tyson, Strauss, Gott 2016,413; Gott interview, July 31, 2017.
23. Ferris 1999.
24. Gott 1993, 316.
25. 自抽样假设是尼克·波斯特洛姆采用的术语，人类随机性假设是威廉·埃克哈特采用的术语，参见 Bostrom 2002 及 Eckhardt 1997。
26. Gott 1993, 317.
27. Gott 1993, 319.
28. 具体而言，戈特曾说人类在 10 亿颗行星上都定居的可能性是十亿分之一：“因为（假如这是真的），你会发现自己在人类的所有居住地的十亿分之一中的概率是十亿分之一。”参见 Gott 1993 第 318 页和 2018 年 6 月 27 日的个人电子邮件。
29. Goodman 1994, 106.
30. Browne 1993.
31. Lerner 1993.
32. Gott 1993a.
33. Dyson 1996.
34. Leslie 1997.
35. Carter 2006, 5.
36. 几项最新的物理发现似乎排除了戴森提出的永恒的特征。宇宙可能不会冷却到绝对零度。有关说明请参见戈特的文章：Tyson, Strauss, Gott 2016, 406-407。
37. Dyson 1979, 459–460.

38. Carter 2006, 5.
39. 韦尔斯在文章中阐释了这一主题。Wells 2009.
40. Wells 2009, 85.
41. Wells 2009, 120.

第 5 章 末日论证的 12 场辩论，不从一次结果下结论，要找到更多的证据

1. Dieks 1992, 79.
2. Bostrom 2002, 125.
3. Leslie 1996, 206 and 219.
4. Leslie 1996, 203.
5. Bostrom 2002, 82–84.
6. 几乎任何思考过末日论证问题的人都会问类似的问题。尼克·波斯特洛姆使用了克罗马农人的例子（Bostrom 2002, 116），约翰·莱斯利使用了古罗马人的例子（Leslie interview, January 17, 2018; Leslie, 1996, 205）。
7. Leslie 1996, 20.
8. Gott 1993, 319.
9. Leslie 1996, 219.
10. Sober 2003, 420–421.
11. Leslie interview, January 17, 2018.
12. Leslie interview, January 17, 2018.

第 6 章 阿尔伯克基的 24 条狗，不需要先验概率的预测方法

1. Caves interview, December 12, 2017.
2. Caves 2000, 2.
3. Caves 2000, 2.
4. Caves 2000, 15.
5. Caves 2008, 2.
6. Bostrom 2002, 89.
7. Gott interview, July 31, 2017.
8. Caves 2008, 11.

9. Keynes 1921, 89.
10. Goodman 1994.
11. 这一事实是由华盛顿大学的物理学家 E. T. 杰恩斯（E. T. Jaynes）证明，而非杰弗里斯本人。Jaynes 1968.
12. 通常对杰弗里斯先验的描述是，任意数值 *N* 出现的概率与 1/*N* 成正比。
13. Caves 2000, 15.
14. Glanz 2000.
15. Glanz 2000.
16. Caves interview, December 12, 2017; Caves 2008, 11.
17. Caves 2000, 15.
18. Gott interview, July 31, 2017.
19. Gott interview, July 31, 2017.
20. 这部电影是《僵尸世界大战》(*World War Z*)，于 2013 年播出。Coughlan 2012.

第 7 章　婴儿的名字与原子弹碎片，用林迪效应做预测

1. Gott interview, July 31, 2017
2. Glanz 2000; Caves 2008, 2.
3. Gott interview, July 31, 2017.
4. 一些戏剧公司制作了短片以填补剧院时间表中的空白，《波希米亚女孩》就是一个例子。该短片仅提前两晚上映，并随着 1 月 9 日的演出结束而告终。因此，《波希米亚女孩》的未来发行量为零，而零无法以对数标度标出。对于哥白尼原理来说，这算是错误的预测，因为它的预测至少可以多 2/39 个晚上。
5. Saunders 2015.
6. Wells 2009, 52.
7. Wells 2009.
8. Williams 1938.
9. Reynolds 2016.
10. 2014 shareholder letter.
11. 公司的存在时长数据来自维基百科，在出现合并案的时候，则采用前身公司中较早成立的公司的存在时长。

12. 2014 shareholder letter.
13. Reynolds n.d.
14. Warren Buffett, quoted in Connors 2010, 157.
15. Bessembinder (forthcoming).
16. Bessembinder (forthcoming).
17. Taleb 2012.
18. Wells 2009, 14.
19. Wells 2009, 3.

第 8 章 “睡美人”悖论，硬币朝上的可能性有多大

1. Dieks 2007, 13.
2. “睡美人”问题与“无心驾驶者的悖论”密切相关，经济学家米歇尔·皮乔内（Michele Piccione）和阿里尔·鲁宾斯坦（Ariel Rubinstein）在 1997 年的文章中描述了这个问题。（该悖论的情景是驾驶员必须选择正确的高速公路出口才能回家，但他不记得他经过了哪些路。）Piccione and Rubinstein, 1997, 12–14. Arnold Zuboff personal email, April 20, 2018; Zuboff 1990；Adam Elga personal email, April 20, 2018; James Dreier personal email, April 18, 2018. Elga 2000；Zuboff 1990.
3. Zuboff 1990, 20.
4. Armstrong 2017, 4.
5. Armstrong 2017, 4.
6. Armstrong 2017, 4.
7. 阿姆斯特朗称其为“心理上的自私”。他将其与“身体上的自私”区分开来。一个自私的人关心发生在他身上的所有观察者时刻。因此，他将把之前或者之后的醒来纳入考量。Armstrong 2017, 8.
8. Neal 2006, 17–18.

第 9 章 放肆的哲学家悖论，拥有无限观察者的贝叶斯定理

1. Yudkowsky's LessWrong post, “Normal Cryonics,”。
2. Khatchadourian 2015.

3. Ulam 1958.
4. Bostrom interview, November 17, 2017.
5. Bostrom interview, November 17, 2017.
6. Bostrom 2002, 57.
7. Book 8 of Pliny's *Nature History.*
8. 威廉·埃克哈特在 1993 年的文章中提出了这一点（“人的大脑在机器人内部”）。
9. 像世界末日的论点一样，自指示假设有多个独立的发起人。Bostrom interview, November 17, 2017.
10. Bostrom 2002, 66.
11. 波斯特洛姆在强自抽样假设中使用的是观察者时刻而不是观察者。这种方式更灵活，通常是人们的首选。在“睡美人”实验中，一个小时的唤醒可以被算作是一个观察者时刻。
12. Dieks 2001, 16.
13. Bostrom interview, November 17, 2017.
14. Gerig 2012, 7.
15. Olum 2000.
16. 此英文翻译（译自拉丁文）归功于爱尔兰哲学家约翰·庞克（John Punch）。它的历史可以追溯到 1639 年，比英国神学家奥卡姆落后了三个世纪。

第 10 章　当人猿泰山遇到简，深陷概率论的沼泽

1. 由阿瑟·圣奥宾翻译。这篇文章被引用在戈鲁楚恩（Gorroochurn）2011 年的著作中，该书提供了概率论中已知错误的集合。
2. 两个世纪以后，统计学家卡尔·皮尔森（Karl Pearson）写道：“那么达朗贝尔对统计学科究竟做出了什么贡献呢？答案是，没有贡献。” Gorroochurn 2011.
3. Dieks 2007.
4. Dieks 1992, 80.
5. Dieks 2007, 5.
6. 德克斯没有运用自指示假设，而是使用代数的方法得到了这个结论。完整版请参见 Dieks 2007 第 432 页。

第 11 章 我们会死在射杀房里吗？同一事件的两种不同概率

1. Leslie interview, January 17, 2018.
2. Leslie interview, January 17, 2018.
3. Leslie interview, January 17, 2018.
4. Bostrom 1998; Leslie 1996.
5. Bartha and Hitchcock 1999, 404.
6. BarthaandHitchcock1999a,404–405.
7. Zuboff 2008, 13.
8. Eckhardt 1993.
9. Eckhardt 1993.

第 12 章 形而上的泡泡糖贩卖机，我们的命运由连续的随机事件决定

1. Selby 2013.
2. Carr 2018.
3. Faith 2003.
4. 该信息由一名曾经的海龟学员拉塞尔·桑德斯（Russell Sands）提供。Carr 2018.
5. Eckhardt 2013.
6. Sowers 2002, 41.
7. Eckhardt 1993 and 1997; Franceschi 2009.
8. Franceschi 2009.
9. Eckhardt 1997.
10. Eckhardt 2013.
11. Eckhardt 2013.
12. Eckhardt 2013.
13. Rees 2003.
14. Eckhardt 1993, 7.
15. Bostrom 2002, 204.
16. Bostrom 2002, 185 and 202.
17. Bostrom 2002, 202.

18. Bostrom interview, November 17, 2017.
19. Bostrom 2002, 205.

第 13 章 理解模拟世界假说，在没有数据的情况下，应该自己出去寻找数据

1. Zullo 2016.
2. Moskowitz 2016.
3. Moskowitz 2016.
4. Moskowitz 2016.
5. 这句话在很多地方出现过，不同的版本略有差异。在一些场合，马斯克认为，“基本现实”的可能性为几十亿分之一。Bilton, 2016.
6. Friend 2016.
7. Kriss 2016.
8. Kriss 2016.
9. Bilton 2016.
10. 戈斯创造了水族馆一词。他不仅对鱼感兴趣，还对海葵有特别的热情。他对海葵的著作引发了人们对咸水水族馆的狂热。让戈斯感到遗憾的是，很多的海葵被移植到狭窄的水缸中，被迫在维多利亚式的客厅中度过了一生。Thwaite，2002.
11. Bostrom 2003, 248.
12. Bostrom 2003, 249.
13. 参见 Colonial Williamsburg 网站。
14. Zullo 2016.
15. Searle 1999.
16. 1974 年斯坦尼斯拉夫·莱姆的小说《第七位莎莉——完美的特鲁尔如何导致了悲剧》探讨了这一主题。它讲述了一个善良的机器人为邪恶的独裁者建造了一座微型城市以满足他的虐待癖的故事。机器人特鲁尔（Trull）认为独裁者可以压迫微型城市的公民因为他们不是真实的人类。但是特鲁尔犯了一个可怕的错误。这个微型城市模拟得太真实了；小人们有真实的感觉，独裁者对他们的压迫与对真正人类的压迫一样糟糕。
17. 蛇怪（Basilisk）原本是中世纪的怪物。只要看它一眼，你就死了。当代版本的蛇怪是指来自未来的怪物，以在尤德科斯基创建的 Less-Wrong 网站上的名称为

"罗科"（Roko）的海报命名。后来，尤德科斯基将该帖子删除，并标记为"信息危害"，无意中存档了备忘录。同时，可怕的蛇怪也引出了一场名人浪漫史。埃隆·马斯克与加拿大音乐家格里姆斯（Grimes）相识，就是因为他们对该概念抱有共同兴趣。Auerbach, 2014.

18. Bostrom 2002, 202.
19. Sober 2003, 420–421.
20. Beane, Davondi, Savage 2012.
21. Bostrom 2003, 5.
22. Hanson 2001.

第 14 章　理解费米问题，缺乏证据并不意味着没有证据

1. Poundstone 1999, 22.
2. Jones 1985.
3. Fermi 2004.
4. Putnam 1979,114.
5. "Marconi Sure Mars Flashed Messages," New York Times, September 2, 1921.
6. Poundstone 1999, 50–51.
7. Poundstone 1999, 54–59.
8. 《NASA 系外行星档案》有长期更新的记录。
9. 现在，互联网上关于这条格言的出处有很多版本，包括各种各样的思想家，从卡尔·萨根到唐纳德·拉姆斯菲尔德（Donald Rumsfeld）。萨根（把这条格言归功于里斯）反复使用了这则格言。Oliver and Billingham 1971, 3.
10. 这个论点第一次出现在珀塞尔 1960 年于美国布鲁克海文国家实验室发表的演讲中。Purcell, 1963.
11. Ball 1973.
12. Brin 1983, 283–284.
13. Bostrom 2002, 16.

第 15 章　理解智慧生命，观察者的选择效应

1. Poundstone 1999, 145.
2. Poundstone 1999, 145.
3. Francis Crick, quoted in Carter 1983, 139.
4. Poundstone 1999, 145.
5. Carter 1983, 359.
6. Carter 1983.
7. Hanson 1998.

第 16 章　理解人类的生存，为什么我们从未遇见外星人

1. Gott 1993, 319.
2. Sandberg, Drexler, Ord 2018, 5–6.
3. Sandberg, Drexler, Ord 2018, 16.
4. “任何足够先进的科技，皆与魔法无异”，出自克拉克《未来的轮廓》（*Profiles of the Future*）中的基本定律三。（因此一个自产机器人可以看起来像一个巨石。）
5. Gott interview, July 31, 2017.
6. Ulam 1958.

第 17 章　理解潘多拉的魔盒，大家也许都有“好故事偏见”

1. 约翰・莱斯利提出了这一点。参见 Leslie 2010, 457。
2. Clark and Overbye 2009.
3. Page 2009.
4. University Post (at University of Copenhagen), October 19, 2009.
5. New Scientist, October 13, 2009.
6. Overbye 2009.
7. Nielsen and Ninomiya 2009.
8. 尼尔森和二宫正夫的想法与 1985 年物理学家约翰・格里宾（John Gribbin）的科幻小说《世界末日的装置》中的描述相似。格里宾的故事还涉及超级对撞机，该超级对撞机发生了一系列事故，阻碍了其运行。Overbye, 2009.
9. Khatchadourian 2015.

10. Khatchadourian 2015; Bostrom 2002, 16.
11. Leslie interview, January 17, 2018.
12. Leslie 2010, 452–453.
13. Lee 2017.
14. 如库尔特·冯内古特在他 1963 年的小说《猫的摇篮》所述，9 号冰是在室温下为固态的冰。接触该同位素可以将任何液体变成 9 号冰。
15. Coleman and De Luccia 1980, 3314.
16. Coleman and De Luccia 1980, 3314.
17. Eckhardt 1993, 7.
18. Bostrom 2002a, 18.
19. Brin 1983, 297.
20. Tegmark and Bostrom 2005 and 2005a.
21. Tegmark and Bostrom 2005, 1.
22. 黑洞的外部测量直径为与其质量成正比。如果地球是一个黑洞，那么它的直径将只有不到一厘米。海王星的质量比地球大约 70 倍。
23. Arkani-Hamed, Dubovsky, Senatore, Villadoro 2008.
24. Tegmark and Bostrom 2005a, 3.

第 18 章　理解多重世界，我们不该太在意零概率与极小概率之间的区别

1. O'Connell 2014.
2. Nielsen and Ninomiya 2009.
3. 现在的年度运营预算约为 10 亿。Knapp 2012.
4. Deutsch 2011, 310.
5. 其他的投票结果显示（虽然是在统计科学家们的投票，但也不可避免地被定义为"非科学性的"），有多达 50% 的科学家表示相信平行世界。Tegmark 1997, 1.
6. 泰格马克认为这句流行语出自阿努帕姆·加格（Anupam Garg），参见 Tegmark 1997, 4。
7. Merali 2015.
8. Papineau 2003.
9. Chown 1997, 51.

10. Moravec 1988, 190.
11. Shikhovtsev 2003, 21.
12. Tegmark 2014, 220.
13. Mallah 2009.
14. Mallah 2009.
15. 格伦·菲什拜恩（Glenn Fishbine）报道过此事。Shikhovtsev 2003, 21.
16. Tegmark 2014, 220.
17. Tegmark 2014, 219.
18. Tegmark 2014, 219.
19. Tegmark 1997, 5.
20. Mallah n.d.

第 19 章　理解神奇数字 1/137，一次偶然事件的结果不能推出过往的历史

1. Feynman 1985.
2. Kragh 2003.
3. 维多利亚时代的校长埃德温·阿伯特（Edwin Abbott）的短篇幻想小说《平面国：多维的浪漫》引发了人们对二维生活的思考。之后，人们也进行了更多认真的学术研究。
4. Whitrow 1955, 31.
5. Olum and Schwartz-Perlov 2007.
6. Feynman 1985, 129.
7. Feynman as told to Leighton 1985, 343.
8. 约翰·莱斯利认为，我们应该认真考虑柏拉图原理（不一定是传统意义上的“神”）选择与观察者兼容的宇宙的可能性，参见 Leslie，1989a。
9. 迪格斯的《永恒的预言》（*A Prognostication everlasting*）和布鲁诺的《论无限、宇宙和诸世界》（*De l'Infinito, Universo e Mondi*）都描述了无限的宇宙。
10. Gott 1982; Linde 1982; Albrecht and Steinhardt 1982.
11. Knobe, Olum, Vilenkin 2006.
12. Neal 2006.
13. Neal 2006, 24.

14. 理查德・戈特讲述了这件事。Tyson, Strauss, Gott 2016, 398.
15. Hawking and Hertog 2018.
16. Bostrom 2002, 11-41.
17. Hacking 1987.
18. Gorroochurn 2011.
19. 这是作者 2014 年出版的《剪刀石头布》一书的主题。
20. 《思想》编辑告诉莱斯利，有 200 多位学者对哈金的文章提出了驳斥，这是该期刊的记录（出自莱斯利 2018 年 6 月 28 日的个人电子邮件）。Leslie, 1988.
21. Leslie 1988, 270；Bradley 2007, 139.
22. Wigner and Szanton 1992.
23. Zuboff 2008.
24. 布莱德利使用了“挑剔”（“我们不挑剔……我们最大程度地挑剔”）。阿诺德・祖波夫提到“主观”和“客观个体化”。Bradley 2007, 141.
25. Bostrom 2002, 35.
26. Bostrom 2002, 34.
27. Scharf 2014, 33–35.

第 20 章　理解人工智能，评估不确定的风险

1. Military History Now 2013.
2. Dowd 2017.
3. Bostrom 2002.
4. Good 1965.
5. 尼克・波斯特洛姆曾是一名艺术家，设计了人类未来研究所的标志，向库布里克的电影致敬。这个全黑的标志是一个略凸的钻石形状，波斯特洛姆将其形容为《2001 太空漫游》中偏斜了 45°后的石头。van der Vat 2009.
6. Barrat 2013.
7. Dowd 2017.
8. Dowd 2017.
9. 这三条定律在阿西莫夫的短篇故事《环舞》中第一次出现（归属于“《机器人手册》，第 56 版，公元 2058 年”）。

10. 埃隆·马斯克讲过一个类似的故事："假设你创造了一个可以自动升级的人工智能来挑选草莓，它会自动升级，越来越会挑选好的草莓，并且也挑选了越来越多的草莓，所以它唯一想做的事情就是挑选草莓。因此，它希望整个世界都是草莓种植地。永远都是草莓地。" Bostrom 2014, 107-108; Dowd 2017.
11. Bostrom 2002.
12. Dowd 2017.
13. Dowd 2017.
14. Dowd 2017.
15. Khatchadourian 2015.
16. Reddit "Ask Me Anything" session.
17. Khatchadourian 2015.
18. Hunter 2017.
19. Khatchadourian 2015.
20. Metz 2018.
21. Clifford 2017.
22. Dowd 2017.
23. Clifford 2017.
24. 波斯特洛姆和尤德科斯基都于人工智能在不确定下应该如何作为的问题上讨论过这个赌注。在利益无限大的时候，再小的风险都会引起一个理性决策者的重视。但这就可能导致荒谬的情况，比如"帕斯卡的抢劫"这一悖论（参见 Bostrom 2009）。然而，智能爆炸可不是一个无穷小的危机，而且我们也不需要认为天堂或地狱有无限价值，才总结出我们必须要小心。
25. Ha 2018.
26. Stevenson 2017.
27. Horgan 2016.
28. Metz 2018.
29. Metz 2018.
30. Fingas 2017.

结 语 对抗可能性的首要规则是永远不要否认可能性

1. 工程师发现一个被烧焦的毛茸茸的尸体躺在被咬断的电源线边上。布伦菲尔写道：“我们不知道动物是否想通过这些方式阻止人类解锁宇宙的奥秘。” Brumfiel 2016.
2. Hersher 2017.
3. Lee 2006.
4. Evening Standard 2007.
5. 图表中标注着“戈特 1993：诞生”，表示 95% 的界限都更新到了现在的人口数量。Gott 1993.
6. Tipler personal email, April 6, 2018.
7. 莱斯利认为“这个世界充满了不确定性，而这在很大程度上削弱了贝叶斯推测结果显示的世界末日即将来临”。Personal email, June 28, 2018.
8. Bostrom 1996, 5.
9. Spiegel and Turner 2012.
10. Khatchadourian 2015.
11. Gott 1993, 319.

未来，属于终身学习者

我这辈子遇到的聪明人（来自各行各业的聪明人）没有不每天阅读的——没有，一个都没有。巴菲特读书之多，我读书之多，可能会让你感到吃惊。孩子们都笑话我。他们觉得我是一本长了两条腿的书。

——查理·芒格

互联网改变了信息连接的方式；指数型技术在迅速颠覆着现有的商业世界；人工智能已经开始抢占人类的工作岗位……

未来，到底需要什么样的人才？

改变命运唯一的策略是你要变成终身学习者。未来世界将不再需要单一的技能型人才，而是需要具备完善的知识结构、极强逻辑思考力和高感知力的复合型人才。优秀的人往往通过阅读建立足够强大的抽象思维能力，获得异于众人的思考和整合能力。未来，将属于终身学习者！而阅读必定和终身学习形影不离。

很多人读书，追求的是干货，寻求的是立刻行之有效的解决方案。其实这是一种留在舒适区的阅读方法。在这个充满不确定性的年代，答案不会简单地出现在书里，因为生活根本就没有标准确切的答案，你也不能期望过去的经验能解决未来的问题。

而真正的阅读，应该在书中与智者同行思考，借他们的视角看到世界的多元性，提出比答案更重要的好问题，在不确定的时代中领先起跑。

CHEERS

本书阅读资料包

给你便捷、高效、全面的阅读体验

本书参考资料

湛庐独家策划

- ✔ 参考文献
  为了环保、节约纸张，部分图书的参考文献以电子版方式提供
- ✔ 主题书单
  编辑精心推荐的延伸阅读书单，助你开启主题式阅读
- ✔ 图片资料
  提供部分图片的高清彩色原版大图，方便保存和分享

相关阅读服务

终身学习者必备

- ✔ 电子书
  便捷、高效，方便检索，易于携带，随时更新
- ✔ 有声书
  保护视力，随时随地，有温度、有情感地听本书
- ✔ 精读班
  2~4周，最懂这本书的人带你读完、读懂、读透这本好书
- ✔ 课　程
  课程权威专家给你开书单，带你快速浏览一个领域的知识概貌
- ✔ 讲　书
  30分钟，大咖给你讲本书，让你挑书不费劲

湛庐编辑为你独家呈现
助你更好获得书里和书外的思想和智慧，请扫码查收！

（阅读资料包的内容因书而异，最终以湛庐阅读App页面为准）

著作权合同登记号：图字：01-2022-0112 号

图书在版编目（CIP）数据

概率思维预测未来 / (美) 威廉·庞德斯通 (William Poundstone) 著 ；周涛，杨小寒，徐书涵译 . --北京：中国纺织出版社有限公司，2022.3
书名原文：The Doomsday Calculation
ISBN 978-7-5180-9334-2

Ⅰ. ①概… Ⅱ. ①威… ②周… ③杨… ④徐… Ⅲ. ①成功心理 Ⅳ. ①B848.4

中国版本图书馆CIP数据核字（2022）第027583号

责任编辑：刘桐妍　　责任校对：高　涵　　责任印制：储志伟

中国纺织出版社有限公司出版发行
地址：北京市朝阳区百子湾东里 A407 号楼　邮政编码：100124
销售电话：010—67004422　传真：010—87155801
http://www.c-textilep. com
中国纺织出版社天猫旗舰店
官方微博 http://weibo.com/2119887771
唐山富达印务有限公司印刷　各地新华书店经销
2022年3月第1版第1次印刷
开本：710×965　1/16　印张：22
字数：319千字　定价：109.90元